U0159149

BREVE STORIA DELLE

GRANDI SCOPERTE SCIENTIFICHE

从智人的
石头
到
太空旅行

［意］乔凡尼·卡普拉拉 著
（Giovanni Caprara）

伍晓莹泽 译

中国出版集团

中译出版社

Breve storia delle grandi scoperte scientifiche

© 2021 Giunti Editore S.p.A. / Bompiani, Firenze-Milano

1998 First publication under Bompiani imprint

2021 First updated and enriched edition as Giunti Editore S.p.A. / Bompiani

www.giunti.it

www.bompiani.it

The simplified Chinese translation copyrights © 2024 by China Translation & Publishing House

ALL RIGHTS RESERVED

著作权合同登记号：图字01-2023-3659号

图书在版编目（CIP）数据

从智人的石头到太空旅行 /（意）乔凡尼·卡普拉拉
（Giovanni Caprara）著；伍晓莹泽译. -- 北京：中译
出版社，2024.5

ISBN 978-7-5001-7649-7

I. ①从… II. ①乔… ②伍… III. ①科学技术–创
造发明–世界–普及读物 IV.①N19-49

中国国家版本馆CIP数据核字（2023）第236906号

从智人的石头到太空旅行

CONG ZHIREN DE SHITOU DAO TAIKONG LÜXING

出版发行：中译出版社

地　　址：北京市西城区新街口外大街28号普天德胜主楼4层

电　　话：（010）68359827；68359303（发行部）；68359725（编辑部）

传　　真：（010）68357870　　电子邮箱：book@ctph.com.cn

邮　　编：100088　　　　　　　网　　址：http://www.ctph.com.cn

出 版 人：乔卫兵　　　　　　　总 策 划：刘永淳

出版统筹：杨光捷　　　　　　　策划编辑：范祥镇　杨佳特

责任编辑：范祥镇　　　　　　　文字编辑：杨佳特

营销编辑：吴雪峰　董思嫄　　　版权支持：马燕琦

封面设计：吴思璐

排　　版：北京中文天地文化艺术有限公司

印　　刷：北京盛通印刷股份有限公司

经　　销：新华书店

规　　格：710 mm×1000 mm　1/16

字　　数：248千字　　　　　　版　　次：2024年5月第1版

印　　张：22.5　　　　　　　　印　　次：2024年5月第1次

ISBN 978-7-5001-7649-7　　　定价：79.00元

前　言

————

　　"历史研究的不是过去，而是人类本身。"英国皇家历史学会的伊恩·莫蒂默（Ian Mortimer）在他的《时代之书》中如是说。这样的愿景没错，但我们也常常在过度重视单个事件的同时忽略了事件的主角和形成条件。首先我们应当关注的是，在时间的推移中，那些帮助人类进化的变迁。从这个角度来看，可以肯定的是，一些伟大的科学发现为缓慢进行但极其重要的变革奠定了根基，有时它们甚至比许多看似划时代的政治事件更为深刻。比如如何顺应气候的变化而生存下来，就一直是人类进化中非常重要的一个方面。冰河时代的结束，让农业、农耕方法和动物的驯化应运而生，同时也将地球禁锢其中，并使其本身的生存受到威胁。另一方面，当能人（Homo Habilis）敲打火石、发现火，抬头仰望天空，并且开始提出一些根本性问题的时候，人类智慧已经逐渐显现。能人观察天空时开始意识到，一些星星的位置并不固定，他们进而开始识别第一批行星，收集那些无从解读、关于宇宙的秘密。对这一片浩瀚宇宙的未知，极大地激发了人类对知识的追求。这个时候，科学，连同数学和字母表就此诞生，弓箭的发明逐步完善，铁器革命也随即而来。与此同时，在希腊文明的中心，科学思想奠定了已知的基础，人类又在此基础上发展知识。伟大的思想家们左右着社会和政治生活达几个世纪之久，如亚里士多德，他的世界观一直被教会沿用，直到哥白尼的出现，再到伽利略。像亚历山大大帝这样的征服者，除了热切渴望开拓更大的帝国版图外，他（曾是亚里士多德的学生）还通过输出文化、接受其他文化并同化，引发一系列变革。正是在这几个世纪里，人类开始对自己出生的星球有了更多的认识，知道它不像之前某些人声称的那样是平的，也测量了它的周长以及与最近的天体月球的距离。这是人类探索中一个坚实的起点，而探索也是智力的自然本质及知识的来源。也正是因此，十万多年前智人决定离开自己的非洲故土，前往其他大陆定居。

在中国，纸的发明得到阿拉伯人的普及，促进了思想的传播；在埃及，托勒密维护了各方秩序；建立于工程学之上的罗马帝国扩大着疆域；教堂圆顶和马赛克无不展现着拜占庭文化的瑰丽宏伟，甚至超越了其效仿的罗马建筑；在阿拉伯世界里，穆罕默德及其宗教伊斯兰教的诞生促使了新权力根基的形成。阿拉伯人在扩张过程中带来了宝贵的知识，刚走出中世纪的欧洲在此基础上建立起自己的未来。表面封闭的欧洲，背后隐藏的是巨大的财富和内在的发展脉动，正如后来文艺复兴的崛起中所见。修道主义在千禧年的第一个世纪里散播知识的种子，支持工程师和建筑师的创造力，促进了文化水平的提高，标志着知识的觉醒。花园里种植药用植物,(农田里)除了水车,还用上了重型犁,农业发展得到了改善。 在同时期的几个世纪里,巴斯的阿德拉德(Adelard of Bath)翻译阿拉伯文献,如花剌子米(al-Khwārizmī)的三角学,使得阿拉伯数字在西方传播开来。克雷莫纳的杰拉德(Gerardo da Cremona)让人们知道了托勒密、欧几里得(Euclide)的《几何原本》,以及盖伦(Galeno)、阿维森纳(Avicenna)、希波克拉底(Hippocrates)和亚里士多德本人的思想。 在 13 世纪,社会互通变得更加密集,向城市及城市市场的迁移渐增,首批货币如佛罗伦萨的弗洛林(Fiorino)和威尼斯的杜卡特(Ducato),汇票和银行等都开始成形。文化方面,在萨勒诺诞生了第一所医学院的一个世纪后,第一所大学在博洛尼亚落成。在牛津和巴黎任教的科学家及哲学家罗吉尔·培根(Roger Bacon),通过想象飞行汽车,打开了新的视野。马可·波罗在游记中讲述他在神秘中国的亲身经历。

到了 14 世纪,低温、强降雨和随之而来的饥荒对人们的生活造成不利影响。 黑死病的传播使得欧洲人口减少三分之一。与此同时,由于大炮和长弓等长射程武器的出现,战争成了高效扩大政权力量的手段。王国、公社和领主的分崩瓦解促进了白话语言的出现,但丁(Dante)书写的不朽作品具有令人赞叹的诗意深度,同时也成为国际文化的标志。同时期的艺术家乔托(Giotto),代表了具象艺术的觉醒。但真正到了 15 世纪,人们才迎来千禧年后最大的变化。随着西方活字印刷术的发明,古登堡(Johannes Gutenberg)慢慢推进了知识传播的革命;葡萄牙帝国的缔造者——航海家恩里克(Enrique il Navigatore)的雄心为新的世界探索时代引路,对托勒密《地理学指南》的重新认识奠定了这个时代的基调。哥伦布、瓦斯科·达伽马（Vasco da Gama）和威尼斯人乔凡尼·卡博托（Giovanni Caboto）追随着恩里克的脚步，通过探索发现在未来创造了财富，带着商业使命扩张了大帝国们的经济版图。同样在15世纪，菲利波·布鲁内莱斯基（Filippo Brunelleschi）在佛罗伦萨建造的著名的圆顶，敢于采用前所未有的形式，展示了建筑与工程的结合。另外，布鲁内莱斯基还是以透视法为基础的几何定律的开辟者。

16世纪由教宗格列高利十三世（Gregorio XIII）的历法改革拉开序幕，他所颁行的日期及年份的标注系统沿用至今。这时候读着古登堡印刷的《圣经》的人已经具备较高的识字能力，哥白尼（Nicolaus Copernicus）也通过推翻地球中心理论、将太阳置于行星的中心而彻底改变了人们对天空的认识。维萨里（Andreas Vesalius）在医学观察上进行了与哥白尼类似的革命，而帕拉迪奥（Andrea Palladio）则从维琴察引入了后来在各大陆盛行的建筑风格，复兴了古典主义。1517年，在印刷技术的发展下，马丁·路德（Martin Luther）带来了新教的诞生，对立于罗马天主教，给教会带来了极大的撼动。然而，要说16世纪的天才杰作，还属莱昂纳多·达·芬奇（Leonardo da Vinci）、米开朗琪罗·博纳罗蒂（Michelangelo Buonarroti）、麦哲伦（Ferdinando Magellano）的探险和马基雅维利（Niccolò Macchiavelli）的政治谋略。这时候伽利略（Galileo Galilei）和莎士比亚也诞生了。

在17世纪，气候再次在人类活动中起到决定性作用。一段"小冰期"让我们警醒，与11世纪（中世纪）的温暖期相反，比起温度升高带来的优势，环境和自然的循环迭代会带来怎样的负面后果——气候的变化使得人类的平均寿命缩短，霜冻毁坏了庄稼，仅法国的大饥荒就导致超过一百万人死亡。从威尼斯到塞维利亚，从那不勒斯到奥斯陆，从米兰到阿姆斯特丹，瘟疫的不断暴发，再加之内部冲突的发生，使这个世纪成为黑死病以来人类最为悲惨黑暗的时刻之一。危机随之将移民推向了美洲大陆，尽管这个时代充满着暗淡的主旋律，但 17 世纪仍然被作为"知识大爆发"的世纪而载入史册，随着科学革命的到来，未来的思维方式也将得到改变。伽利略用他的方法奠定了科学的基础，他通过观察和实验证实了哥白尼的判断，从而超越了亚里士多德的思想。从此地球和人类不再是宇宙的中心，就因为这样，他将受到罗马教会的审判。殖民化的蔓延，使欧洲的哲学家们对法律和伦理进行新的思考。此外，对科学的证实及诉诸理性的科学方法等促进了迷信的快速消减，同时也减少了暴力。

到了 18 世纪，由于道路网络和道路基础设施的改善，交通运输的发展成为推动变革的首要因素。报纸诞生于 17 世纪的第一批公报（包括 1664 年的《曼托瓦公报》）之后，新闻从此极大地改变了政治家和公民之间的关系，正如一位法国历史学家所说："如果没有报纸，那美国革命永远不会发生。"另外，通过资源的充足保证，农业的生产方法得到了大幅改善；经济学理念逐步成形；科学领域里，安托万 - 洛朗·拉瓦锡（Antoine-Laurent Lavoisier）和艾萨克·牛顿（Isaac Newton）在自然知识方面取得重大成就。对蒸汽动力装置的利用，推动了深刻的社会变革，这也是英国工业革命的开始。

接下来的 19 世纪，社会从法国大革命中恢复过来后，加上之前积累的发展成果，伴随着城市化进程，人口迅速增长。运输系统的发展巩固了工业革命在各个国家的传播延续，不论是蒸汽船，还是火车都得以窥见，邮票的发明、邮政系统的诞生和基础海底电缆的铺设让人们能够发电报、打电话，因而通信也变得更加容易。对卫生的注意，以及天花疫苗的投入使用大大改善了社会卫生健康。奴隶贸易在存在了三百年后终于在英国和美国被废除，美国在南北战争后实现了统一。在白人和黑人之间、男性与女性之间仍然存在社会不平等，这两个主要不平等问题也将在接下来的一个世纪投射出各种冲突，推进平等思想的产生。另外，农村生活越来越城市化。查尔斯·达尔文（Charles Darwin）解释了包括人类在内的物种进化，而卡尔·马克思（Karl Marx）则提出了一种社会观念，它将带来一系列社会变革和消亡。

20 世纪最终以三个重要因素定格：全球化、大规模毁灭带来的威胁以及人类生活水平的不可持续性。技术的创新改变了各个大陆之间的日常存在和关系：首先是飞机，它大幅缩短距离，减少了被孤立的存在感。两次世界大战采用了以化学为基础的新技术，这对人类来说极具毁灭性。这两次战争，尤其是第二次世界大战，促使了第一批导弹、雷达，以及电子和计算机的制造，也为关乎个人日常和职业生活的深刻社会变革奠定了基础。与此同时，城市化正在经历人口分布的根本转变，这时候世界一半的人口居住在城市，而这个数字在 1900 年还处于 13%，因此，城市也在从大型住房结构向越来越垂直化的结构转变。人口的增加引发了一些变化，尽管这些变化没有马上显现，在一个世纪间，人口数量就从 16 亿上涨到了 60 亿。2000 年的西方国家完全依赖于移动出行相关体系，并依靠化石燃料为车辆提供动力。核能曾被希望当作是安全能源，之后切尔诺贝利（Cernobyl）灾难发生，在公共舆论的恐慌和怀疑日益升级的情况下，核能的发展及应用才得以减缓。投资的不足阻碍了新能源的加快发展，新的千禧年在这一方面面临着严峻挑战，同时随着发展的需要以及人口的持续增长，也相应产生了难以满足的需求。现有的技术能提供新的可循环能源路径，但政治－经济－工业界却不那么情愿接受。

与此同时，科技创新不断加速，创造着非凡的机遇。互联网和万维网的发明带动了一场新的社会和生产革命，而遗传学也呈现出过去无法想象的对健康的干预能力。太空探索曾于1969年人类登月时达到顶峰，经历了一段停滞期后，在2020年重启，带着重回月球、殖民太空的计划回归到人们的视线，并为下一次人类的火星之旅提供有用的经验。火星这颗"红色星球"成为第一个人类在地球以外寻找生命迹象的天体，自动探测器也通过无尽探索太阳系的行星，彻底改变了天文学研究。同时，世界的平衡正在被全球化打破，如果说到目前为止核武恐怖已经被击败，原子弹战争面前所有人都是输家，那么局部冲突一直在增加。联合国等国际组织在解决和恢复以往平衡上的干预变得非常困难，其首要原因是各国经济发展的差异造成了社会的紧张局势。

我们的历史由大大小小的事物组成，正如你所见，是由思想和想法组成的，当这些思想和想法变得具体时，就可以改变我们的生活，进而改变历史进程。没有什么能比科学技术的演变更能证明这一点了。这本书意在通过回顾主要历史事实来描述这些演变，但历史的关键在于构建历史的主角们，日复一日，经历多少个世纪，他们在家庭中、工作上、战场上、政治殿堂里进行着怎样的活动，如此往复。正因如此，每个想法实现的背后，总有一个人，男也好，女也好，其既有过人之处，也有缺点不足。科学的历史，首先也是人类的历史。就此我希望能够激发读者的好奇心和兴趣，我尤其希望能够带来一些求知欲。知识永远不会让人失望，也许我们能够从中了解自己。在此，我要感谢乔治·曼奇（Giorgio Manzi）教授的阅读，感谢他提出人类进化起源方面的建议。

人类发现和发明的漫长旅程

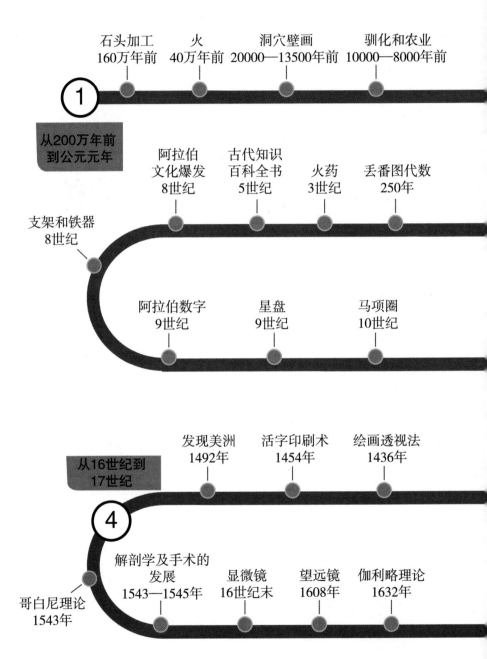

石头加工
160万年前

火
40万年前

洞穴壁画
20000—13500年前

驯化和农业
10000—8000年前

1

从200万年前
到公元元年

阿拉伯
文化爆发
8世纪

古代知识
百科全书
5世纪

火药
3世纪

丢番图代数
250年

支架和铁器
8世纪

阿拉伯数字
9世纪

星盘
9世纪

马项圈
10世纪

从16世纪到
17世纪

发现美洲
1492年

活字印刷术
1454年

绘画透视法
1436年

4

解剖学及手术的
发展
1543—1545年

显微镜
16世纪末

望远镜
1608年

伽利略理论
1632年

哥白尼理论
1543年

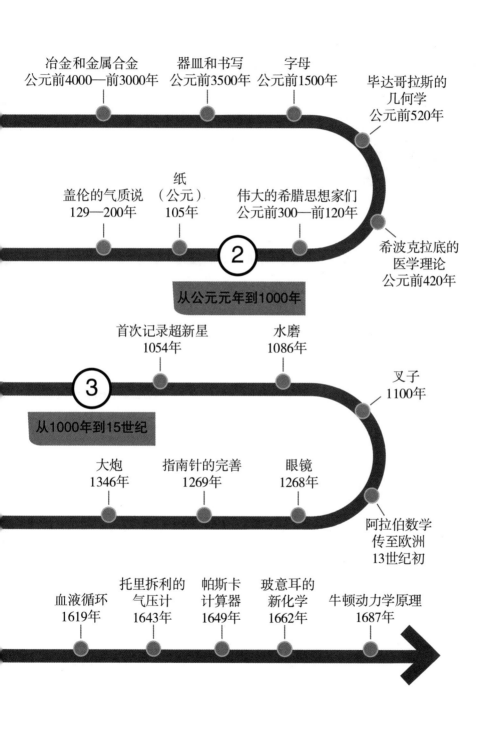

冶金和金属合金
公元前4000—前3000年

器皿和书写
公元前3500年

字母
公元前1500年

毕达哥拉斯的
几何学
公元前520年

盖伦的气质说
129—200年

纸
（公元）
105年

伟大的希腊思想家们
公元前300—前120年

希波克拉底的
医学理论
公元前420年

② 从公元元年到1000年

首次记录超新星
1054年

水磨
1086年

③

叉子
1100年

从1000年到15世纪

大炮
1346年

指南针的完善
1269年

眼镜
1268年

阿拉伯数学
传至欧洲
13世纪初

血液循环
1619年

托里拆利的
气压计
1643年

帕斯卡
计算器
1649年

玻意耳的
新化学
1662年

牛顿动力学原理
1687年

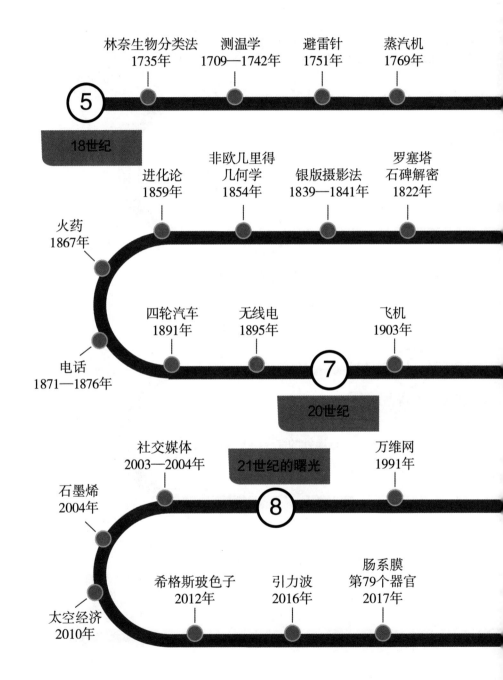

林奈生物分类法
1735年

测温学
1709—1742年

避雷针
1751年

蒸汽机
1769年

(5)

18世纪

进化论
1859年

非欧几里得
几何学
1854年

银版摄影法
1839—1841年

罗塞塔
石碑解密
1822年

火药
1867年

四轮汽车
1891年

无线电
1895年

飞机
1903年

(7)

电话
1871—1876年

20世纪

社交媒体
2003—2004年

21世纪的曙光

万维网
1991年

石墨烯
2004年

(8)

希格斯玻色子
2012年

引力波
2016年

肠系膜
第79个器官
2017年

太空经济
2010年

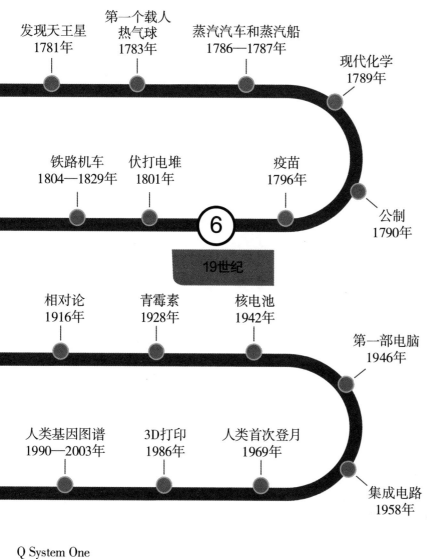

发现天王星
1781年

第一个载人
热气球
1783年

蒸汽汽车和蒸汽船
1786—1787年

现代化学
1789年

铁路机车
1804—1829年

伏打电堆
1801年

疫苗
1796年

⑥

公制
1790年

19世纪

相对论
1916年

青霉素
1928年

核电池
1942年

第一部电脑
1946年

人类基因图谱
1990—2003年

3D打印
1986年

人类首次登月
1969年

集成电路
1958年

Q System One
量子计算机
2019年1月

第一张黑洞照片
2019年4月

宇宙的年龄
2020年

mRNA疫苗
2020—2021年

目录

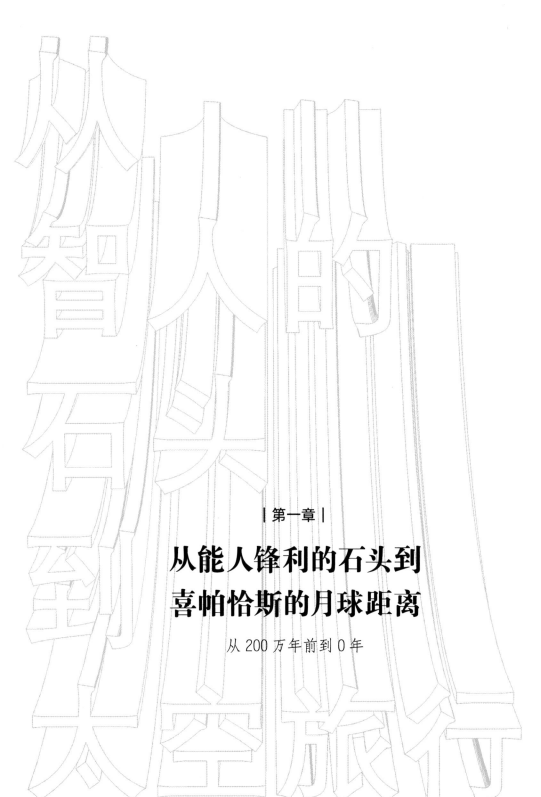

| 第一章 |

从能人锋利的石头到
喜帕恰斯的月球距离

从 200 万年前到 0 年

现在这里只剩下一圈散落在红色土壤中的石头，以前这些石头被用来压住朝天交错的树枝，从而形成一个庇荫处。正是在这里，坦桑尼亚的奥杜威（Olduvai）峡谷中，发现了第一处人类居住过的痕迹。谁曾经在这里居住我们不得而知，但可以肯定的是，他们应该是众多南方古猿（Australopithecus）物种之一的某些代表或是后代，在至今至少400万年以前曾居住在中东非及南非等地带。过去，他们都把棍子、石头，或者骨头作为工具，但他们中间有一个物种对工具的使用更为熟练，因此科学家们在追溯我们的起源时，称他们为"能人"。能人相较其他的南方古猿表亲有着不同的特征，在他们所剩不多的遗址附近，人们找到了证明其智慧的有形佐证，如上溯到两百多万年以前的手制石头工具。

这一重大发现还要归功于两位英国人类学家——路易斯·西摩·巴泽特·利基（Louis Seymour Bazett Leakey）和他的妻子玛丽（Mary），这对夫妻在20世纪60年代（但他们已经在当地生活了几十年）于奥杜威峡谷中挖掘到人类遥远先祖的一些遗骨。

能人的身份

在奥杜威峡谷中发现的少量碎片足以证明该物种的身份特征，20 年后在同一区域的进一步挖掘，又发现了一些头骨和四肢骨骼，其身份特征因而变得更为完整。遗骨拼接后，图画中显示的是一个小个子成年人，身高只有 1 米多，手臂却长得惊人。他的头相较于其他南方古猿表亲的来说更圆一些，在表亲面前他也大可吹嘘自己的大脑更大（仅相当于现代人类的一半大）。由于下巴没有那么大块儿，他的长相已经开始区别于猿猴。不过，他还不会说话，顶多能发出很多不同的声音。另外，他的脚倒是和现代人的相似，但最重要的一点还是他的手势动作。只见能人手里拿着一块石头，在那时已经开始敲打火石，形成锋利的边，制成最早的工具。

碎裂的火石

人类智慧的进化由此开始，而火石的加工则可以被认为是进化中的第一个发现。利用火石，能人可以分解动物，把肉从动物皮和骨头上剔下来。狩猎成果变得更丰盛，增加了食物的选择，进而改善了生活条件——所有的这些促成了最早的原始人的进化。能人不断完善身上的技能，其人口数量也不断增多，向非洲其他地区，还可能向着非洲以外，如亚欧大陆扩张。

但对于能人来说，他们的物种也在 160 万年前迎来了终结，能人的消失让位给了另一个人类物种——直立人。

这些原始人类开始增加的同时，石头加工的工艺也通过制造更为精致的物品而完善，这其中包括杏仁石（Amigdala）——一种呈杏仁形状的多面工具。获得更有利生活条件的同时，直立人的发展开始遇到困难。资源的稀缺迫使他们到更远的区域寻觅新的资源。他们开始离开自己的原生土地，沿着尼罗河向下到达了地中海。迁徙的同时，他们将切割石头的知识传播至欧洲和亚洲大陆。然而，如今留下的证据表明，与很久以前的奥杜威峡谷时期相比，切石头的技术并没有太大的改变。

火

上溯到至少 40 万年前，在中国北京附近的周口店龙骨山洞穴中，生活着一群猎人，这群猎人有一个明显的特征——颅骨较大。他们属于直立人种，"火"的发现理应归功于他们，或者说，至少后人是在他们的遗存中第一次找到这一伟大发现的踪迹。

"火"所发出的火焰与热量为世界带来了显著变化。它不仅有助于抵御动物的侵袭，更重要的是，它拓宽了人类的饮食范围，进一步改善了饮食。至此，有了火的加工，许多之前无法食用的食物被纳入饮食体系。另外，新的食品供应还有助于提高人类幼儿的生存概率，从而有利于人口增长，并对人类的社会性有益。

智人

与此同时，进化继续向前，其他物种也开始缓慢出现，这其中最重要的大概要属海德堡人了。海德堡人普遍生活在非洲和欧亚大陆，虽然我们对其物种的了解不过才 20 年，但是他们的名字最早创造于 20 世纪初。现如今，许多专家认为他们是一种介于最古老的直立人与进化程度最高的尼安德特人、智人之间的"中间人类"。就像大树上的不同生长进化分支，变得越发繁茂，科学家们非常重视食物—下颚—大脑之间的这条"进化链"。饮食的改善，例如通过烹饪食物，减少使用下巴咀嚼，缩小了头部的骨骼结构，这些部位必须承受的负担也随之减轻。颅骨的重塑为大脑留出了更多空间，脑部慢慢变大，从而有利于大脑及其功能的发展。由此可见，在所有人属的物种中，包括我们在内的智人具有颅骨不同、下颚突出较少且咀嚼力较弱的特点。而最早的智人大约可以追溯到 20 万年以前。事实上，现代解剖学研究的两具人类遗骸，都属于那个时代，且均被发现于埃塞俄比亚——较古老（19.5 万年前）的一具在奥莫河谷，较近（16 万年前）的一具在中部山谷的阿瓦什河。

尼安德特人

同一时期，还出现了另一个人类——尼安德特人。这个物种在 19 世纪中叶被命名为"尼安德特人"（Homo Neanderthalensis），其起源可追溯至 25 万多年前的欧洲。他们曾经生活在地中海北部和东部，到达过西伯利亚，并且一直到最后一个冰河时代时仍然存在。正是因为寒冷的气候，尼安德特人的体格变得越发强壮，以更好地面对不断变化的环境。又或者是因为"过于"特定的人类体形，尼安德特人大约在4万年前灭绝，而起源于非洲的智人（即生理结构上的现代人）在欧亚大陆上开始繁衍生息。可能正是在适应环境方面，尼安德特人失去了灵活性而开始灭绝。

同时，通过特殊的火石切削技术，智人和尼安德特人都试图完善石头的加工工艺。另外，他们还学会了加工动物皮，用骨头或者其他的夹子紧紧合住，穿着在身上，展现了很好的技能。

如果说早期的人类过着在河流沿岸扎营、在洞穴里休憩的生活，那么生理上的现代人类很快（至少有可能）也显示出文化上的现代性，在不同方面都取得了显著的进步。比如，在冬天，他们会藏身在半地下的房子里，有些地方用树干和树叶遮挡，有些地方则用动物皮。这样内部的环境就会变得暖和起来，加之他们会用木头或者动物脂肪，燃起火堆烤肉吃——从猛犸象到马肉，还有驯鹿和野牛肉。为了防寒保暖，他们还会穿着已经熟练缝制的动物皮革。

另外，水位下降，更多的土地出现，第一批人类开始"渗入"地球的其他地区：从东南亚到澳大利亚，还有从东北亚到南美洲，直到日本的岛屿都有他们的足迹。在大约1万年前，人类已经遍布除了南极洲以外的所有大陆。

遗传学标志着我们起源的日期

为了更好地定义复杂的进化树，从20世纪的80年代起，古人类学家在他们的研究中接受并融合了从 20 世纪 60 年代起发展起来的遗传学方法。这样一来，我们便能够确定物种分离发生的时间，还有人类历史中其他的步骤。其中意大利遗传学家路易吉·卡瓦利 – 斯福扎（Luigi Cavalli-Sforza）在此新领域也做出了重大贡献。

古遗传学就这样随之诞生，它通过分析 DNA 突变留下的痕迹，在分子中识别出能够标记进化时间的时钟。也就是在可视的评估中通过研究形态学——即基于不规则时间和方式导致的成熟变异结果，再添加以基因继承中的规律记录。同时在基因研究方面，查尔斯·达尔文（Charles Darwin）在《人类的起源》（1871 年）中提出的假设得到了证实，他在该论文中认为，人类的根源应该是在非洲，那里生活着一些最接近于人类的大型类人猿，如大猩猩和黑猩猩。不久后我们就发现了人类起源的证据——在 20 万年前的非洲就出现了最早的智人。另一个重大的突破发生在 1997 年，在对一具 1856 年在尼安德山谷里找到的尼安德特人骨骼化石的基因组样本检测中，首次实现了在遗传基因的基础上，评估灭绝物种与我们现有物种的差异。

因此，在确定了我们这个物种与黑猩猩物种分离比我们想象的更早（在七八百万年前）之后，基因追踪显示，我们和尼安德特人之间的分歧进化可以追溯到大约 50 万年前，而智人在 10 万年以前就开始走出非洲。经过进一步的深化考究，可以确定具有现代形态的人类在 6.2 万至 9.5 万年前跨越了非洲大陆，前往亚洲、大洋洲、欧洲，还有白令海峡另一端的美洲，四散在各地生活成长。

同时，尼安德特人在至少 3 万到 20 万年前占领了欧洲和亚洲的一部分，并且在近东地区与智人有了接触。实际上，遗传学再次提供了这两个物种之间杂交的证据，并且证明尼安德特人 DNA 的一部分在除了非洲人的现代人口中仍遗留存在。留在我们 DNA 中的尼安德特人基因（取决于人口，最多为 3%）或"好"或"坏"：前者让我们对寒冷的环境有更强的抵抗力，而后者则可能利于糖尿病或其他自身免疫性疾病的发作。我们吸烟成瘾的倾向也可能取决于这些基因。据部分结果，尼安德特人与智人之间的杂交可能发生在 5.5 万年前。

艺术品、弓、箭和一盏油灯

早在两万年前，我们祖先的生活就充满了新奇发现和艺术表达，这也证明了他们大脑性能的提高。尼安德特人过去可能拥有丰富的社交生活，并以某种形式祭拜亡者。然而，直到 1879 年，马切里诺·德·索托拉（Marcelino de Sautuola）在女儿的陪伴下发现了西班牙北部的阿尔塔米拉洞穴后，人们对原始人类（或者说至少是最古老的智人原型）的想法才彻底改变。这个洞内顶部，有一幅 13500 年历史的红黑相间图画，画上是一群野牛、鹿和其他动物"吃草"的静态景象。这是年代久远的艺术作品，但鉴定的过程并不容易，随后在欧洲一些地区发现了其他岩石雕刻标记，才最终证实了这一点。

后来还是那些时期的原始艺术的证据让我们有了更多的发现，比如弓和箭。弓箭在图画中用来表示打猎。弓在这其中十分重要，因为弓被拉伸的时候，能够储存能量，就好似一种机器。因为这股能量，箭的射程大于长矛，拉大了与射箭目标之间的距离，从而提高了狩猎的安全性。很快，弓也被用作战争工具，帮助射箭手取得更多优势，如同其他能够攻击和伤害目标的工具一样。弓箭的军事用途持续了很长时间，甚至一直到了 15 世纪初。

有迹象表明，在至少两万年前，存在一种攻击性较弱、更居家，并且彻底改变我们祖先习俗的工具。人们意识到在火上烤肉时，肉滴下的油脂经常会点燃火种，接着他们便将木棒浸在油里，可以作为火炬。接着，他们发现在一块凹石上盛点油也是同样的情况，在其中放植物纤维点火，就会像烛芯一样燃起来。从此，"火"变得可以按需运输。

动物的驯化和农业的诞生

大约一万年前，随着最后一个冰河时代的冰层开始消退，经过驯养的狗已经和人类一起生活在基尔库克（Kirkuk，位于伊拉克北部）附近的一些洞穴里。狗的遗骸在 20 世纪 50 年代被发现，尽管它们的驯化过程仍然是一个谜，驯化的开始也有可能追溯到更古老的时代，而且不一定发生在单一的地理区域。

两千年后，山羊在中东被驯化，给人类提供羊奶、黄油、奶酪和肉。于是，慢慢地，人类不仅限于是猎人，还变成了牧羊人。照看牲畜是确保食物安全供应的一种方式。除了驯化和育种，另一个基本的探索是植物的栽培，这也意味着农业的诞生。农业为人类生活带来了深刻的变化，甚至于动物的驯化也无法产生如此之大的影响。

人类就此从狩猎和收集向食物生产进行转变。

至于这个转变如何进行，我们可以参考如今越发丰富的考古文献。例如，8000 年前在伊拉克，发生了一些不同寻常的事情。当时在那些地区有一些野生小麦和大麦，通过观察、偶然的留意抑或是实验尝试，人们发现了一个惊人的现象：一些留在土地里的种子重新生长了起来，也就是说种子可以种植。不仅如此，还能捣碎小麦粒，获得可食用的面粉，因为它不会腐烂，所以易于储存。人们还发现，面粉经过烹饪可以成为一种营养丰富的食物——面包。农业和畜牧业扩大了营养资源，改善了饮食，并且将人类餐食与各种产品结合起来。这一发展自然也有相对应的代价，对于在完全自由的环境中长大的人来说，这种生活方式往往很辛苦，也很难让人接受——耕种土地和饲养牲畜意味着要有一个固定的住所，遵循四季的节奏，适应植物的需要，而植物的生长则必须有水和光照。

粮食供应的增加再次促进了人口的增长，引发了新的社会状况和人类行为。除了不可避免的冲突之外，随着家务事的日益丰富，人类开始需要保护自己的耕地和定居地。所有这些都推动着更多人类群体的形成，并促使人们更加谨慎地选择自己的基地。他们开始寻找更便于防御的阵地，并且要配备最宝贵的自然资源——水。他们学会了建立防御工事和城墙堡垒，同时也学会了为团队组织提供更有效的形式。这些相关的历史痕迹，仍旧是在伊拉克北部被发现。1948 年，美国考古学家罗伯特·J.布拉德伍德（Robert J. Braidwood）找到小山丘上的一些房屋遗迹。这些屋子的墙壁很薄，是用压过的泥砌成的，屋子内部则分为几个房间。该定居点被称为"耶莫"（Jarmo，与"耶利哥"和"加泰土丘"等其他早期新石器时代遗址同时期），大约在 8000 年前，它是一个容纳了近 300 名居民的小镇。

人类的群居生活中，有时会出现食物供过于求的情况，这便促成了交换行为的产生。与此同时，手工劳动变得更为丰富，从而激发了人们对日常生活物品的创造。在这时已经可称作手工艺的领域里，发展了编织芦苇或棕榈纤维的技术，还开发了加工黏土、制作各种形式陶器的方法。原始工艺的新产品作为交换商品进入贸易市场，帮助人们获得所需或必需的食物。

地球今天的样子

与此同时，那时地球环境的形态与今天基本相同。冰川已经消退，气候也与今天相似。一万年前，地球上的人口可能还没有达到300万，但有了畜牧后，这个数字在公元前8000年翻了一番，达到了800万。在人类掌握了农业后，数字又逐步上升。

许多资料显示，在公元前7000年左右，世界上人口最多的城市是耶利哥（现处于巴基斯坦境内），彼时的耶利哥有2500名居民。

然而，出于对农业，尤其是灌溉的需要，社会组织开始超越"城市"，走向"城邦"。向作物供水既需要采取恰当的操作，也需要对其进行精确的管理，以保证供水时的必要水流量。灌溉这一方面显然非常重要，因为是否丰收将取决于此。类似这样的人类活动同样需要大量的人工，按照城市周围所建农场的等级进行组织。换句话说，所有这一切都需要一个政府，因此，大约在公元前5000年，在底格里斯河（Tigris）和幼发拉底河（Euphrates）之间——苏美尔人居住的美索不达米亚地区（Mesopotamia，今天的伊拉克南部），第一个城邦诞生了。几乎同时，在其他区域也形成了城邦，如尼罗河沿岸的埃及。

占据城邦的人已经发现了如何生产亚麻，知道如何建造木筏，并且在商业交易中使用镰刀收割，使用天平精确称量产品。

铜和青铜

然而，在公元前 4000 年到前 3600 年之间，两种新材料进入了人类的工作和生活，人们发现这两种材料用途丰富。首先被发现的是铜，它是自然界中最常见的三种游离态惰性金属之一（其他两种是银和金）。铜或许是在观察火的过程中被偶然发现的，因为通过加热金属矿物会释放出铜。这使得人们理解了，这种材料在加热的情况下，既可以被加工，也可以从其他金属矿物中获得。冶金学就是这样诞生的，并且通过历史上第一种合金——锡的发现而蓬勃发展。将铜和锡结合后，便获得了青铜，这种金属的硬度足以挑战石头。

当时，武器和盾牌都使用了这种新合金，也是因为恢复被毁坏的剑的锋利轮廓，还原其功能较为容易。因此，大约在公元前 3000 年，新金属在中东的传播成为青铜时代的特征。这一时代还会延续很长一段时间，并且在荷马（Homeros）的《伊利亚特》（*Iliad*）中留下文学痕迹，特洛伊战争中就有提及青铜武器的使用。

船只和轮子车

公元前 3500 年左右，埃及人成功地跨越了木筏的简单概念，建造了更复杂的船只，这得益于使用尼罗河沿岸茂盛生长的纸莎草做成的芦苇捆。尼罗河的水风平浪静，也不需要特别坚固的运输工具，只要能定期运输材料便可。埃及人对他们的船只非常有信心，在公元前 3000 年，他们曾试着来到地中海，沿着河岸航行，又去到黎巴嫩，从那里采伐木材。

同一时间，另一种交通工具的制造给运输业带来了革命性的发展，即带有滚轮的货车。发明它的正是苏美尔人，当时，在他们的土地上有着最先进的文明，一片繁荣昌盛。货车的建造为的是减少劳苦、简化工作，其中首先需要的，是使用滑动负载的滚子。然而，我们尚不清楚当时人们是如何想到在车辆前后采用固定轴的，以及如何在两端使用木轮，从而提升负载面、减少摩擦并使工具走得更快。这种货车在苏美尔人的生活中十分常见，他们也是第一个使用犁的群体，当时的犁还只不过是种像长棍子的工具，拉动起来，可以挖出一个用来播种的犁沟槽。

但人类历史赋予了这个非凡群体另一个更重要的贡献：书写的发明。作为一个高度进化的文明，拥有密集的贸易和一定程度的社会交流，苏美尔人的生活已经相当繁复。因此他们需要一种记录交易、备注协议或货物储存的方法。为了达到这个目的，苏美尔人采用了一些符号大致代表一个单词，因为笔尖在软黏土中留下的印记会产生楔形符号，所以称之为"楔形文字"。这种书写方式由一系列符号构成，也就是通过这些符号人们开始传递信息和知识。书写的诞生意味着有了见证记录，历史也随之写开。书写的发明是公元前 3500 年。

后来，埃及人也发明了一种文字，叫作"象形文字"，意思是祭司书写，希腊人在埃及寺庙中发现象形文字时这样赋意。象形文字同样也是一种复杂的书写方式，书写时要用毛笔在纸莎草纸上画彩色符号。

日历

很少有人去想，我们挂在厨房里的日历其实有 5000 年的历史，而且是由埃及人发明的。在埃及人之前，出于必要，其他的民族也会通过观察规律重复的天象活动，进行某种时间安排。但还是在底格里斯河和幼发拉底河之间的美索不达米亚，人们第一次基于月亮的周期和季节的变化，算出了阴历，并且后来被希腊人和犹太人所沿用。

而埃及人为了计算时间，还是从尼罗河出发：他们意识到尼罗河几乎每 365 天就会发一次洪水，这与太阳相对恒星在天空中的运行时间相同。同时，他们眼见了 12 轮不同月亮的形成，便建立了 12 个月份，为了让数字更好计算，他们把每个月份定为 30 天，然后又增加了 5 天，以达到最终的 365 天。就这样，太阳历以太阳绕地球一周的时间为基准而诞生了。据说，埃及祭司早在公元前 2800 年就开始使用太阳历，他们对尼罗河这条与人生活息息相关的大河是否会洪水泛滥所做的预测给人民造成了极大的影响（和惧怕）。

巨石阵和金字塔

在学习计算时间的同时，一些历史遗留下来的最为宏伟的建筑也开始平地而起。美索不达米亚的工程师们为公共和宗教权力，建造了庞大的宫殿，并命名为"金字形神塔"（Ziggurat）。其中最著名要属"巴比伦空中花园"，除了占地广袤之外，楼中的露台还有拱廊和树木，树木经常用幼发拉底河的水浇灌。最高的金字神塔高达 72 米，人们用砖来建造金字塔架，在一些地方，还用到了编织的纸莎草来加固结构。

在埃及，不同的文化和环境激发了更大的建筑雄心。宗教看向了死亡的另一端，表达着"对永生的渴望"。为了克服死亡，尸体必须完好保存下来。法老们喜好居住在豪华的宫殿里，为了象征着其超越尘世的力量，法老促成了金字塔的诞生，第一座金字塔成型于公元前 2686 年。当时的第三王朝第二位法老左塞尔（Zoser）希望有一座特别的不朽坟墓，他的建筑师伊姆霍特普（Imhotep）便奉命开始建造，过程不乏各种中断。修建出来的坟墓，每上一层楼就越来越窄，从外观看，它就像一座金字塔，从此"金字塔"也就成了正式名称。随着时间的推移，通过使用楔子和杠杆，施工技术得到了改进。船只被用来运输大约在 500 千米外的阿斯旺地区切割的大块石头，然后在最后一步，用滚轴将巨石滑下落地。

建造金字塔是一个大型的周期性事业，全靠庞大的人力资源供给和一些巧妙的人工干预而得以实施。建于公元前 2600 年的吉萨（Gisa）大金字塔就是一个例子，吉萨由法老胡夫（Cheope，Khufu）委托建造，仍然是保存至今最雄伟的金字塔。其方形底座有 230 米长、147 米高，整个金字塔由 230 万块石灰岩石组成，每一块石头的平均重量为 2.5 吨。金字塔建造工作的高精度令人赞叹不已：其底座没有大于 18 厘米的不规则度，并且按照规定要求，四个基点上的角位置都在十分之一的公差度以内。完成这项工程杰作大概需要 20 年的时间和 10 万人力，金字塔中建有三个墓室：一个在地面以下，另外两个——皇室和王后墓室，处于建筑的中心，在更高的位置。法老们在这里安息，他们的身体经过防腐处理后，有巨大的财富陪伴，在金字塔内享受永生。在墓室中还第一次发现了玻璃存在的证据（约公元前 2500 年），当时玻璃仅用作装饰物。

要想从工程学的角度在欧洲找到如此大胆的建筑作品，就得去看英国的巨石阵（Stonehenge），那里距离英格兰南部的索尔兹伯里镇（Salisbury）大约十几千米。石灰岩平原是史前时期的一个中转地，从公元前 2800 年起宏伟的巨石就矗立在这里，也就是在胡夫金字塔建造之前的两个世纪。巨石阵在路堤上分不同阶段发展建造，由围绕着同心圆的巨石组成，其中一些重达 50 来吨。它们中有些是一块横向的石头盖在顶部，形成一块三叠石。目前我们尚且不知，古人是如何将这些巨石从 390 千米外的普雷切利山脉（Prescelly）运出来的。显然，这一作品当初对其创作者们来说一定是个建造难题，直到公元前 1550 年巨石阵才完工。巨石建筑群的轴线定位为夏至时指向日出的位置，而冬至时则指向日落。由此推断，巨石阵算是天文纪念碑吗？有可能，但现如今，没有任何一位天文学家愿意冒险赋予它"天文台"的意义。

建造大型建筑的热潮随后开始退去，尽管在接下来的几个世纪里，宏伟的建筑、宗教或权力象征的观念还是会周期性地回归并流行起来。

马的驯化

人类的一个重大突破当然还包括在公元前约 2000 年驯化了马。取得这一重要成果的是伊朗大草原上与世隔绝的居民们，人类从此"征服"了一种对我们的生活、劳作和战争都颇有价值的动物。驴和牛虽然也有很大的优点，但它们的可利用性有限。自然环境中的野马更加敏捷、聪明，它们还为人类提供了以前无法想象的交通便利。在战争冲突中，马这种四足动物又成了一种令敌人惧怕的战争武器，能够击败因恐惧而逃跑的步兵。

数学与首批天文发现

苏美尔人和巴比伦人正是通过仰望天空，听着底格里斯河和幼发拉底河的水流声，超越其他民族过去掌握的基本知识，才书写了数学和天文科学的第一章。公元前 1800 年，他们构想了第一个数字体系，在某种程度上来说，我们今天也在继续使用着这一体系。体系以数字 60 为基础，首先因为它可以很容易地被 2、3、4、5、6、10、12、15 和 30 整除而不会产生太多的分数，而分数的增多会使计算复杂，使结果不确定。然后，圆周由 360 度组成，即 60 乘以 6，而太阳在天空中的明显活动轨迹持续 365 天，每天覆盖大约 1 度。到了今天，我们仍然继续将每分钟划分为 60 秒，每个小时划分为 60 分钟。

古人抬头远望时还注意到，在那些看起来保持静态不动的星星中，有 5 颗其实在变换位置。人们由此而发现了太阳系的前 5 颗行星：水星、金星、火星、木星和土星。因此，除了当时已知的两个附近的大型天体——太阳和月球外，又增添了对这 5 颗行星的认识。7 个星体成了团，点亮了巴比伦人的夜晚，并且成为他们划分一周七天的参考。当人们意识到了行星在星团中不断穿梭时，天空的图像很快变得丰富、充满了启发。这也播下了"黄道带"的第一颗种子，希腊人后来做了进一步完善，将黄道带分成 12 个星座，太阳在每个星座中停留的时间大约为一个月。然而，除了观测之外，巴比伦的科学家们还增加了一项可以说更加重要的"理论"工作，尽管形式并不严格，但他们还是成功地预测了行星们所在的位置。真正的天文学就这样，带着坚实的数学根基，开始发展。

在接下来的 3 个世纪里，当伟大的苏美尔文明走向没落，不断遭到外国入侵而慢慢消失时，埃及人发明了发酵面包，巴比伦国王汉穆拉比（Hammurabi）写下了第一条法律。法律后被命名为《汉穆拉比法典》（公元前 1775 年），巴比伦人将法典刻在了石柱上，保存至今。

1873 年，德国考古学家乔治·莫里茨·埃伯斯（Georg Moritz Ebers）在一张莎草纸上发现了世界上最古老的医学处方的证据，由此得名《埃伯斯纸草书》。处方上面写着 700 种疗法（大多是一些神奇的仪式），用于治疗各种疾病。

大概也在这一时期（公元前 1570 年），埃及人将首都迁到忒拜（Thebes），开始了接下来 3 个世纪的发展，挑起了大国的角色。

腓尼基人发明字母表

人类进化中的历史时刻当然是字母表的发明。对这一成就，我们必须得感谢一群没有什么学术抱负，但有强烈商业实践意识的商人们。在大约公元前 1500 年的当时，世界上流通的书面语言是苏美尔语（楔形文字）、埃及语（象形文字）和汉语，它们都极其复杂。在地中海东海岸居住着迦南人（希腊人称他们为"腓尼基人"），是巴比伦人（楔形文字的继承人）和埃及人之间的贸易中间人。首先，出于实际原因，腓尼基人意识到了简化对话语言的必要性，因此他们开始为两种语言中的每种常见的发音分配不同的符号，类似于以一种最小的命名单位，设法将两种表达结合起来，撇开了那些阻碍交流的复杂词汇。腓尼基人创造的字母表前两个符号是"aleph"和"beth"，第一个符号的意思是"牛"，第二个的意思是"家"。可以想象，这个发明会产生多大的影响，它促进了写作和话语的传播，扩大了教育和文化的推广。接下来的几个世纪，由此又衍生了后来为人们所使用的其他字母表。

彼时，中国人也在继续使用自己的语言，同时发明了马车，还学会了如何使用从蠕虫的茧中提取的丝绸。

公元前 1470 年，地中海发生了一起非常严重的自然事件，这将对历史产生深远影响。大规模火山爆发的后果，导致克里特岛（Crete）走向不可避免的衰落，其文明本可以持续 15 个世纪之久的繁荣。克里特岛地处圣托里尼（Thera），岛上的火山喷发引发了一场大面积的火山灰雨，充斥在克里特的空中，覆盖了他们的房屋。除此之外，在海水深处扩散的巨大能量引发海啸，摧毁了海岸，吞噬了房屋和居民。这场灾难导致了文明的分崩瓦解，灾害幸存者逃到了其他海岸，比如腓尼基，他们在那里建立了新的城市；或者去向埃及，但他们遭到了埃及人的拒绝。

腓尼基人发明了船桨

越来越多的海上旅行促使了船只和航海技术的改进。这次拔得头筹的还是腓尼基人，因为他们总是能够受商业需求的驱使。为了增加交通量，扩大贸易的范围，腓尼基人意识到船只的风和帆造成了很大的限制。如何绕过气流的突然变化？答案就在桨的发明中，它使船只可以在任何时候都能自由航行。桨的问题解决后，只剩下风暴的障碍，但对于这层障碍，找到解决方法仍然显得很遥远。桨划起来后，腓尼基人意识到，他们还必须有一个确定且长久的参考点，才能到达所需的港口。因此他们找了找天空中最高和最显眼的点，选择了参考"大熊座"来计算活动和位置。当时的腓尼基人势不可当，大约在公元前 1100 年，他们向北非和南欧海岸推进，过程中时常建立定居点。同时间，亚述人来到地中海，离开了他们在底格里斯河和幼发拉底河附近的土地，开始逐渐证明自己征服者的地位。

铁的革命

随着一项新技术的发现，另一场革命爆发了：铁的发现和使用。实际上，铁这种纯金属早在公元前 1500 年左右就为人所知，但与当时盛行的铜相比，它的稳定性不具备竞争力。到了公元前 1000 年的时候，人们才开始将铁与其他元素混合，加强其属性。比如存在于木炭中的碳元素，将它与铁混合后获得的"钢"，具有极好的机械特性。

铁合金的首次使用自然是在战争中，对它的充分利用决定着战场上的绝对领先地位。就像多利安人入侵希腊、击败迈锡尼人时，迈锡尼人只配备较弱的青铜武器。迈锡尼的文明就此消失，但由于多利安人的不进取，他们给被占领的土地带去一段很长的黑暗时期。

21

弓箭和伊特鲁里亚人

在意大利，又出现了另一个种群——伊特鲁里亚人，传说他们在公元前 753 年建立了罗马，并统治了 200 年之久，由此确立了伊特鲁里亚在意大利半岛上的强国地位。精湛的武器装配再一次帮助得势方取得至高强权，但这次的"武器"是弓箭。公元前 750 年，伊特鲁里亚人有效地改进了弓箭，充分利用了弓箭的力量。

在其他非战争、贴近日常生活的领域，技术也在同时精进。塞纳切里布（Sennacherib）统治下的亚述人修建了长距离输水管道，并创建了动物园和植物园。公元前 680 年，吉格斯（Gyges）在小亚细亚地区建立吕底亚王国，在位国王的儿子即位后便铸造了历史上第一批硬币。硬币由金子铸成，全都等重，且一面印有君主肖像。从那时起，以物易物或用贵重金属交易的方式开始退出市场。

毕达哥拉斯的定理（勾股定理）

公元前 609 年，亚述文明也结束了它的周期。迦勒底人统治着底格里斯河和幼发拉底河流域。在希腊，塔勒斯（Thales）能够预测日食，并认为所有物质都是由水（主要元素）构成的。不久之后，在公元前 520 年，另一位伟大的希腊哲学家毕达哥拉斯（Pythagoras）在科学史上留下了不可磨灭的印记。他提出了一个著名的定理，并对这个定理进行了详细的论证：在一个直角三角形中，斜边的平方等于两条直角边的平方和。此外，他还证明了 2 的平方根是一个无理数（即不可能通过关系表达）。同理，没有哪个分数乘以它本身能够得出 2。

但毕达哥拉斯不仅仅是一位数字理论家。仰望星辰间，他第一个意识到，那颗在日落时出现的发亮行星，正是同一颗向着东方，预示着太阳升起的"晨星"。他给这颗星取名为"阿芙罗狄蒂"，致敬象征着爱与美的女神。从罗马人时代开始，更名为代表同样意义的"维纳斯"（金星）。

毕达哥拉斯："一切皆数字。"

对毕达哥拉斯来说，数字就是一切。他甚至将正义的价值也归结于数字，将其视为一种美德。"一切皆数字。"他总说。这位希腊哲学家出生于公元前 570 年左右的萨莫斯，关于他的传说多过真实的故事，因为他创立的学校的弟子都将他写进了著作。学校的创立发生在他搬到了大希腊（Magna Grecia）的克罗托内之后，与其说是学校，它更像是一个在意大利南部其他城市都能培养出皈依教徒的哲学宗教派系。学校的营运目的是"游说"（Lobby），就像我们今天所定义的一样，用贵族阶级和保守派的手段，试图发挥政治影响。但因为人民的强烈反对，这样的派系学校最终被迫解散。除了科学之外，毕达哥拉斯和他的学校还传播宗教信仰，例如禁食肉或豆类的教义，但这些教义的含义至今仍然是个谜。毕达哥拉斯在公元前 496 年逝世于梅塔蓬托。

阿尔克梅恩首创解剖以及德谟克利特的原子

对希腊来说，这是一个充满科学热情的伟大时期。赫卡塔埃乌

23

斯（Hecataeus）于公元前 510 年绘制了第一张世界地图；医生阿尔克梅恩（Alcmeone）首创尸体解剖，此举在当时是要冒一定风险的，因为人们认为尸体不可触摸。在早期的研究中，他注意到了静脉和动脉之间的差别，并补充说明了感觉器官与大脑是相连接的。德谟克里特（Democritus）随后提出了他的猜想，即物质由极小的不可分割的粒子构成，他称之为"原子"。彼时对希腊而言，也是一段艰难的时期，因为公元前 480 年，薛西斯（Serse）的波斯军队入侵希腊，烧毁了雅典城，并迫使居民暂时逃离。次年，薛西斯战败并被驱逐出希腊。

算盘、希波克拉底和弹射器

罗马在经历了两个世纪的君主制后成了共和国，并维持了 5 个世纪。据说在公元前 500 年，腓尼基人成功环航了非洲，在落脚埃及的时候开始使用世界上的第一个算数工具——算盘。

到了公元前420年，希腊人希波克拉底 ① 提出了一个重要观点，即所有的疾病都有自然病因，而不是诅咒的结果。基于这一观点，他还解释了癫痫，消除了人们对于癫痫是"病人落入或好或坏的超自然生物手中"的笃信。但他后来提出了一个错误的理论，即认为生物体的健康取决于"血液、粘液、黄胆汁和黑胆汁"这四种"液体"或"体液"的平衡。

---

① 希波克拉底，古希腊时代的医师，被西方尊为"医学之父"。——编者注

在兴盛的雅典，还要提到的是战争的艺术。尽管传统战争工具已经得到了改善，在当时狄奥尼修斯（Dionysus）统治下（公元前405年至前367年）的希腊西部最重要的城市锡拉库扎（Siracusa），狄奥尼修斯的设计师们仍发明了弹射器，也就是当时的大炮。这种机器可以有效地威慑敌人，即使在实际使用中有过于迟缓的明显缺陷。

亚里士多德证明地球为球形

公元前350年，在雅典学派中，一些哲学家，如赫拉克利德斯（Heraclides）所说，假设地球之外有一个可能由太阳构成的"中心"。然而，更具体的论据来自亚里士多德这样的伟大哲学家，他采用了毕达哥拉斯的假设，认为地球不是平的，接着证明地球的确是球形：比如当船只离开时，下部首先消失；在月食期间，地球在月球上投下的阴影呈一道弧形；还有星星在北方升起，落于南方。

亚里士多德的天资还体现在描述自然的探索方面，在塔勒斯的基本元素（水）研究之上，他提出了四种再加另一种的元素理论。四个首要元素为土、水、空气和火，另外再加上"以太"（来自希腊语，意为"发光的"），天空就是由以太形成的，在那个一切完美的地方，不朽的天体在空中旋转而不坠落。不同于地球上，一切事物都会发生变化和恶化。

这位伟大希腊思想家的研究观察还包括动物，他根据物种逻辑标准对500个动物物种进行分类。而他的门徒之一狄奥弗拉斯图（Theophrastus）则负责研究植物世界，他购置了590种植物。

与此同时，马其顿的腓力二世登上了权力的舞台。在他遇刺后，年轻的儿子亚历山大三世甚至比他父亲还要出色，在十年内征服了整个波斯帝国，并在战场上获得了"亚历山大大大帝"（Alessandro Magno）的称号。然而，他的生命最后以神秘的方式在巴比伦终结，对他的身亡也有许多猜测，比如中毒和酗酒等。另一方面，罗马人为了维护他们的长久统治，成了石头道路的建设者，通过这些道路，他们可以更容易携带武器和行李去征服并控制其他土地。

亚里士多德的复杂人生

亚里士多德于公元前 384 年在马其顿的斯达吉拉（Stagira）出生，良好的家庭地位对他的帮助不大。亚里士多德的父亲尼科马库斯是一名医生，还是马其顿国王阿米塔二世（Aminta II）的朋友。但他毅然离开了父亲的家，选择去雅典的柏拉图学院上学。然而，当柏拉图去世时，因为马其顿人不受待见，他不得不逃离雅典，搬到了特罗德的阿索（Asso，Troade），那里是柏拉图思想的发源地。在这里，他希望通过成为阿塔尼厄斯（Atarneus，古希腊城市）暴君赫米亚的朋友，与她的侄女（后成为养女）皮齐亚结婚来确保自己的未来。可逃亡来得太突然，当赫米亚倒台并被移交给波斯人时，亚里士多德必须再次出逃。亚里士多德后来决定在莱斯博斯岛（Lesbo）上避难，腓力二世则将他召回让他做儿子亚历山大的老师。亚历山大上台后，他便回到了雅典。在这里，他创办了一所吕克昂学院（Lyceum），又被称为"逍遥学派"，亚里士多德喜欢在学院的回廊带着学生们，边来回走动，边讨论学术。

但其人生的磨难还没有结束。亚历山大死后出现了其他问题，亚里士多德不得不再次逃离，为了不像苏格拉底那样遭受不幸，他来到了在尤比的丘基德（Calcide，Eubea）避难。他用哲学的方式解释了自己的姿态："不想给雅典人第二次违背哲学的机会。"次年，公元前 322 年，亚里士多德去世。

欧几里得与几何学

几个世纪以来，几何学一直是人类知识重要组成部分，对于测量地表的边界或是像建造埃及金字塔都大有用处。但这些知识都是零散的概念，未经证实，也缺乏组织。欧几里得从雅典搬到亚历山大后，在托勒密父子的提议下想到了这一点。因此，在公元前 300 年，欧几里得的几何学形成了，他用基本文本阐述了古典几何学的结晶，文本所有内容几乎一直沿用到今天。关于该文本的作者，人们几乎一无所知，只知道他经常被与同名的哲学家、苏格拉底的门徒和麦加拉（Megara）哲学学派的创始人混淆。

同时代的另一位杰出人物是阿基米德（Archimede），除了是一位出色的发明家以外，他自然也被看作是古典时代最伟大的数学家。在他的墓碑上，如其所愿雕刻着一个外接球面的圆柱体，以纪念他引以为傲的数学发现，即球体的表面积（体积）等于外切圆柱体表面积（体积）的三分之二。阿基米德的主要发现涉及几何学、流体静力学和力学。他建立了用实数计算体积的规则；在静力学中引入了重心的概念和著名的杠杆平衡定律；在"流体静力学"中描述了浸没在液体中的物体的基本原理。

27

在数学方面，他定义了圆周率的值（即圆的周长和直径之间的关系），给出了三次方程求解和确定平方根近似值的方法。最后，他还设计了计算平面图形面积和固体体积的公式。

阿基米德不仅仅是一位理论家，他也喜欢思考如何应用自己的想法。他是一位颇有建树的工程师，尽管他认为自己的建筑只是理论活动的残余。更让人期待的是，他在埃及逗留期间研究的"蜗杆"（coclea）被用来提水，方便灌溉工程中的水运输。

阿基米德："尤里卡，尤里卡。"

"给我一个支点，我可以撬起地球。"光是这句话就足以了解阿基米德其人。他在公元前 287 至前 212 年生活在锡拉库扎。我们只知道他是古时候的大人物，但关于他的生活我们只听闻一二，很多都是在一个名叫赫拉克里德（Heracleid）或赫拉克利奥斯（Heracleius）纂写的现已流失的阿基米德传记里。有说法是，阿基米德或许是天文学家菲迪亚斯（Phidias）的儿子，年轻时他曾在埃及生活过一阵，期间于亚历山大认识了欧几里得的学生们。他的研习结果众多且涉猎广泛，阿基米德的个性活跃又善表达，以至于围绕他的神话逸事很快就传开（"尤里卡，尤里卡"，eureka，euraka，意为"我发现了，我发现了"），尽管很多故事大概是后来的叙述者编造的。根据拜占庭人策泽（Tzetzes）记载，阿基米德在 75 岁离世，关于他的神话故事一直流传。在锡拉库扎被占领期间，他死在了一个素未谋面的罗马士兵刀下。当时的执政官马切卢斯（Marcellus）其实想活捉他。据说，当士兵拔出剑走进他的房子时，阿基米德正在画几何图形，他大声向士兵喊道："别碰我的圆（Noli turbare meos circulos）。"士兵于是将他杀死。

地球的周长

同样是在数学领域，不得不提阿里斯塔克（Aristarcus）做出的不懈努力，他在公元前3世纪初试图用三角法规则测量月亮和太阳的大小。但由于缺乏足够的工具，他得出的结论相当模糊。40年后，埃拉托色尼（Heratosthenes）做到了，他仅凭数学就准确计算出了地球的周长（40232千米）。他设法考虑到西恩城（Syene）和亚历山大港之间的已知距离，并知道太阳在亚历山大港上空的位移，相当于天顶位置的7度。但他的同僚认为这个数字有些夸大，因此都不予相信。

同时在那些年里，罗得岛的太阳神铜像落成，巨像高32米（常常在传说中显得更加高耸雄伟），曾被列为世界七大奇观，建成60年后因地震而不幸倒塌。

尼西亚的喜帕恰斯和月球的距离

公元前150年左右，古代最伟大的天文学家生活在希腊，他的名字叫喜帕恰斯（Hipparchus）。三角学是一门确认三角形的角和边之间关系的科学，喜帕恰斯在阐述了三角学的基础后，将其运用在了测量地球和我们的"自然卫星"月球之间的准确距离中。在计算中，他沿用了埃拉托色尼的计算，并参考其对地球周长的测量，获得地球的直径长（12874

千米），再将其作为计算的起点，从而得出到月球的距离为386220千米。这个庞大的数字让同时代的人大为震撼，但时运不错，喜帕恰斯的结果并没有受到什么挑战。实际上，这个距离的得出反而有助于扭转人类认为头顶一片天空如此狭小的看法，促使其形成更加成熟的大宇宙观念。但喜帕恰斯并没有止步于这项看似基本的计算工作，他还绘制了一张星表，上面有成千颗恒星，标记的精度令人咋舌，恒星们首先按等级被分类，后来按照大小，再通过大小测量它们的亮度。最后，喜帕恰斯还计算了分点岁差、一年的周期和月球公转周期等。

随着基督的诞生，千禧年即将结束（按照我们今天使用的时间划分）。罗马是当时地中海无可争议的超级大国，身在罗马城的盖乌斯·儒略·恺撒（Caius Julius Caesar）手握重权，决定开始着手整改日历，以便更有效地统一划分时间。出于对手下的不信任，恺撒从希腊请来了天文学家索西琴尼（Sosigenes）。索西琴尼在埃及的阳历基础上制订了一个日历，恺撒对此赞誉不已。这个日历被命名为"儒略历法"，以纪念提出颁布此历法的恺撒本人。历法由365天组成，其中有些月份为30天，有些月份为31天；每四年需要增加1天，标记为闰年。索西琴尼的作品经过了时间的考量，16个世纪后，儒略历法对其进行了修正，成为我们今天仍然使用的历法。

同时，在叙利亚，人们发明了吹制玻璃，生产的物品也就此应用到日常生活当中。另外，水车的设计者还发现能够利用水流，为人类的工作提供宝贵能量。

喜帕恰斯，丈量天空的人

喜帕恰斯于公元前 194 年出生在比提尼亚（Bithynia）的尼西亚（Nicea），并在那里度过了人生的头 30 年，他在属于富裕阶层的学校求学。喜帕恰斯一边深造数学，一边开始研究星空。有趣的是，他后来以天气预测和占星术而闻名，而不是他的天文学研究。

实际上，他的研究远远超出了风和云的范畴，正如托勒密在他的著作中所证明的那样，编制了一个带有至点和分点、季节长度以及各种恒星的升起和落下日期预测的古星图表（Parapegmo）。之后喜帕恰斯搬去罗德岛，在那里他待了 36 年，从事为恒星编目的重要工作，担任"天空测量员"。喜帕恰斯最终于公元前 120 年离开人世。

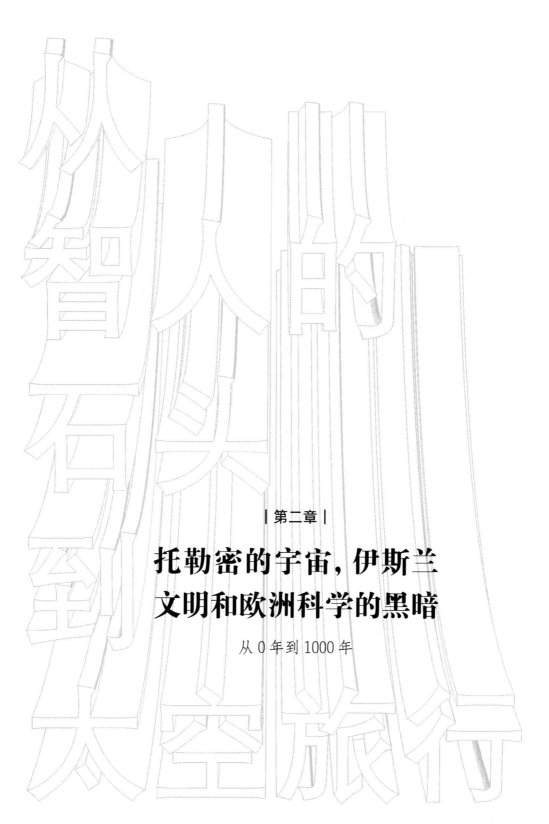

| 第二章 |

托勒密的宇宙，伊斯兰
文明和欧洲科学的黑暗

从 0 年到 1000 年

新千年在罗马权力的标志下开启。尽管罗马在军事和法律职能方面变得强大，但在科学方面却没有取得类似的建树。随着希腊文明的衰落，科学文化也黯然失色，罗马权力的扩张标志着一段将持续几个世纪的黑暗时期的诞生。

公元前44年，在下令修改历法两年后，儒略·恺撒被暗杀，他的曾孙盖乌斯·儒略·恺撒·屋大维（Caius Julius Caesar Octavian）以恺撒·奥古斯都（Caesar Augustus）的称号掌权，这也标志着共和国的结束和帝国的开始。

罗马军队离开首都，被派遣远征，由此亲身体验了环境气候的多样性。地理学家蓬波尼奥·梅拉（Pomponio Mela）根据地球呈球形的假设，解释了地球为何在两极有冰区、赤道有暖区以及中间区域气候温和。尽管解释得十分概略，但以此为出发点并没有错。

旅行同时还促进了药理学的诞生，这与当时为罗马军队服务的希腊医生佩达尼乌斯·迪奥斯科里季斯（Pedanius Dioscorides）有所关联。在随军漂泊期间，他描述了600种植物和大约1000种从中提取的药物，并收录于一本名为《药物论》（De materia medica）的书中。

地图的诞生

实现了地理上的跨越后，现在我们可以来看一项伟大发明的起源，这一发明的应用也延伸到了如今的数字时代。大约在公元105年，一位名叫蔡伦的中国宦官发明了一种用树皮、大麻和其他含有纤维素的物品造纸的方法。另外，因为当时生产使用的是越来越少有的藤茎，纸莎草便渐渐被超越取代了。然而，足足过了6个世纪，通过伊斯兰文明的发展，才让纸在地中海地区推广使用。阿拉伯人在753年征服撒马尔罕（Samarcanda）时学会了纸的制作技术，这也是中国工匠首次在那里引入这项技术。793年，随着巴格达第一家造纸厂的建设，纸张迅速在伊斯兰世界中传播开来，进而也导致了纸莎草和羊皮纸的消失。

托勒密的宇宙

前面我们提到，希腊思想这时正在走下坡路，但不妨碍其成功产出另一位杰出人物克劳迪斯·托勒密（Claudius Ptolemaeus），他被认为是古代世界最后一位著名的天文学家。他的研究没有令人眼花缭乱的赘述，而是整理和收集在此之前积累的大量天体知识，收录于《阿尔马吉斯特》（Almagesto）一书中，这部作品与尼西亚的喜帕恰斯的作品相呼应，对后来的时代产生了深远影响。托勒密描述了行星的圆形轨道，其中心不是地球，而是去中心的。为了研究恒星的运动，托勒密使用了已经存在了几个世纪的星盘，它也被认为是最古老的科学仪器。他认为，宇宙被完全包含在一个球体中，而地球正位于这个球体的中心。在这一球体内部还有其他的球体，第一个是月球，然后是水星、金星，最后是土星。

除了天文学外，托勒密也研究了声学和光学，其中深化研究了镜面理论，以及光线在空气和水、空气和玻璃、水和玻璃中的折射。

然而，托勒密的努力和他的综合研究，一直存续到哥白尼时代，便很快被东方神秘教派的传播带来的浪潮冲走。比起数学天文学，人们开始倾向于占星术。甚至托勒密后来也参与其中，以至于他还创作了《占星四书》(Tetrabiblos)，在书中他讲述了恒星对人类事件的影响。科学观察似乎就此越来越遥远。

托勒密与星星的音乐

"自然界中，空虚，或任何没有意义和目的的东西都是不可想象的。"出生于公元100年的亚历山大学派最后一位伟大天文学家克劳迪斯·托勒密如是说，他怀着这样的信念，孜孜不倦，让太空里写满了行星和恒星。

但在宇宙的序列中，这位亚历山大的科学家也看到了艺术和音乐的维度。在他的作品《和声学》(Armonica)里，他像讨论一门类似数学、甚至是天文学的学科一样介绍了音乐理论。他说，天文学与视觉有关，和声则与听觉有关。但是，那个时候的乐器，即五弦竖琴或七弦竖琴，不够让他充分解释他的想法。乐器的选择太少，满足不了他的需求。然后他就假设一种理论上有15根弦的乐器，终于让他可以分析两个八度音阶之间的音调比。但托勒密的科学眼光没有放过任何东西，从音乐的和声到转头研究人类的生活，甚至将研究对象延伸到了神秘的大脑。他研究了引导人类思想"从信仰到知识"的心理机制，并得出结论：生活的控制在于内心，而美好生活的掌控则存在于大脑中。在 70 岁时，托勒密过上了更好的生活。

盖伦的药物

几乎与托勒密同时代的希腊医生，佩加蒙的盖伦，是个不拘一格的人物，他认为自己是希波克拉底的继承者。盖伦将柏拉图和亚里士多德的研究相结合，在收集和使用亚历山大学派的解剖学发现上非常有能耐，也经常在语言表达上超越其他人，但归根结底他还是一位伟大的医生，其研究方法在解剖学、生理学和体液病理学方面将在后来的一千年继续发挥影响。在他的思想中，"体液学说"（四种体液分别是：血液、粘液、黑胆汁和黄胆汁）是解释人类和血液循环状况的核心。他的理论假设动脉和静脉的每一滴血以一次呼吸或心跳的节奏流动。通过解剖动物，他得以识别不同的肌肉组织，证明它们以群组为单位工作，并揭示了脊髓的重要性。根据盖伦的理论，个人的生理和心理特征可以用体液的不同比例来解释。

盖伦还曾在罗马工作过，但在公元 166 年罗马遭受了瘟疫（可能是天花）后，便离开了。不久后，罗马帝国遭受了来自北方蛮族的第一次入侵，随着皇帝马库斯·奥雷利乌斯（Marcus Aurelius）的去世，罗马帝国开始了漫长而无情的衰落。彼时，大概有 100 万居民的罗马，已经发展成了世界上最大的城市。

盖伦，情绪医生

"那个如此关心他人的健康，以至于忘记了自己的医生。"希腊人盖伦（但他的真实名字仍不得而知）带着一点自大的意味这样形容自己。盖伦于129年出生在佩加蒙，父亲尼康（Nicon）非常富有。在学习了哲学、逻辑学和数学之后，他选择了全心投入解剖学。盖伦把希波克拉底之前提出的体液学说作为参考，继续发展了这一理论。他曾在士麦那和亚历山大工作，并在罗马尤其出名，在和平圣殿教课，后来还作为马库斯·奥雷利乌斯皇帝的私人医生进入宫廷。166年瘟疫暴发时，他从首都罗马逃离。然而，6年后他又回来了，继续做了40年的御医。盖伦代表了希腊医学的最高点，所提出的学说在文艺复兴之前一直具有一定参考价值。在写作方面，他十分多产，为后人留下了数以百计的作品。盖伦最终在70岁左右走到了生命尽头，一说他在罗马去世，另一说他在出生地佩加蒙去世。

丢番图的代数

在3世纪左右，工业技术不断进步，生产了历史上第一批镜子，玻璃艺术通过十分考究的手工艺品得以展现，罗马工匠由此制造出了一种类似水晶的半透明白色玻璃。不久后，在公元250年，亚历山大的丢番图（Diophantus）写了史上第一本代数书，这本书也代表了古代数学最后的曙光。丢番图是一位算术大师，在他发明的求解方程——单个方程和组合方程技巧上，丢番图显示出了真正的天赋。他阐释的几个算术定理中，一部分由他首创，而另一部分则来自早期的文化借鉴。总的来说，这位数学家的成果也是巴比伦和亚历山大传统的产物。

在同一时期，天文学的总体景象也同样暗淡，甚至越来越像一扇即将紧闭的窗户。基督教的传播或许是这一现象的症结所在，比如教会在《创世纪》一书中强加了《圣经》所包含的内容，来解释世界的起源。教会的神父们拒绝接受古典文化，因为他们认为古典文化太过妥协于异教。

到了 4 世纪，就连米兰的安布罗斯（Ambrogio di Milano）也还认为基督徒从事天文学是不合适的，因为这超出了帮助信仰的必要范围。相比之下，河马的奥古斯丁（Agostino d'Ippona）则更为温和，他只限于拒绝那些公然与《圣经》不符的科学元素。

因此，如果说在此前的几个时期，神秘主义的浪潮摧毁了人们对科学的兴趣，那么现在，对"救赎"和"信仰"这两个主题的坚持，则成了根本和优先事项，加强了文化的封闭程度。对这些现象如果没有厌恶反对，最多也只是冷漠无视。

火药、茶叶和马镫

与此同时，在遥远的东方——中国，三个非常具象的发明正在形成规模。第一个是火药，由中国人发明制得，最初用于制造烟花或作为恐吓敌人的武器。而另一方面，在餐桌上，我们想尽办法让饮用水更适口，将水煮沸以避免水质污染，对不同草叶的研究尝试而促成了"茶"的发现。

最后，为了让骑乘马匹更加轻松，人们发明了一种能够为脚提供坚实支撑的镫，同时还可以将其轻松移除。

5 世纪和罗马帝国的灭亡

在第 5 世纪，科学思想匮乏的传统依旧存在，一个特殊的历史事件就此发生，即西罗马帝国的灭亡。在上个世纪君士坦丁堡建立后，拜占庭帝国曾屹立于此，权力之针也逐渐向东移动，取代了罗马。最后一位享有盛名的罗马皇帝是狄奥多西一世（Theodosius I），在他去世前的公元 395 年，他将帝国一分为二，东部留给他的长子阿卡狄乌斯（Arcadius），统治君士坦丁堡，二儿子何诺利乌（Honorius）则统治以拉韦纳（Ravenna）为首都的西部。但后来北方蛮族的持续入侵，迫使西罗马最后一位罗马皇帝罗穆卢斯·奥古斯都（Romulus Augustulus）在 476 年退位，同时标志着西罗马帝国的分崩瓦解。

东罗马此时仍然存续，罗马古国的传统和技术也将聚集于此：从砖到铅漆的生产，从玻璃的吹制到其装饰方法。安条克（现位于土耳其城市安塔基亚）成为世界上第一个采用柏油火把照明的城市。

人们对 5 世纪的记忆被保留在著作当中，一部分来自过去几个世纪的学术写作、百科全书和纲要编撰等形式的积累，尽管有时是以图解的方式，但它们在保存过去的科学成就上有所贡献。

6 世纪和拜占庭式建筑

到了 6 世纪，虽然一个更稳定的中心正在形成，但拜占庭世界并不主张什么文化的复兴形式。生活在 480 年至 524 年的塞韦里诺·波伊提乌（Severino Boethius）或是乔凡尼·菲力波诺（Giovanni Filopono）等人物更多的是限于保留过去的东西：如波伊提乌是在物理学、数学和天文科学领域；菲力波诺则是在天文学里重申了经典理论，如同心球体或是地圆学说，他也因此与教会发生了意见冲突。

在生命科学领域，世界正见证着中国文化的觉醒，卡西奥多鲁斯（Cassiodoro）让西方修道院开始对医学感兴趣。然而，在应用科学中，拜占庭式建筑遵循罗马技术，大多采用了大型圆式屋顶以及马赛克式的设计。

7 世纪，穆罕默德和希腊的火

首先要提到的是，在 7 世纪时诞生了一种对未来造成很大影响的新宗教——伊斯兰教（Islam，意为"服从上帝"）。在阿拉伯，穆罕默德开始传播新的信仰，但 622 年 9 月 20 日，他被迫逃离自己的城市麦加，去往麦地那（Medina）避难。这一天，被称为"希吉拉"（Hegira，意为"出走"），对穆罕默德的追随者即穆斯林教徒来说，这一天成为开启新时代的日子，也是穆斯林历的元年。如果说此时中国和印度的数学界正呈现出一定的活跃度，那么在西方我们也看到了塞维利亚的伊西多尔（Isidoro di Siviglia）这样的人物，他曾宣扬占星术是一门科学。

同时在中国，巢元方根据朝廷的命令撰写了一篇关于疾病病因和证候的专著，概述了一种原始的东方医学思想，与西方的医学思想相比，这种思想延续至今。

麦加的征服者穆罕默德在获得胜利后，伊斯兰教开始广泛传播，阿拉伯人逐渐接触东西方不同文化，在医学领域尤其可见知识的融合与发展。在阿拉伯人的控制下，一些城市成了著名的纺织品生产枢纽［如开罗周边的福斯塔特（Fustat），后改名为福斯坦（Fustian）］。一方面，阿拉伯人广泛使用风车；另一方面，一位希腊炼金术士因为将君士坦丁堡从阿拉伯的入侵中拯救出来，从而被载入史册。炼金术士名叫卡利尼卡（Callinicus），在敌人的舰队出现在君士坦丁堡城邦的视线范围内时，落败于阿拉伯人手中似乎已成定局，但按照卡利尼卡的做法，将一种成分仍然未知的混合物质（可能是石脑油、硝酸钾和氧化钙）泼洒在水面上，接着将其点燃，便会以惊人的爆发力持续燃烧。阿拉伯水军们在他们的木船上，被这称为"希腊之火"的武器吓得逃之夭夭，离开了君士坦丁堡。

7世纪时，欧洲仍然深陷于蛮族入侵的后怕当中，这些蛮族里最令人恐惧的便是匈人。一些欧洲人由此逃到了亚得里亚海寻求庇护，在海上岛屿之间定居，接着建立了威尼斯，并于697年选出了第一个总督。它的诞生标志着一方新势力的开端，这一方势力也将在接下来的一千年里延续留存。

从8世纪开始，出现了复苏的迹象

8世纪似乎带来了一些科学重生的迹象。尤其是在巴格达，一群哈里发（Khalifah）① 作为赞助人支持着不同科学领域的研究，促使希腊著

---

① 指穆罕默德逝世后，对伊斯兰教执掌者的称谓。"哈里发"为阿拉伯语音译，原意为"代理者""继位人"。——编者注

作被翻译成其他语言并传播。其中尤为重要的是两部关于三角学的著作。

在欧洲，文化复苏还得益于查理曼（Charlemagne）的牵头，他主要投身于数学和天文学研究。这时的西方医学更多局限于实践操作，而从西藏到日本的东方医学也正蓬勃地发展。在科技及耕作方面，西方在加强农业技术和冶金工艺上的表现尤其突出。

阿拉伯炼金术士贾比尔（欧洲人称"Geber"）发现了乙酸，它成为继"热量"（当时唯一已知的）之后第二种引起化学变化的物质。随着造纸业的发展，《孙子兵法》也有做重点提及马镫在西方的引入和普及。有了这种安全的脚镫辅助装置，查尔斯·马特（Charles Martel）①的法兰克军队和骑士们彻底颠覆了旧有战斗技术，几乎战无不胜。公元770年，他们开始给马蹄套上了铁。

9 世纪，阿拉伯数字和咖啡

公元800年圣诞节，查理曼被教皇利奥三世加冕为皇帝。他成功地摧毁了伦巴德王国，压制了西班牙的穆斯林，并通过武力使日耳曼异教徒皈依基督教，查理曼因此被命名为"查理大帝"（Charles le Grand）。有了教皇的支持，查理大帝取得了对神圣罗马帝国的统治权。

但对于科学领域而言，正在焕发觉醒的正中心并不在此，而是掌握在大马士革、科尔多瓦和巴格达的哈里发们手中。随着希腊和印度科学文本的系统翻译继续进行，同时伴随着对著作产生的相关评论，第一批

---

① 法兰克王国宫相，任职时也是法兰克王国的实权掌握者。查理曼的祖父。——编者注

原始创新著作也开始出现。其中最重要的要属数学家穆罕默德·本·穆萨·阿尔·花剌子米（Muḥammad ibn Mūsā al-Khwārizmī）的成果，他在810年左右写了两部著名的算术和代数著作，明确地将印度的十进制，以及包括零在内的相关数字引入了地中海地区。此外，他还增加了一些基本的计算程序和创新的方程理论。

撇开了更复杂的罗马数字，转而运用更新的、源于印度的阿拉伯数字，这一过渡并不简单，需要几个世纪时间才能完全同化吸收。但最终，更为简单的阿拉伯数字还是促进了算术的传播，让所有人都能便利使用。

另外，巴格达还成为一座重要的天文台中心，数学、天文学在这里发光发亮。天文学研究的复兴，促使了不同天文观测中心的诞生，推广了星盘的使用。这一仪器的伟大制造者是巴格达的天文学家阿里·伊本·伊撒，后来星盘也一直被沿用到18世纪。同样是在巴格达，物理、伊斯兰医学和炼金术的实际应用也正蓬勃发展，阿拉伯的各行各业开始走向化学生产，包括陶器、光泽彩色的珐琅以及香水的制造。不仅在阿拉伯国家，阿拉伯人还在意大利的奇维塔韦基亚和北欧国家改进了航海技术，比如他们在挪威建造的船只，可容纳30到60人。

钻研战争技术的拜占庭人发明了装有硫黄、硝石和石脑油的手榴弹，类似于火药混合物。另外，他们还完善了"拜占庭可视电报"系统，系统由火光建成，每座山之间可以远距离传输信号，信号最远能到君士坦丁堡。

据传说，大约在850年，阿拉伯南部的一位牧羊人意识到，他的动物吃了某种浆果后，会变得更加活跃。为了了解背后的原因，牧羊人品尝了浆果，并且很喜欢这种味道。慢慢地，人们发现从浆果里的豆子可以被烘烤并用于提取制作汁液。咖啡就这样诞生了，它的形成逻辑和茶的发现一样，把水烧开了喝可以避免疾病，但又比开水更好喝。

另一边，查理大帝的孙辈们在相互争斗后，于 843 年将帝国一分为二，变成了法国和德国。同时，维京海盗也成功搅入了地中海地区，瓦解了中央霸权，助长了封建主义的诞生。地主们也因而感受到了实质的威胁，决定亲自上阵保卫自己的领土。

花剌子米，哈里发们的数学家

780 年左右，花剌子米出生在中亚花剌子模地区，一个崇拜先知琐罗亚斯德（Zoroaster）的巫师及牧师家庭，这也是为什么他一直被冠有"魔术师"（Magusi）的绰号。然而，他的思想恰恰背道而驰，他逃往巴格达，转而辅佐一些大力支持科学发展的哈里发们。花剌子米很快成了名人，被排列在"智慧之家"（学者往来交流的学院）之首。但花剌子米绝不仅是理论家，他组织并指挥了一支考察队，实测了塔德穆尔（Tadmur）和拉卡（Al-Raqqa）之间的子午线度。后来，不知是为了声望还是为了知识面，他接受了哈里发瓦蒂克（al-Wāthiq）的邀请，成为北高加索地区哈扎里人首领的大使。再后来，他返回了巴格达，约 850 年左右去世。

1000 年，伊斯兰文明和马挽具

在千年结束前的最后一个世纪，伊斯兰文明迎来了它的黄金时代。阿拉伯学者们在科学分类上下足了功夫，延续了古代物理学的传统。在医学、药理学和化学领域，他们也同样付诸努力。当时最伟大的数学家和天文学家——巴格达的阿布·瓦法恩（Abū l-Wafā'n）将割线和余割引入球面三角学，波斯天文学家阿布德·拉赫曼·阿斯菲（Abd ar-Rahmān as-Ṣūfi）重新拾起了托勒密的恒星目录，准确地反观数据，绘制了一幅只有未来 18 世纪的天体地图集才能超越的星空图。在应用科学领域，巴格达的纸张制造业得到了进一步发展，人们甚至为"信鸽"服务提供了特殊的纸张质量。此外，大马士革和托莱多的钢铁产量不断增长，埃及和美索不达米亚的亚麻和羊毛产量也在提高。另外，中国发明了马挽具，让马发力时不需要压缩其气管，将拉力增加了五倍。

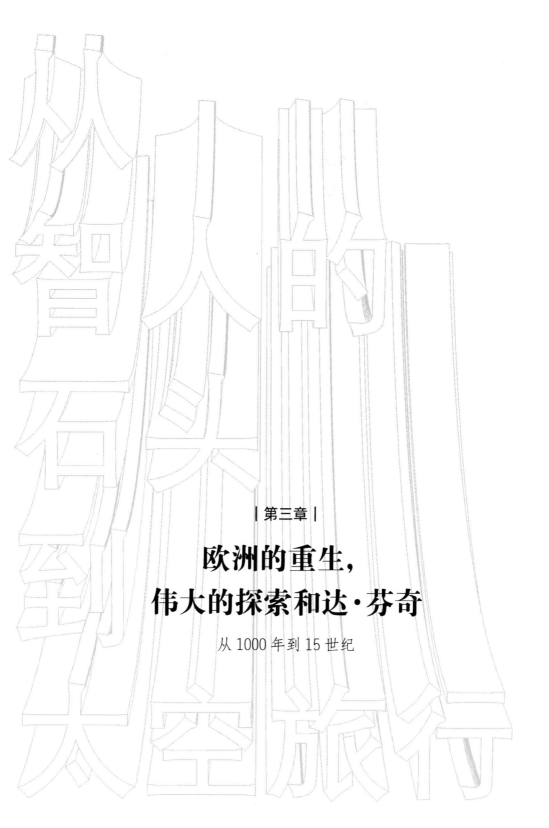

| 第三章 |

欧洲的重生，
伟大的探索和达·芬奇

从 1000 年到 15 世纪

阿拉伯世界衰落，欧洲日益强大

新的千年开始之际，阿拉伯和拜占庭世界开始出现衰落的迹象。而欧洲则正显示出一定的强劲实力。让拜占庭帝国有所动摇的正是政治斗争，1054 年，东希腊教会（东正教）和拉丁教会（天主教）之间的分裂标志着两种现实之间的分离——罗马和君士坦丁堡代表的两种现实，它们彼此本来就相距甚远，两边人的语言、心理和文化都存在着明显差异。

彼时的阿拉伯世界仍旧十分高产，出现了医生、数学家海什木（Alhazen）这样的人物，他的名字在欧洲无人不知。海什木的著作《光学书》开启了这门学科的科学研究，并启发影响了后来的开普勒[①]。他第一次提出，眼睛之所以能看见，是因为它们能收集光辐射，而不是因为它们能发出特殊的光线，当时人们都普遍认为原因在于后者。另外，海什木还研究了透镜，确定放大率的产生是其具有曲率的结果。

---

① 德国天文学家、物理学家、数学家。——编者注

第一颗超新星

1054 年，天空中发生了异常且罕见的现象：一颗超新星爆炸了。中国人目睹了这一切，尽管当时在这个大国，天文学并没有受到特别多的关注，在欧洲也一样。对这一现象留存下来的描述，也是首例此类的描述，记录了在金牛座中突然出现了一颗非常明亮的恒星。正如科学家们之后证实的那样，从此次大爆炸中诞生了蟹状星云，我们今天看到的位于蟹状星云内部的脉冲星 NP 0531，正是超新星的残余。

伊斯兰科学界的至高地位被削弱，与之形成对比的是伊斯兰文化与西方拉丁文化之间日渐紧密的联系。在医学领域里，仍在伊斯兰教统治下的西班牙显得尤其活跃，其中最为突出的还是萨勒诺的研究和卫生实践中心，它的名声响彻西班牙半岛内外。

普遍的经济和政治复苏刺激了新机制的产生，受到启发的比如有"直辖市"在意大利北部和中部，以及佛兰德斯地区的建立。彼时的教皇乌尔班二世决定拯救拜占庭帝国，将"圣地"从土耳其人手中解放出来，于是在 1096 年，发生了第一次十字军东征。人口和贵族阶层的增加也推动了这类事件的发展，由于可用土地的稀缺，国家内部的冲突也日益加剧。在科学领域，具有重要意义的是许多希腊著作从阿拉伯语被翻译成拉丁语，其中包括托勒密的《天文学大成》(*Almagest*)。

神秘的公主和叉子

公元 1000 年左右，当欧洲人还在用手指吃饭时，拜占庭的贵族们已经用上叉子了。后来，一个威尼斯总督娶了一位拜占庭公主，她把家里的叉子当作嫁妆。到了大概 1100 年末，威尼斯水上的贵族们马上就被叉子这个东西吸引，也深谙使用这一工具所带来的卫生优势。因此，叉子的使用立马有了受众，并被迅速推广开来。当时还是有人继续用手进食，认为叉子只是权势的象征。

从水力磨坊到指南针

工业生产的加强也要归功于水力磨坊的推广和使用。根据威廉一世（"征服者威廉"，William the Conqueror）在 1086 年下令进行的一次人口普查，在 3000 个英国社区中，有不少于 5624 家作坊用来制革、麻，或者配有杵用来碾碎矿物。水力磨坊在当时已经成为中世纪机械化发展的最重要工具，又加之很快有了风车，进一步拓宽了能量的来源。它最早（在 7 世纪）首建于波斯，十字军从圣地归来时就对水力磨坊有所提及，到了 1200 年底，水磨在西欧传播开来。

其他行业中出现的复苏迹象各有不同。在建筑领域，飞扶壁的采用，让大教堂的建造更为宽敞，其高度甚至超过了埃及的大金字塔。于 1137 年竣工的巴黎以北的圣丹尼斯修道院，便是最早应用这一新建筑技术的范例之一。

在意大利诞生的两个化学发现，证明了化学工艺正在复苏。在南方，人们开始蒸馏酒精，还有从硝酸钠和明矾的混合物中提取硝酸。这两项发现立即就被阿拉伯化学家用于生产香水和制造金属。

还是在意大利，有可能在阿马尔菲（Amalfi），指南针得到了发展，尽管中国人已经知道了如何让磁条始终指向北方，但他们并没有像阿拉伯人那样，在有了这一发现后加以广泛应用。据说，是十字军后来将这一发明创新带到了欧洲。在欧洲，指南针得到完善后让人们能够进行之前不可想象的探险，开启了伟大的航海家新时代。1269 年，法国人皮埃尔·德·马里考特（Pierre de Maricourt）对此做出了宝贵的贡献，他提出将针固定在一个轴心上，而不是让针随木塞漂浮在水面上，并将其插入一个刻度圆中，以便于确定方向。

与此同时，船只开始采用方向舵作为导航。尽管在这一应用上，还是阿拉伯人走在了前面，到了 1241 年，由北欧国家各个港口组成的"汉萨同盟"的船只在欧洲开始使用方向舵。

欧洲的阿拉伯数字和眼镜

13 世纪初，阿拉伯数字被真正地引入欧洲。其中的一个重要人物就是意大利数学家莱昂纳多·斐波那契（Leonardo Fibonacci），在北非长时间旅行而了解了花剌子米后，他的作品《算盘书》（*Liber abbaci*）对花剌子米的研究展开了回顾。斐波那契的工作并不局限于阿拉伯数字的传播，他还研究了算术在实际问题上的使用，尤其是在商业问题中的一系列丰富应用。此外，它还提出了对阿基米德等人的伟大经典作品改进的观点。这也是中世纪走向没落，创新精神升起的明确标志。

科学家们的兴趣和研究范围越来越广泛，一方面，布鲁塞尔的杰拉德和萨克森的约旦努深化了动力学和静力学等基础知识，另一方面，他们也积极寻求其实际应用。后来，在 1268 年，英国橄榄球运动员罗杰·培根（Roger Bacon）发明了眼镜，在同一时期，中国也基本取得了类似的成果。第一副眼镜发明之初，是希望通过凸透镜矫正老花眼、改善老年人的视力的。对近视的考虑则发生在这之后。

这时，卡斯蒂利亚的阿方索十世（Alfonso X de Castiglia）统治着伊比利亚半岛。除了抱有对权力近 30 年（统治至 1284 年）的热爱之外，他还对天空十分着迷。在听取了天文学家们的建议后，他意识到托勒密行星运行图已经变得古老且过时了，于是他委托科学家们开始设计新的图表。卡斯蒂利亚国王是一个兼收并蓄、灵敏机智的人物。他本人亲自跟进学者们的工作，据说，在手下们进行的复杂工作面前，他曾断言：“如果万能的主在造物之前过问于我，我便会建议他将事物造得简单一些。”正如人们给他起的别名——“智者阿方索”，多亏了他，“阿方索星表”得以制成，相比于托勒密的研究，这无疑是一次大跃步，同时也是一个简化研究呈现的过程。

斐波那契引进阿拉伯数字

莱昂纳多·斐波那契（又名莱昂纳多·皮萨诺，Leonardo Pisano）1170 年（日期不确定）出生在比萨，人们称他为“Bigollo”或是“Bigollone”（意为“游手好闲的人”），由意大利语“bighellonare”（闲逛）而来，全因他对这座商业城市的周遭毫无兴趣。对贸易无感的他之后跟随父亲古列尔莫·博纳奇（Guglielmo Bonacci）去了阿尔及尔

（Algier）附近的布吉亚（现在的阿尔及利亚城市贝贾亚）海关工作。这一经历给他带来了很多好处，让他有机会学习阿拉伯数字的计数法，之后他又通过《算盘书》将这些所学带到了欧洲。

回国后，斐波那契被罗马神圣帝国的腓特烈二世召进宫廷，成为皇帝近身学者圈子的一分子。正如他的出生一样，后来斐波那契的过世时间也是不得而知（总之是在 1240 年之后）。

从马可·波罗到硫酸

到了 13 世纪，玻璃在威尼斯已经成为宝贵的资源，以其透明质地而闻名于世，并得名"威尼斯玻璃"。同一时期，让威尼斯共和国的首都出名的还有两个富商的生意，他们是尼科洛·波罗和马泰奥·波罗两兄弟，1260 年他们第一次前往中国开始贸易之旅。15 年后，他们回中国经商时还带上了尼科洛的儿子马可·波罗，后来马可·波罗在中国一待就是 20 年。回国后，马可·波罗讲述了自己被卷入两个海洋共和国之间的战争，并被投入热那亚监狱的经历。此时，从探险和交通方面来说，地理的边界正在越拓越宽。

13 世纪末，除了历险之外，还有一个伟大的发现：硫酸。它比醋酸要强得多，还能帮助产生许多化学反应，硫酸因此在接下来的几个世纪里一直是工业领域生产中最重要的化学品之一。发现硫酸的科学家行事谨慎，并未透露身份，实际上，为了让人们更多地关注所取得的成果，他选择了化名"Geber"，也就是和生活在两个多世纪以前的伟大阿拉伯炼金术士同名。至于他本人的真实情况仍然是个谜。

大钟、大炮和布鲁内莱斯基的穹顶

在 14 到 15 世纪之间，一场始于意大利的知识运动推动了文化和社会的发展，并将其影响扩展到了半岛以外。这一运动被称为"人文主义"，它摒弃了中世纪的"神学 – 形而上学"的观点，转而提倡专业研究。1453 年君士坦丁堡崩塌后，众多学者出走来到西方，这也助力了运动的发展。这场运动中还涌现了"赞助活动"的热潮，彻底改变了佛罗伦萨的美第奇、米兰的维斯康蒂和斯福尔扎、乌尔比诺的蒙特费尔特罗、那不勒斯的阿拉贡、曼托瓦的贡萨加、费拉拉的埃斯特和伟大文化中心的罗马教皇等宫廷。文艺复兴就此揭开序幕。

科学在不断进步，尤其是在 13 世纪英国哲学家罗杰·培根表达其观点之后，培根声称"科学即实验"，并指出了"宗教经典"书籍中所包含的严重科学错误。另一边，教皇乔凡尼二十二世则猛烈抨击炼金术士，称他们"邪恶，他们承诺的事物不予以兑现，并用毫无意义的言语行骗"。他命令"所有的炼金术士都该离开这个国家，那些委托他们以真金白银的人也是"。

1301 年，一颗极其明亮的彗星划过了欧洲的天空，引发了不小的骚动和令人生畏的情绪。这颗彗星又何其幸运，成了第一颗留下了痕迹、被最伟大的具象艺术家之一的画笔记录下来的彗星。事件发生的三年后，乔托·迪·邦多纳（Giotto di Bondone）在帕多瓦的斯克罗维尼教堂（Scrovegni）的壁画《博士来拜》（L'adorazione dei Magi）中画下彗星。这也是史上第一次在绘画中真实描绘了这种带着尾巴的星星。

1316 年，在离帕多瓦不远处的博洛尼亚，蒙迪诺·德·卢奇（Mondino

de'Liucci）发表了《解剖学》（*Anathomia*）一书，这一著作当时在意大利乃至欧洲的医学院都受到了广泛追捧。他曾在博洛尼亚大学任教，并改进了一些大学（当时已经能够进行的）尸体解剖技术。当然，上手解剖的从来不是身兼教职的他本人，而是随从员工。

为了更准确简便地测量时间，人们改进了老式水钟，以机械钟取而代之。新的计时机制虽然没有准确地指示时间，但确实更为实用，操作起来也没那么复杂。第一批机械钟之一建于意大利米兰，时钟被安装在一座塔楼上，这样的报时钟史无前例，人们只要通过聆听钟声就能意识到时间的无情流逝。

1346 年，比起钟声来说，更加沉重且威迫人心的声音来自战场。英格兰的爱德华三世正在与法国人交战，意图争夺巴黎的王位。此战已经拉锯进入了臭名昭著的"百年战争"，尤其是在围困梅茨市（Metz，法国北部城市）的过程中，英国人将一种可以大声开火的重型圆筒派上战场。这也成就了历史上第一次加农炮的使用，尽管此时的火炮仍待改进以成为更有效的武器，但同时它也代表着军事技术上迈的一大步，其效果也更为可观，是长弓完全无法企及的。加农炮的改进在 1439 年完成，当时的查理七世于是开始大规模使用火炮，降级了骑兵的配备。10 年后，士兵们的武器中增加了火绳钩枪（arquebus，来自荷兰语），要用钩枪还需要先点燃子弹里的火药。但只要钩枪完好，用来对准目标时，绝对一发即中。另外，钩枪的便携性也让其非常畅销。

另一方面，德国学者库萨的尼古劳斯（Nikolaus von Kues）在 1451 年关注到了近视眼的问题，他因此创造了能够聚焦远处物体的凹透镜。由于凸透镜的发明已经解决了老花眼的问题，因此任何视觉缺陷问题也都基本解决,只要是在经济条件允许的情况下。

这个世纪里,艺术技巧也写下了浓墨重彩的一章。在 1436 年出版的一本书中,莱昂·巴蒂斯塔·阿尔贝蒂(Leon Battista Alberti)恰恰强调了这一观点。在佛罗伦萨,菲利波·布鲁内莱斯基从罗马归来,设计并建造了圣母百花大教堂的穹顶,挑战了此前遵循的建筑和工程规则。他没有采用拱门作为支撑,而是将穹顶设想为一系列相互扣嵌的环。所有的这些元素的重量都被压缩中和,因而整个建筑体十分稳定。当教堂于 1434 年竣工时,其圆顶因绝美的外观和创新技术的采用而在全世界引起了一阵轰动。

西方活字印刷术

在 15 世纪的头几十年里,德国小镇美因茨酝酿了有史以来最伟大的发明之一,并对人类造成深远影响。1435 年,在斯特拉斯堡市,约翰·古登堡(Johann Gutenberg)已经开始用加了墨水的字体进行打印测试。类似的做法在 14 世纪已经在中国流传开来 ①,当时中国的印刷方法,是将想要复制的字体符号,整版整版地用木头雕刻。整个过程漫长且复杂,直到后来人们才想到使用预先准备好的字体块。在韩国,还发现了金属字体铸造厂的痕迹和一本用这种技术印刷的书。毋庸置疑,这时印刷的发明已经较为完备,时代和知识也已经发展成熟。古登堡进行了大量实验,在完善备用字符系统后,他发明了一台印刷机,并在 1454 年用

① 印刷术是中国古代劳动人民的发明之一。雕版印刷术发明于唐朝,宋朝时毕昇发明了活字印刷术。——编者注

这台印刷机印刷了 200 本《圣经》（其中 35 本印在羊皮纸上，其余的印在纸上），印刷本由 1282 页双栏页组成，每一栏 42 行。此外，对于新的排版艺术来说，还有一件必要的事是发现了一种颜料墨水（一些历史学家将此发明归功于古登堡本人），它具有良好的黏合性和易干性能，充分保证印刷的效果。

古登堡，被追债的印刷商

尽管古登堡发明了将自己的信息传递给后代的方法，但人们对他的出生日期（大概追溯到 1400 年）都无法确定。而他的生活，也同样不为人所知，除了一些法律纠纷外。

他的真名是约翰·根斯弗莱什·祖·拉登（Johann Gensfleisch zur Laden），后来以出生地古登堡为名。他的父亲弗里勒属于美因茨的贵族阶层，还是铸币公会的成员，约翰也曾想参与入会。但由于他母亲艾尔莎的中产阶级身份，使得他不够资格被录取进会。即便如此，他依旧经常光顾印刷雕刻师和金匠的工作坊，熟悉了这些技术后，再将其应用到自己未来的发明中。

从仅存的一些资料来看，古登堡的人生遭遇似乎并不平坦。他先是被卷入了公会的政治斗争，以至于被迫逃往斯特拉斯堡。到了那里，他同样踪迹难寻，只能通过一个审判结果略知一二，他当时正在进行印刷术实验，案件因此可能与金融家们向其索赔有关。古登堡进行研究想必是需要资金投入的，获得这些资金困难重重。

后来，他回到了美因茨，试图完成他的发明。然而，他发现自己再次被当地的金融家福斯特追债，古登堡曾从他那里借了 800 弗洛林 ① 的贷款。法院后来命令古登堡连带利息偿付部分款项，这一判决也使他身败名裂，等到福斯特拥有工作室的所有权时，古登堡也终于完成了让他名留青史的两百本《圣经》的印刷。他最终于 1468 年在家乡去世。

发现和探索美洲

说到美洲的发现就不得不谈一场婚姻。1469 年，卡斯蒂利亚的伊莎贝尔一世（Isabella di Castiglia）和阿拉贡的费尔南多二世（Fernando d'Aragon）成婚，两人结合的同时也统一了西班牙，在此之前的西班牙一直是各自成国的分裂状态。在欧洲复兴的大气候下，尤其是在指南针发明之后，地理上的探索成了科学发展的契机，当然，这一切也建立在经济利益的基础上。最先行动的是葡萄牙人，葡萄牙的恩里克一世甚至在萨格里斯（Sagres）创建了一所航海学校，他本人也被称作"航海家恩里克"。伟大的欧洲探险时代就此开始。首先，恩里克的水手们启航时，他们发现了马德拉岛；随后，迪奥戈·德·席尔维斯踏上亚速尔群岛；到了 1487 年，巴托洛梅奥·迪亚兹到达了非洲大陆的最南端，称那个地方为"风暴之角"，但当时的国王乔凡尼二世将其更名为"好望角"，寓意是希望能尽早到达远东。

当时的想法和愿望的确是去往东方。但同时考虑到地球是球形的，一些人认为即便是向西航行，也能到达目的地，问题仅仅在于要知道得跨越多大的海洋。彼时，人们都持有不同观点。埃拉托色尼 1700 年前就

———————
① 欧洲当时的流通货币。——编者注

61

测量过地球的周长，他计算出的数字为 40232 千米。如果计算没错，到达目的地需要航行 19000 千米。也有人估测地球没这么大，也有人如马可·波罗一般认为亚洲还在更远的东边。

这个时候克里斯托弗·哥伦布（Cristoforo Colombo）登场了，比起其他人，他看待这些数字时更为乐观并得出结论：旅程应该在 5000 千米左右。他持有类似的预想，并且坚持断定能够向西航行、登陆远东的想法，于是他开始在欧洲宫廷内外四处寻求金融家的资助。

哥伦布自然首先从葡萄牙人着手，但葡萄牙那边没有听取他的计划，因为他们认为自己应该会在延续非洲航行后抢先一步到达远东。哥伦布的探索计划就此公开竞标。在这时候，重新统一西班牙的伊莎贝尔和费尔南多这对新人显然成了主角，在伊比利亚半岛上，他们消除了以格拉纳达为代表的穆斯林统治残余，似乎一切准备就绪，投资远航计划，如果计划真的成功，他们还能收获不菲的声望和利益。

然而，伊莎贝尔和费尔南多并没有铺张浪费，他们接受了哥伦布的提议后，只为他提供了 3 艘旧船和 120 名大多在监狱里招募的船员。就这样，在 1492 年 8 月 3 日，年轻的哥伦布扬帆启航了。

经过 7 周的航行，哥伦布于 10 月 12 日抵达了"新大陆"，他当时认为那里是西印度群岛。但实际上是巴哈马群岛之一的圣萨尔瓦多。即使在他之前有人踏上过这片土地，但毕竟是哥伦布第一次代表欧洲发现了美洲，尤其是从经济的角度看。

在这之后，其他探险家们的航海之旅继续进行：1498 年，葡萄牙的瓦斯科·达伽马（Vasco da Gama）抵达印度加尔各答，实现了航海家恩里克的梦想；意大利人乔凡尼·卡博托（Giovanni Caboto）在英国人的资助下于 1497 年出发发现了特拉诺瓦和新斯科舍（加拿大）；同年，另一个意大利人阿梅里戈·韦斯普奇（Amerigo Vespucci）也起航探索南美洲海岸。

哥伦布，从印度到苦难

哥伦布会说西班牙语，还常用自己西班牙语版本的名字，有谣传他是热那亚的一个西班牙犹太人家庭的儿子，可能生于 1451 年。因为不喜欢父亲织布的工作，14 岁时他开始登船航行地中海。比起上学，他更多通过听和读来学习，尽管如此，他仍然获得了不少知识储备，尤其是在绘制地图方面。哥伦布对马可·波罗的旅行故事非常着迷，1479 年，他与服务于葡萄牙人的意大利航海家的女儿结婚后，他的人生便被一个梦想所缠绕：去印度。

1492 年他登陆美国时，他相信自己到的是印度群岛，并且一辈子都这么认为。他后来又旅行了三次，同时，他的经济状况逐渐恶化，在费尔南多国王不再眷顾他的情况下，他陷入了窘境。国王直到得知他的死讯时才出现，为他举行了国葬。然后哥伦布的遗体被带到了他发现的新大陆。塞维利亚和多米尼加共和国都声称保存着他的遗体，但尚不清楚他的遗体到底埋在何处。

莱昂纳多和科学前夜

在欧洲科学革命正在酝酿的前夕，也许最能代表这一时刻的人物莫过于莱昂纳多·达·芬奇了。他是观察者、工程师、建筑师、城市规划师，也是解剖学家。他既观测天空、研究炼金术中的色彩，也观察鸟类的飞行和游鱼的技巧，同时仔细记录自己的想法和研究。此外，他还是一位优秀的艺术家。没有人比他更能反映意大利的文艺复兴。

然而，莱昂纳多首先是一位伟大的工程师和发明家，这一点可以从他生活在米兰期间所获得的成就看出来。这段时间跨越很长，从1483到1499年，他在米兰一待就是16载。这中间他从事了水力学工作、设计了运河，并参与了米兰大教堂灯笼塔的建造。许多机器设计也都是在这一阶段诞生的，除了那些最引人注目且打破了想象的设计外（从潜艇到降落伞，从飞行机翼到电梯），其他设计与实际使用相去甚远，最重要的设计应用之一要属踏板车床，因为添加了一个惯性飞轮，踏板可以向上推进。踏板车床的设计是一项代表着走向未来精密机械的重大成就。

在科学领域里，莱昂纳多对惯性原理有了一定的概念，他研究了物体的坠落，并理解了生产永动机的不可能性。另外，为了研究肌肉结构和了解心脏和血液循环，他还解剖了大约30具尸体。

在天文学方面，达·芬奇不认为地球是宇宙的中心，并解释说月亮之所以发光是因为太阳光的反射。他还意识到我们的星球正在经历持续的地质变化，对化石性质的一些看法也较为正确。

莱昂纳多生活在1400年到1500年之间，从某种意义上说，有他在的这个世纪，正是科学诞生并获得发展的时代，这是文化革命的开端，标志着人类开始成为主角。

热衷密码的莱昂纳多

如果有什么是让莱昂纳多·达·芬奇绞尽脑汁的，那大概就是"加密"这件事了。他倒着写字，这样阅读对于普通读者来说很困难，而他可以将一切隐藏在他的"密码"中，不用说出他的想法、他的发现，也不让其他学者参与到他的实验中来。因此，他的出色感知能力往往先于时代，但最终对科学文化的演变却影响甚微。

当然，达·芬奇的艺术和建筑、军事设计上的成就让他迅速出名。1452 年 4 月 15 日，达·芬奇出生在佛罗伦萨附近的芬奇，是当地一个公证人和一位年轻农妇的私生子。他的父亲搬到佛罗伦萨时，带着达·芬奇去了韦罗基奥的工作室当学徒，在那里他练习了不同的艺术形式（从绘画到金匠工作），为之后的发展提供了理论和技术知识基础。

达·芬奇在具象艺术和战争艺术方面颇有造诣，他受到当时最显赫的宫廷的追捧和议论，因为他们对艺术和战争十分热爱。他曾为佛罗伦萨的"伟大的洛伦佐"（洛伦佐·美第奇，Lorenzo il Magnifico）、米兰的卢多维科·斯福尔扎（Ludovico Sforza）、罗马的切萨雷·博尔贾（Cesare Borgia）和教皇利奥十世工作，他还抱怨过教皇"妨碍了他的解剖学研究"，还说"一个制作镜子的德国男孩"偷走了他的发明。1517年，他接受了弗朗西斯一世（Francis I）的邀请，移居法国。在法国，他被指定居住于克洛城堡（靠近昂布瓦兹），并被授予"画师"和"国王的技师"的皇室头衔，但并没有实际义务。他忠实的朋友兼弟子弗朗西斯科·梅尔齐（Francesco Melzi）一直追随着他，1519 年 5 月 2 日，他在法国去世，将所有手稿留给了梅尔齐。

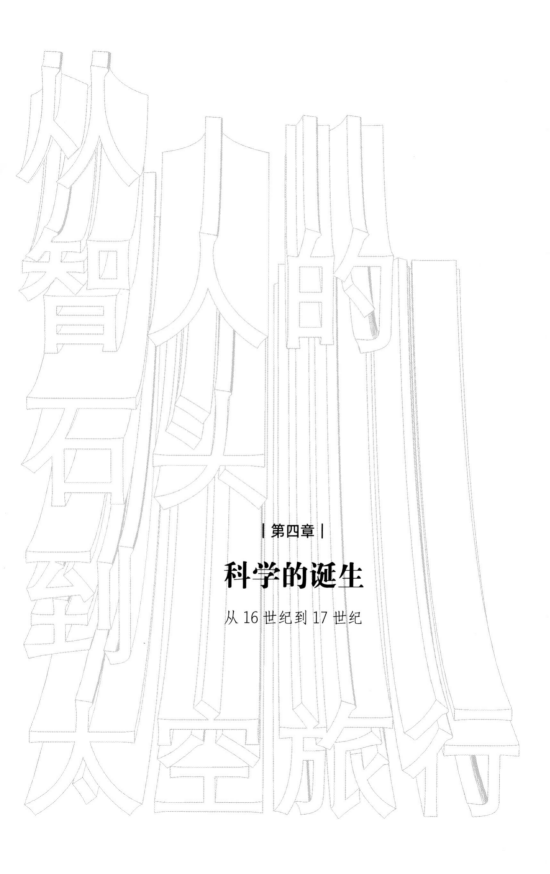

| 第四章 |

科学的诞生

从 16 世纪到 17 世纪

在 16 世纪的头几十年里，路德鼓吹的新教改革热席卷欧洲。葡萄牙的费迪南多·麦哲伦在完成了环绕地球的航行后，达到了航海探险的巅峰。1519 年 9 月 20 日，他带领西班牙王国提供的五艘船扬帆启航。在探寻并到达南美大陆的尽头后，他艰难地穿越了如今的"麦哲伦海峡"，那里的暴风雨让命运变得捉摸不定。但在经过了严峻的考验后，麦哲伦最终发现自己身处平静的水域，他顺而将这里取名为"太平洋"。麦哲伦的航海舰队途经关岛，然后抵达菲律宾，后来麦哲伦因与当地居民发生冲突而丧生。之后探险队继续上路，尽管其规模已大为减小，以至于最后仅剩由胡安·塞巴斯蒂安·埃尔卡诺（Juan Sebastián Elcano）指挥的一艘载有 18 人的船只。但正是这艘船，在经历了三年的航行后，最终于 1522 年 9 月 6 日返回西班牙。光是船上装载回来的香料就已经足够让这趟探险赚回成本，然而，麦哲伦的探险队也酿成了探险史上最惨重的人命损失事件之一。

几年后的 1535 年，科学界发生了一件与一项新发现有关，但又没什么启发性的事情，并且某种程度上还牵动了当时的整个科学世界。事件的主角是来自意大利布雷西亚的数学家尼科洛·塔尔塔利亚（Niccoló

Tartaglia），塔尔塔利亚被认为是弹道学的创始人，他在撰写了弹道学基础之后，发现了一种求解三次方程的方法。其三次方程的解法本来保密，结果却被另一位数学家——帕维亚的吉罗拉莫·卡尔达诺（Gerolamo Cardano）占为己有，抢先发布了出来。卡尔达诺的说服力让他作为解法的作者多次被引用。其行为终于激起了塔尔塔利亚的抗议，两人的纠纷对整个科学界都产生了影响，大家纷纷站队，分别为双方当事人辩护，事情后来甚至发酵到了比赛的程度。这场争议之所以会流传下来，是因为事件发展到后来确立了将最先公布科学发现、进行传播的人视为科学发现作者的原则，以利于科学的发展。但当时的做法恰恰相反，大家更愿意将研究成果保密。

数学家塔尔塔利亚和"贼喊捉贼"的故事

尼科洛·塔尔塔利亚是一位伟大的数学家，甚至还有一个三角形以他的名字命名。但他的名声也与他被卷入的某些事情有关。他曾提到过自己出生日期不确定（可能是 1506 年），甚至连他的名字都不是真名（其真名尚不得而知）。他声称自己来自布雷西亚的一个"未知家庭"。塔尔塔利亚在很小的时候就饱受暴力的侵害，当时加斯东·德·福瓦（Gaston de Foix）的军队洗劫了这座城市。为了找到藏身之处，他躲到了大教堂里，但没逃过一名士兵穷追猛打，被打到话都说不出来，小小年纪便深陷困窘。后来多亏了亲戚们的照顾，终于痊愈，但还是落下了发音缺陷，也成了"Tartaglia"（塔尔塔利亚，意大利语意为"结巴"）这个名字的由来。此后他仍然发奋努力学习，之后在维罗纳和曼托瓦执教。

再后来，他搬到了开明的首都威尼斯。他的研究以包含弹道学、出色翻译了欧几里得和阿基米德的经典著作而闻名。但正是在翻译过程中，塔尔塔利亚作了弊，他将一份阿基米德的作品据为己有：他的翻译非常成功，以至于他决定将整部作品完全挪用。后来，人们在梵蒂冈图书馆里发现了原著，他的行为才被揭发。

然而这件事并没有摧毁他作为一名科学家的声誉，塔尔塔利亚接着发现了著名的三次方程解法，名气变得越来越大，虽然后来故事的走向给他埋了个惊喜。这次他自己的发现被数学家同僚卡尔达诺夺走、署名并传播开来。当时科学家们对这件事产生了鲜明的意见分歧，尽管塔尔塔利亚最终获得更多支持，但"贼喊捉贼"的故事仍然留存。

哥白尼引爆科学革命

科学革命开始于 1543 年的一天。在 5 月 24 日，一本名为《天体运行论》（De revolutionibus orbium coelestium）的书从印刷厂出厂，被交到了波兰作者尼古拉·哥白尼的手中。据说这位科学家当时身得重病，带着欣喜，小心翼翼地翻看书本，几个小时后他便离开人世。事实上，文本在科学界已流传许久，至少上溯到 1515 年，只是哥白尼不想发表它，因为他知道这本书会带来什么后果，一定会给他带来不少麻烦。

哥白尼的想法和计算推翻了传统的世界观，与教会产生了对抗。

从 1507 年起，哥白尼就开始重新研究希腊的托勒密对宇宙的解释。首先，在简化现有复杂理论需求的推动下，哥白尼重整了托勒密的概念，取代地球，将太阳置于宇宙的中心，所有行星围绕太阳旋转。

71

在此之前，某些问题仍然是个谜，如行星的某些逆行运动或其中一些行星与恒星的持续接近。但如果它们都绕着太阳转，这一切就都能说通。过去的解释里唯一能够接受的是轨道呈圆形这一点（但相比之下，这一点几乎没有什么意义，也许是因为不想给人一种整盘推翻的印象）。

早在公元前 280 年，阿里斯塔克就已经依靠直觉和逻辑提出了这个想法，但当时没有被考虑采用。尼西亚的喜帕恰斯和托勒密随后明确了地心体系的宇宙公式，该公式也与《圣经》相一致，因此得到了教会的支持。这样的支持也意味着，如果谁敢提出有悖于此的理论，便会挑起战争，正如哥白尼担心的那样。

实际上，教皇果断否决了哥白尼的发现，甚至为了试图限制其必定会带来的破坏性影响，将其列为禁书，书以致敬教皇保罗三世的献词开头，除为了讨好教会外并无他用。尽管该发生的必将发生，但对哥白尼理论的禁令和不予承认仍然持续三个世纪之久。在这件事上，让人得不到任何宽慰的是，路德的新教会也抱有同等的敌意。

然而哥白尼的发现势不可当，不仅因为其著作的内容本身，也因为印刷术的发明让作品得到快速的传播，鼓励新思想自由发展。正是这一切激发了一场科学革命。

哥白尼的星星和硬币革命

"只把思想的秘密交给可信赖的朋友和同僚，不要把它们交给书本，也不要泄露给任何人。"这就是尼古拉·哥白尼一生坚信的信条。他的理论直到他死后才被印到书本。

72

1473 年 2 月 19 日，哥白尼出生在波兰托伦一个讲德语的家庭。他的父亲在他很小的时候就去世了，财产被托付给舅舅，舅舅把他介绍到了克拉科夫大学，后来他成为瓦米亚主教，开启了他的教会生涯，并拥有收入保障。但此裙带行为遭到质疑，在等候解决方案期间哥白尼前往博洛尼亚大学学习，并将天文学纳入他的学习课程中。后来他又去了帕多瓦行医，7 年后，他终于受命回到了瓦米亚，医治他生病的主教舅舅。"在医学上，他被认为是第二个阿斯克勒庇俄斯（Asclepius，希腊神话中的医神）。"哥白尼的朋友们写道。出于对波兰货币状况的担忧（银币不再出现在金匠铺），他提出了一项改革计划，并起草了一份《硬币铸造论》。

1514 年 5 月，人们在克拉科夫大学图书馆发现了一本 6 页的匿名小册子，上面记录了哥白尼的思想。那本册子正是哥白尼本人的，但没有署名。在哥白尼生命的最后几年，多亏了维滕堡大学年轻教授莱提库斯（Rheticus）的坚持和研究工作，这部革命性的天文学著作才得以出版。哥白尼把时间掐得正好，出版当天，他离开尘世去，把争议留给了身后的地球。

人体的结构

1543 年发生了一个奇怪的历史巧合。在哥白尼的著作出版的同一年，弗拉芒的解剖学家安德烈亚斯·维萨里（Andreas Vesalius）出版了《人体构造》（*De humani corporis fabrica*）一书，这本书对于医学的革命性意义，正如哥白尼手册上的内容之于天文学。实际上，这也是正在进行的科学革命的一部分。维萨里首先肯定了观察的优越性，而不是优先当下的观点。他曾纠正了盖伦的许多错误观点，而维萨里自身想法的成功也有赖于解剖学插图的补充支持，以展示他收集的研究结果，实现插图创作的作者便是提香的学生、弗拉芒艺术家扬·斯蒂芬·范·卡卡尔（Jan Stephan van Calcar）。

为了加强新的医学文化，法国人安布鲁瓦兹·帕雷（Ambroise Paré）采用了新的外科技术，专业娴熟的帕雷后来成为王室的外科医生。在那之前，被认为过于手工的人体截肢手术留给了更为擅长的理发师来做。但是，用煮沸的油消毒或是用烙铁烧灼动脉的常规干预措施，对病患来说着实是折磨。帕雷引用了新的物质来清洁和缓解疼痛，并开始尝试结扎动脉止血，而不是灼伤。1545 年，他在一本用法语写作的书中收集了他的技巧和疗法，受到了始终使用拉丁语的学者们的蔑视。综合这些原因，帕雷后被誉为"外科之父"。

维萨里的研究结果同时也在影响并推进解剖学的研究。意大利解剖学家巴尔托洛梅奥·欧斯塔基奥（Bartolomeo Eustachio）的作品被看作是新研究进程的成果之一，他在 1552 年描述了耳朵和喉咙之间存在的一个小管道，此后这个管道便以他的名字命名为"欧氏管（咽鼓管）"。

另一方面，天主教世界仍在与路德发起的新教改革作斗争。为了更好地解决这一问题，教皇保罗三世于 1545 年 12 月 13 日召开了特伦托会议，18 年后，会议才由庇护四世收尾。会议的目的是反驳路德的各个论点，还有确定教义各个方面需要更新的地方。该议会随后发起了反制，以阻止新教的传播。

同时，新的方法工具丰富了数学这门学科，如卡尔达诺的负数和莱提库斯的三角函数；在地理学上，弗拉芒的杰拉德·墨卡托（Gerardus Mercator）设计的圆柱投影完善了地球的呈现；教会那边，则认为有必要改进 15 个多世纪以前采用的儒略历。比较棘手的是闰年和其他日历的安排，随着时间的推移，可能会改变一些重要的参照时间，如春分，还有圣诞节和复活节等节日也会被推到不对应的季节里去。由于儒略历法的基础太不精确，的确有必要对其进行更好的定义。为此，教皇格列高利十三世委任巴伐利亚天文学家克里斯托夫·克拉乌（Christophorus Clavius）制订了一个更为详尽的计划，将未来长时间内的后果纳入考量。为了整理日历，1582 年 10 月 4 日，日历被删除了 10 天并开始重计，设法将闰年的数量控制在每 400 年 97 个。新日历更名为"格列高利历"，也是我们今天仍在使用的日历。

维萨里改变了解剖学后消失不见

安德烈亚斯·维萨里出生在艺术世家，他带着野心前往巴黎，在研究学习中试图抓住任何医学界能够为他提供的机会。但弗朗西斯一世和查理五世之间的战争迫使他搬到鲁汶，在那里他设法从城市郊区的绞刑架边偷偷弄来人体做研究。当时尸体多由理发师解剖，但为了深入了解学习，维萨里选择亲自做解剖。1537 年 12 月 5 日，维萨里在帕多瓦获得医学博士学位，当天他被请求留在该大学担任外科和解剖学教授。在接受了教职后，他彻底摒弃了盖伦的古老教义，开始一场后来让他为世人所熟知的医学革命。在帕多瓦，他的朋友加斯帕罗·孔塔里尼（Gasparo Contarini）帮助了他进行解剖学研究，作为该市的执法官，孔塔里尼准许了维萨里将死刑犯的尸体用于研究工作。维萨里后来为查理五世和费利佩二世效命，西班牙国王还请他帮了个忙：去圣墓（Santo Sepolcro，现位于耶路撒冷）朝圣，并呈上祭品。这位科学家把妻子和女儿安置在布鲁塞尔后便启程离开，继续前往目的地，最终将国王托付给他的 500 个杜卡特币交给了圣地保管人拉古萨的博尼法西奥·斯特凡尼（Bonifacio Stefani da Ragusa）。维萨里随后在 1564 年底回程，从此没了踪影。据一些旅途中的人说，在（希腊）扎金索斯见到过生了病的维萨里，他后来就丧生于此；也有人说，在岛上首府扎金索斯的圣玛丽亚教堂发现了他的陵墓。但 1593 年的一场地震摧毁了这座城市，包括教堂也没有幸免。因此维萨里的结局也成了一个谜。

从布拉赫的超新星到显微镜

有一颗星星注定会给年轻的丹麦天文学家第谷·布拉赫（Tycho Brahe）带来好运。1572 年 11 月 11 日晚，布拉赫在返家的途中，注意到仙后座上闪耀着一颗不同寻常的星体。布拉赫当时 25 岁，从那天起，他连续 485 个夜晚追踪这颗星星，记录它在发出巨大光芒后缓慢变暗的过程，直到它在 1574 年 3 月因为光亮太弱而消失到无法被看见。他将整个研究过程整理到一本名为《论新星》（De nova stella）的小书册中。从那时起，"新星"一词被赋予所有陡然出现在天空中的星体。当此现象与第谷所看到的那颗星一样不同寻常时，则用"超新星"一词来代表星体。观察一颗星体的出现和消失，以及不久之后观测到的月球之外两颗彗星的位置，这一切都显得那么意义非凡：天空并不像亚里士多德和古人想象的那样完美和不朽。

但对布拉赫来说，这还只是开始。实际上，除了制造精确度空前的仪器以外，他还启动了对天空的系统性勘测，这也是获得新发现必不可少的前提。这就是为什么他被认为是现代天文学观测的创始人。丹麦国王将哥本哈根附近厄勒海峡的文岛提供给布拉赫使用：该岛配备了一个仪器齐全的天文台，后成为许多欧洲人的天文学校。但是布拉赫在建造一个行星系统时去世，此系统的中心仍然是地球，由月亮和太阳环绕。其他行星围绕太阳旋转，而恒星的支点则位于我们的行星上。当时哥白尼的思想并没有受到丹麦人布拉赫的认可和全盘接受。

16 世纪末到 17 世纪初之间，比起观测远处，一家荷兰眼镜制造商试图观察肉眼看不见的微观世界。扎卡里亚斯·詹森（Zacharias Jansen）及其研究工作从一个简单的推理出发：如果一个透镜有一定的放大率，那么两个透镜则能够放大更多。就这样，他在一根管子的两端分别放置一个凸透镜，在初步确认其理论的结果后，又继续开发新的仪器。

伽利略、钟摆和落体

16 世纪末，科学革命最重要的主角伽利略带着他的发现登上了历史舞台。他的故事可以说是在一个星期天听着教堂的弥撒开始的。那时在比萨大教堂的伽利略只有 17 岁，总是容易分心。教堂里一盏在气流推动下摆动的吊灯吸引了他的注意。他通过计算脉搏的节拍来观察并测量了吊灯的来回摆动，发现大灯环和小灯环摆动所需的时间是相同的。回家后，他造了两个相同的钟摆，让它们以不同的幅度振荡，他验证了之前的发现，意识到自己是对的。这个时候是 1581 年，几年后，他完成了另一个重要的实验，这次他评估的是落体的速度。伽利略采用了一个使球体滑落的斜面，确定球体以恒定的速度加速，如果它们足够重而不受空气阻力的干扰，那么它们将以相同的速度移动。

伽利略通过这些实验（实验同时还否定了天使的存在，古人"发明"了天使来解释行星的不停运转，因为据亚里士多德的说法，物体需要不断的推动才能运动）创立了实验科学。

乔尔丹诺·布鲁诺的火葬

这一切发生时，我们已经进入了一个新时代，但此时一个严重的事件震惊了科学文化世界。诺拉的哲学家乔尔丹诺·布鲁诺（Giordano Bruno）在欧洲以其关于自然、生机万物的内在力量、世界的无限性和地球运行的观点而闻名。同时布鲁诺对所有宗教都抱有尖刻的观点，从天主教到路德教，再到加尔文主义，他认为这些宗教都只是一连串违背理性的迷信。他只接受宗教对"建立应该被统治的野蛮民族"的用途。从那不勒斯逃离后，布鲁诺游荡到了意大利北部，后又在日内瓦、图卢兹、巴黎、伦敦、牛津、维滕堡、布拉格、赫尔姆施塔特和法兰克福等地停留任教。再后来，他受到贵族乔凡尼·莫切尼戈（Giovanni Mocenigo）的邀请前往威尼斯，在那里他认识了保罗·萨尔皮（Paolo Sarpi）和伽利略。来到威尼斯后，他继续传播他的思想，但莫切尼戈受到了这些异端思想的警醒，向宗教裁判所举报了布鲁诺。后来布鲁诺于 1592 年被捕。罗马宗教裁判所又立即要求将布鲁诺转移去罗马，抵达首都后，布鲁诺在那里被监禁了 7 年。由于拒绝撤回自己的观点，他于 1600 年 2 月 17 日被判火刑。

这一事件对宣扬科学新思想的人来说就像是一个警钟。教会及其权力仍然是文明进化的一大障碍，伽利略之后很快也明白这一点。但这场科学革命仍在前进，连教会也无法阻挡。

望远镜诞生，伽利略发现了木星的卫星

1608 年在法兰克福的展会上，一件物品的展出让观展者们好奇不已。展出的正是一架望远镜，它有两个镜片，一面凸镜、一面凹镜，可以将远处的物体放大到 7 倍。建造望远镜的是镜片制造工人利伯希（Lippershey），他还向荷兰政府申请了 30 年期批量制造望远镜的许可。荷兰政府将利伯希的两台机器给了法国国王，后来正是在法国，望远镜进入了商业化生产。在意大利，望远镜也同样实现了商业化。而在 1609 年的英国，天文学家托马斯·哈里特（Thomas Harriet）将望远镜头看向了月球，并开始着手设计卫星地图。

1609 年 8 月 21 日，在威尼斯的圣马可钟楼上，共和国议会接见了伽利略，会上伽利略展示了他基于荷兰人的模型、自己制作的望远镜（那时叫作"perspicillum"）及其神奇之处，伽利略的望远镜功能更强大、制作更完善，它能够将目标物放大 9 倍之多，展示圆满完成后，伽利略就向议会捐赠了一台样品仪器。

没过几个月，伽利略就运用他的"perspicillum"取得了历史性的发现成果，后来他还将内容编辑成 24 页题为《星际信使》（*Sidereus*

nuncius）的小书册，并于 1610 年在威尼斯发表。他在书中描述了和地球
一样山谷山丘遍布的月球，满是星星的银河系，然后还有受到更多争议
的观察研究：看到在木星周围轨道以不同速度运行的卫星，伽利略将这
些守卫者取名为"美第奇星"（Medicea Sidera），以致敬美第奇家族。

木星存在卫星的观点并不容易被接纳，因为它贡献了颠覆传统宇宙观
的力量，同时认可了哥白尼的观点——比萨人伽利略曾表明是哥白尼学说
的支持者，尽管他一度被迫教授托勒密体系。当时很多人都拒绝承认伽
利略的发现，甚至认为他大概把望远镜上的污点错看成了美第奇卫星。

伽利略，从但丁的《地狱》到刑罚

1588 年，回溯伽利略在佛罗伦萨学院关于但丁的《地狱》的授课，
大概能对这个人物的悲剧性和他的未来命运略知一二。在接下来的一年，
当托斯卡纳的公爵费迪南多一世命伽利略在比萨大学教授物理学和数学
时，一切对伽利略来说已经再明了不过，他将全身心投入科学当中。伽
利略于 1564 年 2 月 5 日出生在比萨，父亲温琴佐（Vincenzo）多才多艺，
从事商业但在音乐上也有所造诣，母亲是来自意大利佩夏的朱莉娅·阿
玛纳提（Giuglia Ammanati）。

1592 年伽利略进入帕多瓦大学，在那里可以说他度过了人生最美
好的 18 年，就像他之后写到的，他自己其实爱科学也同样热爱生活。在
帕多瓦，伽利略和玛丽娜·甘巴（Marina Gamba）一同生活，两人育有
三个儿女，但一直未婚，后在 1610 年分开。接着伽利略又作为"首席
数学家"和"威尼斯公爵哲学家"被邀请回了比萨大学。这也是灾难的

开始。1616 年，在发表了《对话》（*Dialoghi*）后，伽利略因散播哥白尼理论而被以"异端邪说嫌疑"的名义问罪。审判在 1633 年 6 月 22 日结束，这是伽利略人生的至暗时刻，也是教会本不应该犯下的滔天错误。宗教裁判所强行囚禁伽利略，审判其以"形式牢狱"。1642 年 1 月 8 日，被囚禁在阿切特里别墅（Villa Arcetri）的伽利略过世，两个女儿李维亚（Livia）和维尔吉尼娅（Virginia）在隔壁的修道院当着修女。温琴佐·维维亚尼（Vincenzo Viviani）协助已经眼盲了 5 年的伽利略，为其编写自传；另一个年轻人伊万杰利斯塔·托里拆利（Evangelista Torricelli），除了自己是位伟大的科学家外，也是这位比萨天才的理论继承人。这一切需要等 4 个世纪，直到教皇乔凡尼·保罗二世时期才纠正了罗马教会当时铸成的大错。

伽利略的相对论

怀疑论者们对伽利略发现的质疑被另一位同时代的伟人所打消：约翰内斯·开普勒（Johannes Kepler）。那位比萨科学家同行向开普勒发送了一份《星际信使》的副本，在当了第谷·布拉赫的助手多年后，这时的开普勒已经接替了布拉赫在天文学领域的位置。开普勒在布拉格发表了一封公开信，在信中，他对最近的发现表达了踊跃的支持，并在一年后进行了一系列观察，在法兰克福公布了研究结果，再次明确证实了他早前所说。有了帝国数学家的支持，残留的批评者也改变了态度。不久后，德国天文学家西蒙·迈尔（Simon Mayr）发布了"美第奇卫星"计算表，并使用了仍沿用至今的名称，即伊娥（Io）、欧罗巴（Europa）、盖尼米德（Ganymede）和卡利斯托（Callistus）。

伽利略在他的观察中还发现了土星环的存在，但当时并没有将它们区分开来，他还观测到了太阳黑子。然而，人们认为这位比萨天才最重要的科学贡献还是对运动的研究，现代力学也是来源于此。在落体实验中，事实上还增加了运动的组成和相对论原理，这后来被命名为"伽利略相对论"，在此基础上，阿尔伯特·爱因斯坦将从中汲取经验再发展他的相对论。

伽利略实验方法的发现和采用，源于数学推理和仪器观察的结合，然后伴随着对其科学理性的传播。由此开始科学界选择不再使用学者专用的拉丁文书写，而是使用更加白话的语言、不仅限于专家们的文字风格，让科学作品有尽可能多的受众群。基于这种逻辑，伽利略在 4 天的论坛后写下的《关于托勒密和哥白尼两大世界体系的对话》（或称为"对话"），并于 1632 年出版，最初得到了教会权威的出版许可，但随后遭到了宗教裁判所的谴责。

显微镜和血液循环

在 17 世纪的头几十年，与望远镜同步发展的还有显微镜。伽利略同样喜好用显微镜来观察昆虫眼睛的结构。荷兰人安东尼·范·列文虎克（Antony van Leewenhoek）对此做出了重要贡献，他证明了我们生活的环境里充满着看不见的有机体系。他还研究了不同物种的繁殖过程，演示了毛虫和跳蚤是如何从卵中诞生的，并描述了软体动物和鳗鱼的胚胎形成，当时说是从露水中而来。荷兰人列文虎克在显微镜下的观察将有助于推翻之前所有有关"自然发生"的当下现行理论。

另外在 1619 年左右，英国人威廉·哈维（William Harvey）得出了一个关于人体的重大发现：循环系统。在观察到血液通过心脏的瓣膜流入心室后，通过一些动物实验，他确定血液从心脏流出进入动脉，然后通过静脉回流。而后者同样也具备瓣膜，意大利医生西罗尼姆斯·法布里修斯在 1603 年就已经发现了静脉瓣膜。血液循环这一发现没有确切的日期，有可能是在 1619 年左右，哈维在伦敦举行的公共解剖学课上公布的。1628 年，哈维在荷兰出版了一本题为《心血运动论》（*De motu cordis et sanguinis*）的册子，其中收集了他在那几年获得的研究结果。

然而还有一个问题需要解决：血液是如何从动脉流向静脉的？1660 年，意大利生理学家马塞洛·马尔皮基（Marcello Malpighi）在显微镜下研究了蝙蝠的薄翼膜后，给出了答案。他描述了微小的血管，这些血管只有借光学辅助才能被看见，他称之为"毛细血管"，因为它们与头发一样细微。后来到了 1660 年，谜底终于完全揭开，彼时已经是博洛尼亚教授马尔皮基发现了青蛙的毛细血管和肺部的肺泡结构。

当时，伽利略实验方法论产生了显著的影响，尤其是在医学和生命科学领域。

哈维，血液里的灵魂

作为一名古典文学的爱好者，他曾在剑桥大学学习。但为了做好从事医学的准备，他转而到了帕多瓦学习。那时是 1600 年，福克斯通镇——22 年前他出生的地方，已经成了一个遥远的记忆。回国后，他与伊丽莎白·布朗结了婚，前程也有了着落，伊丽莎白是当时的皇家御医的女儿，哈维后来继承了御医的位置。他还成了国王查理一世的朋友，国王对科学重视，允许哈维利用皇家保护区的鹿进行繁殖实验。但查理一世后被斩首，哈维失去了这份友谊和连带的保护关系。在发现血液循环原理后，哈维开始研究灵魂的起源，他自然又是去了他熟悉的血液中寻找灵魂的踪迹，而不是像其他人所认为的那样于心脏中寻找。1657 年 6 月 3 日，哈维卒于罗汉普顿。

开普勒的椭圆轨道

1609 年伽利略完成了其历史性研究的同时，德国的天文学家开普勒发表了《新天文学》（*Astronomia Nova*），这本书阐述行星运动规则的前两条定律。他的工作起始于对火星轨道的深入观察。但是，试图让过去完美圆形的假设与现在收集的数据相协调显然不可能。这促使他对当时哥白尼都接受了的圆形理论发起质疑。首先，他想象行星轨道是一个不规则椭圆形（Oval），因为它像圆形一样保持一个圆心焦点。但是这一假设还是没法自圆其说，因此他又假设行星轨道是规则的椭圆（Ellipse），太阳则占据了它其中一个焦点。"行星轨道是圆形"的教条终于被打破了。然后他明确了第二个定律，被称为面积定律，即连接行星和太阳的线（矢量光束）在相等的时间间隔内扫过的面积相等。此外，他能够理解太阳产生的磁力控制行星运动的概念。他写道："与其说是石头寻找地球，不如说是地球吸引石头。"这一切还没有到牛顿的确切计算程度，但已经指明了研究方向。

后来，在 1618 年，他还定义了关于行星运动的第三条也是最后一条定律：行星绕太阳公转的时间的平方与它们离太阳的平均距离的立方成正比。到了这时，太阳系日心说的基础已经奠定，描述日心说理论的阻碍也终于得到了扫除。

开普勒还喜欢造望远镜。以他的名字命名的望远镜，就是一种使用两个凸透镜而不是伽利略使用的凹透镜的仪器。这就是之后著名的"开普勒式望远镜"，它的运用更占上风，因为其视野变得更加宽阔。这一结果并非偶然，实际上开普勒也被公认为现代光学的奠基人。此外，他的视觉生理学思想启发了德国人克里斯托夫·谢纳（Christoph Scheiner），他在他的作品《眼睛》（*Oculus*）中涵盖了视网膜作用的实验演示，恰当地解释了晶状体的功能。眼科科学就此起步。

开普勒，人称"先知"

开普勒的人生开始得并不顺畅，他出生于一段不幸的婚姻中。他的父亲逃离家庭去当雇佣兵，母亲也紧随父亲而去，开普勒则由对他施以虐待的祖父母抚养长大。他的父母回来后不久，父亲再次离开，这次永久消失再没回来。对于母亲，他只记得她晚上会带自己上山观看 1577 年的大彗星。1571 年，开普勒出生在德国的威尔德施塔特，他就这样贫穷但健康地长大。人生的境遇并没有阻碍他获得图宾根大学的硕士学位，当他还在想象着未来成为路德教会的新教牧师时，格拉茨（Graz）数学老师的去世成了开普勒所称的"幸运的意外"，让他以"施蒂里亚公国"

（Duchy of Styria）数学家的头衔掌管起这一学科。

开普勒的工作任务还包括编制下一年的日历，预测天气、公共卫生、政治危机和其他特殊事件。1595 年，他编写第一本日历时，预见到了当年异常寒冷的冬天和土耳其的入侵。这两件事后来都发生了，他也因此获得了"先知"的美名。开普勒在格拉茨过得很自在，不愿意搬迁，也因为他娶了一个有钱的寡妇，这位寡妇年仅 23 岁就已经目睹了两任丈夫的离世。

布拉赫去世时，开普勒是他的助手，由此接替了这位大师的位置，成了一名帝国数学家，开普勒后居于布拉格和林茨（Linz），后来又因为一场农民起义被迫逃离至萨根（Sagan），并受到瓦伦斯坦公爵（Duke Wallenstein）的保护。1630 年 11 月 15 日，他在前往雷根斯堡的途中去世，当时的他试图返回林茨，追回被拖欠的工资。

笛卡儿坐标和费马大定理

开普勒去世几年后，一位杰出的科学家和哲学家在 1637 年以《几何学》一书，奠定了一项重要学科的根基：解析几何学。这本书的作者是法国人勒内·笛卡儿（René Descartes）。笛卡儿发明了坐标方法（且命名为"笛卡儿坐标系"），几何学范畴的研究从而能被转化为代数问题。代数和几何学的组合，带来了更多的思考，同时促进了微积分学的出现。但伽利略被制裁的消息传来后，笛卡儿在物理学问题上的研究也随之停滞，同时停止发布相关议题的论文。笛卡儿的贡献不单单局限于几何学领域，在其题为《谈谈方法》的书中，他认为科学应当建立在清晰和有理据的原则之上，并伴以数学的精确，推导出单个现象的原理。

另外发明了坐标系的，还有皮埃尔·德·费马（Pierre de Fermat），他习惯写信给朋友分享研究结果，而这些结果因为他的特殊生活方式也变得不确定。但他仍然是公认的数论创始人，费马同时创造了以他的名字命名的著名定理，该定理在 4 个世纪后才得以解开。[①]

气压计和大气压

在阿切特里，伽利略人生的最后几个月里，每天都来看望他的伊万杰利斯塔·托里拆利帮忙处理佛罗伦萨的水道工们抱怨的问题：他们用水泵将管道中的水抽到 10.33 米以上就没法抽了，超过这个高度管道都是空的。"大自然害怕真空。"他们匆忙下好了结论，没有找到其他解释。托里拆利在处理这一问题时发现，原来是大气压力所致。

托里拆利用一根灌满水银的管子，一头密封，垂直放置在一个同样装有水银的盘子上，管子里的液体会在 76 厘米的高度时停止流出来。因此，空气压力作用于盘子容器里的水银，让管子里的水银保持一定的高度。这一点几乎每天都有变化，上上下下，托里拆利认为这取决于大气压力的变化。通过此项实验，这位科学家发明了气压计，并第一次人为地在管子顶部创造了真空，由此得名"托里拆利真空"。

---

① 费马提出猜想：当整数 $n>2$ 时，关于 x，y，z 的方程 $x^n+y^n=z^n$ 没有正整数解。20世纪90年代，英国著名数学家、牛津大学教授安德鲁·怀尔斯证明了该定理。——编者注

托里拆利和大公爵的秘密

1641年10月，伊万杰利斯塔·托里拆利从罗马而来，到了伽利略家门前。托里拆利的老师贝内代托·卡斯泰利（Benedetto Castelli）是伽利略最杰出的学生，他想到把托里拆利送到这位现在眼盲又多病的伟大科学家身边，帮助他写作，尽管身处窘境，伽利略仍然灵感不断。几个月后，伽利略离世，托里拆利正准备启程返回罗马时，托斯卡纳大公任命他继承比萨天才的职位，即宫廷数学家和哲学家。托里拆利作为研究人员最高产的时期就此开始，他在数学方面成就非凡。托里拆利1608年10月15日生于法恩扎，起初在法恩扎的耶稣会学院学习，之后前往罗马学院深造。

托里拆利的研究范围广泛，涵盖几何学、物理学、光学，但他只留下了一本《几何学文集》，在大公的资助下于1644年出版，以及大量的笔记。而专注于光学的学术研究则在费迪南多二世（Ferdinando II，即托斯卡纳大公，他本人也是一位物理学和气象学学者，甚至发明了一种基础湿度计）的命令下被保密封存，后来遗失。托里拆利不幸于1647年10月25日英年早逝，享年39岁。和他一道在伽利略家中学习的维维亚尼，曾试图整理托里拆利的笔记，但徒劳无功：由于其准备不足，并没有取得令人满意的成果。也有人指责他是故意这样做，以损害这位过世科学家的形象。后世留存下来的属于托里拆利的发明只有气压计。

帕斯卡的计算器，红血球和细胞

17 世纪中期，法国数学家、哲学家布莱瑟·帕斯卡（Blaise Pascal）因其对水力科学的贡献而声名贯耳，还有了以他的名字命名的定理——帕斯卡定律，即在液体中，由于液体的流动性，封闭容器中的静止流体的某一部分发生的压强变化，将大小不变地向各个方向传递，此定律奠定了液压机的基础。帕斯卡的研究还涉及数学领域，他不仅研究了概率理论，还对组合论、微积分十分感兴趣。但是他在自动运算方面的技术研发却没有那么顺利。帕斯卡成功发明了第一台计算器，机器由一系列相互连接的齿轮组成，上面标有从 1 到 10 的数字，可以进行加减运算。1649 年计算器获得专利，但后来由于成本太高，经过多次尝试都没能将计算器成功投放市场。这一巧妙的发明最后以失败告终。

另一种已经存在了很长时间的工具——显微镜，则在持续发挥它的作用。越发先进的显微镜让荷兰解剖学家扬·斯瓦默丹（Jan Swammerdam）发现了红细胞；阿塔那斯·珂雪（Athanasius Kircher）将鼠疫归因于血液中的一些"小动物"，并检测到了牛奶中的细菌；英国物理学家、自然主义者及显微镜大师罗伯特·胡克（Robert Hooke）则在树皮薄片中首次完成了对细胞的观察研究。

帕斯卡、科学、信仰以及城市交通

"无限空间里的永恒沉默让我感到惧怕。"布莱瑟·帕斯卡曾这样说道。他可以在数学和工程学的思想海洋里自由来去。帕斯卡的聪颖天资很早就已显现，11 岁的他便写了一篇关于声音学的论文，5 年后又写了一篇《圆锥曲线专论》。1623 年 6 月 19 日，他出生于法国克莱蒙费朗，3 岁丧母，他的父亲后来决定移居巴黎，确保孩子能得到更好的教育。

帕斯卡花了多年时间维护主教詹森（Cornelius Jansen）所宣扬的教义，同时也继续着自己的科学研究，并构思撰写《思想录》，这部作品直到他最后 1662 年于巴黎去世时也未能完成。在所有这些理论和道德推测下，以及不稳定的健康状况中，他还是抽出了时间研究技术，制造了以他名字命名的"帕斯卡计算器"，并参与成立了一家公共交通公司，运营首都巴黎的第一条城市公共马车线路。

斯瓦默丹，昆虫狂热分子

1637 年 2 月，斯瓦默丹出生在阿姆斯特丹附近的港口，他的家离伦布朗（Rembrandt）[1]的家不远。斯瓦默丹的父母想让他成为牧师，但他却更中意学医。然而他真正的兴趣所在其实是收集昆虫并对其进行研究。成为医生后，不管父亲的百般劝说，他还是决定放弃从医。令人庆幸的是，在他的众多昆虫收藏里他仍然完成了一些医学研究，加深了人们对肌肉、神经、心脏、血液循环以及呼吸系统的生理学认识。

斯瓦默丹最大的爱好是将昆虫这些微小动物进行分类。他甚至在阿姆斯特丹的家中接待了后来的托斯卡纳大公——科西莫·德·美第奇

---

① 被称为荷兰历史上最伟大的画家。——编者注

（Cosimo III de'Medici），后者出价 12000 弗洛林想要购买他的收藏，条件是斯瓦默丹本人作为收藏的保管人。斯瓦默丹以不适应宫廷生活为由拒绝了请托。

他心里也经常会萌生宗教思想，自问在大自然中寻找上帝的奇迹是否真的比向"全能者"（Omnipotent）祈祷更重要。他还写了一本（未出版的）小书册介绍世俗道德。斯瓦默丹结了婚，也有孩子，但供养他的一直是他的父亲，直到有一天父亲拒绝再接济他。1680 年 2 月 17 日，孤寡的斯瓦默丹在一个朋友家中去世。尽管斯瓦默丹发现了红细胞，但后世更多称他为"现代昆虫学之父"。

土星的卫星

17 世纪中叶，博洛尼亚大学的天文学院被委任给吉安·多梅尼科·卡西尼（Gian Domenico Cassini）掌管，而他的竞争对手乔凡尼·阿方索·博雷利（Giovanni Alfonso Borelli）则因为被指过于亲信"现代"思想者哥白尼及伽利略，未被列入考虑。尽管如此，后来事实证明，选择卡西尼是歪打正着。在计算了火星的自转时间（24 小时 40 分钟）之后，卡西尼将关注点落在了木星上，进而计算了木星的自转时间（9 小时 56 分钟），然后又研究了它的表面及斑点，其中还包括胡克发现的木星上比地球还大的"红斑"。

其后，卡西尼将观察范围扩大到了美第奇卫星，计算其轨道，并编制其周期运动表（星历表）。在法国，这一成就给他带来了不少名气，修道院院长让·皮卡尔（Jean Picard）由此将他引荐给了科尔贝尔部长，让他负责正在建设的科学学院（Académie des Sciences）新天文台。他接受了邀请搬去巴黎天文台后，又发现了另外 4 颗土星的卫星［土卫八（Japetus）、土卫五（Rhea）、土卫四（Dione）和土卫三（Tethys）］，再加上已知的土卫六（Titan）。此外，他还发现围绕这颗行星的光环并不是完整唯一的，而是被一个缝隙分隔，这一分隔因而被命名为"卡西尼缝"。

发现了第一颗，也是最大一颗卫星——土卫六，并且确定了其 16 天自转时间的荷兰物理学家克里斯蒂安·惠更斯（Christiaan Huygens）曾短暂地与这位意大利天文学家合作。为了观察这颗巨大的带环行星，惠更斯建造了一台 7 米长的望远镜，在荷兰哲学家、眼镜师斯宾诺莎（Baruch de Spinoza）的帮助下，他用自己发明的新方法在望远镜上安装了抛光透镜。事实证明，在伽利略隐约看到土星光环后，这一仪器对其最终观测颇有意义。惠更斯的研究范围十分广泛，从几何学到数学均有涉猎，除了假设光具有类似于声音的波状性质、并解释离心力之外，他于 1658 年还发明了摆钟，可以精确到小时和分钟，另外他还提出了经度的度量方法。

在巴黎天文台工作的还有丹麦天文学家奥勒·罗默（Ole Rømer）。1675 年，在监测木卫的运动时，他确定光并不是以无限速度传播的，并进而计算了其速度值为 226911 千米每秒。罗默的判断没错，他的计算也近乎准确，至少目前来看可以接受。

卡西尼家族的天文王朝

土星卫星的发现为吉安·多梅尼科·卡西尼带来了好运，他也很好地利用了这些机会。1669 年 4 月 4 日，他抵达巴黎时 40 岁，已经有所成就（1625 年 6 月 8 日，他出生在尼斯附近的佩里纳尔多），在出发前，他与教皇克莱门特九世和供职的博洛尼亚参议院已经签订了收入可观的合同，有富足的经济保障。因此，从形式上来说，卡西尼属于"借调"到巴黎。到了巴黎两天后，邀请他的科尔贝尔大臣将他介绍给路易十四国王，皇室的欢迎和友谊促使他决定不再返回意大利。巴黎的使徒信者也正有此意，作为回应，他表达了希望入籍的意愿。就这样，1673 年 6 月，他成了法国公民，与克莱蒙特中将的女儿珍妮芙·德·莱斯特（Geneviève de Laistre）结婚后，又巩固了新的地位。他还改名为让·多米尼克·卡西尼（Jean Dominique Cassini）。被称为"天上"卡西尼的王朝就这样拉开序幕。卡西尼的儿子和他一起在巴黎天文台工作，他的孙子和后代也延续着这一职责。一直到了卡西尼四世，成就了整整四代天文学家。卡西尼一世长寿延年，于 1712 年 9 月 14 日辞世，但法国人民始终铭记他。75 年后，路易十六国王在首都巴黎建了一座雕像以纪念卡西尼。

玻意耳、气体和新化学

1662 年罗伯特·玻意耳（Robert Boyle）发现了空气可以被压缩。他在实验中采用一端弯曲封闭的 5 米长玻璃管，一端倒入水银，以将其与玻璃管剩余部分分开，他注意到，水银加得越多，就越是压缩了封闭端的空气。更科学地说，玻意耳确定气体的体积与施加在其之上的压力成反比，这也就是压力和受力体积成反比的定律。

但玻意耳并没有止步于此。随着他的研究深入，化学摆脱了过去与炼金术模棱两可的局面，也脱离了时常与之产生混淆的医学学科，而成为一门自主的科学。在不同著作中，这位爱尔兰科学家都表达了对原子—分子理论的支持：理论阐明了元素的现代概念，走出了亚里士多德的构想框架，以及延伸发展的亲和性理论。他还从木材的含水馏出物中发现了甲醇，研究了氧化、呼吸以及其他与空气有关的现象。在化学分析方面，他发明了酸碱试纸（如石蕊试纸）。

贵族化学家玻意耳

玻意耳是科克郡第一任伯爵理查德的 14 个子女之一。家庭的财富让他能够过上富足超脱的生活，同时培养正当的文化兴趣，并从中获得巨大的满足。玻意耳喜欢旅行，旅途中还学会了意大利语。1627 年 1 月 27 日，玻意耳在爱尔兰利斯莫尔出生，1654 年前后在爱尔兰停留了几年，照顾他在这个他称之为"野蛮国家"的产业。后来他又去了牛津，在那里收获了自己最好的科学成果。最终又搬去了在伦敦的姐姐凯瑟琳（爱尔兰拉内拉子爵夫人，Viscountess of Ranelagh）家里，把房子变成了一个实验室。但他来到首都还有另一个原因：他热衷于商业，参与多家公司事务。他对"皇家学会"的荣誉倒是不太感兴趣，还曾经拒绝了担任皇家学会主席一职。

除了科学和商业以外，玻意耳对东方语言和经文有一定了解，还喜欢写与道德和神学相关的论文，他甚至通过这些文本的写作，成为一名颇有建树的作家。玻意耳在 1691 年最后一天的凌晨离世。

万有引力与科学家之间的争议

17世纪后半叶，发生的重要事件有科学家们的重大发现，还有同样多的科学争议。第一场争端就产生于英国的艾萨克·牛顿（Isaac Newton）和德国的戈特弗里德·威廉·莱布尼茨（Gottfried Wilhelm von Leibniz）之间，彼时他们分别都在研究微积分。微积分属于对科学非常有用的通用计算技术，它代表了高等数学的基础。这两位科学家都取得了相同的结果，但形式有所不同。然而，人们认为莱布尼茨的结果提供了更加灵活和适用的数学符号，从而使微积分的应用变得更为有效。最终，双方都声称要获得优先发明专利，在这样庞杂的科学争议之外，还上升到了德国和英国两个民族之间的对抗，争端不但没有平复，反而不断加剧，无法达成任何结果。直到后来，这两位科学家最终双双被认可为"微积分之父"，事情才告一段落。

1666年左右，牛顿已是一位出名的科学家，他此前完成了一些实验，如让光束通过棱镜，从而发现光线可以分散为从红色到紫色的一系列颜色，包括橙色、黄色、绿色、蓝色和靛蓝等。但如果他放置一个能够收集颜色的棱镜，它们又会恢复成一道白色光线。因此，"光"，与当时人们对它的认知并不一样，由此开始，我们知道，它是由一系列的颜色所组成。或者，用更科学的术语来说，物质在吸收某些类型的光后会反射出其他类型的光。之后对此问题会有更多阐述。

几年后的1672年，在提交给英国皇家学会的备忘录中提到，牛顿在继续探讨光的波动性质的同时，开始假设光是由微粒组成的。这一观点的强化主要通过一些研究所得，但也遭到了两位科学家——惠更斯和罗伯特·胡克的强烈反对。后者十分不喜欢他的英国同胞，之后两人之间就会爆发一场无法调和的纷争，涉及一个非常重要的科学问题，即万有引力的发现。

1674 年，胡克发表了一篇关于行星运动的论文，其中谈到了天体之间的相互吸引。他在 1680 年写给牛顿的一封信中进一步解释了这个概念，他在信中明确指出，他所说的吸引力必须与物体之间距离的平方成反比。

1687 年，牛顿出版了他的拉丁文著作《数学原理》(*Principia mathematica*)，在书里他终于解决了经典力学问题，为地球上的落体和天空中行星的运动问题找到了统一的解释，并归结出三条著名的定律。在第一条（惯性定律）中，他指出在没有外力的作用下，物体将保持匀速直线运动。在第二条定律里，他明确了动力是物体质量和加速度乘积的产物。最后，在第三条定律中他认为，相互作用的两个物体之间的作用力和反作用力总是大小相等，方向相反。

根据这些定律，牛顿计算出了地球和月球之间的吸引力，并指出这也适用于其他天体。万有引力定律自此诞生，这对天文学来说至关重要，因为它解释了宇宙的运作机制，将开普勒的行星运动定律变得更为具体化。

此时，胡克无比愤怒，与牛顿展开了激烈的争论，他手持 1680 年寄给牛顿的信，声称自己才是万有引力定律的开荒人。历史并没有站在他这一边，但他将创造唯一以自己名字命名的定理，即弹性物体所受的形变与引起形变的外力成正比。

再说，对牛顿而言，出版他的作品并不容易，这本书被认为是有史以来最宏大的科学巨作。鉴于胡克和牛顿之间的争议，即便是皇家学会也选择袖手旁观。这时帮上忙的是埃德蒙·哈雷（Edmund Halley，正是因为牛顿定律，哈雷计算出了 1682 年出现的以他名字命名的彗星），父亲的突然离世让他继承了一大笔财产，他自己掏钱印刷牛顿的书作，但最后落得了一个令人唏嘘的结局——被无名刺杀者残酷杀害。

17 世纪是科学革命的摇篮，这一时期也就这样渐入尾声。从那时起，人们思考和观察周围世界的方式发生了根本性的变化。与此同时，技术与科学同步发展，带来了能够影响人类日常生活和进化的工具。就像我们祖先手中握着的第一块火石：故事仍在继续。但这一次，与过去相比，故事将在一个新的维度上、以惊人的加速度向前铺开。

胡克，"被抢功"的万有引力定律

被称为"力学牛顿"的胡克，想成为的是真正的"牛顿"。尽管他为宣示自己才是万有引力的发现人并进行了无数次示威和辩论，事情仍然无疾而终。胡克本来的天资也是极其好的，和牛顿的方向同步，但这显然不够。除万有引力外，胡克的才能很早就已显现，获得不少成就贡献，最初作为伟大的化学家玻意耳的助理开启了自己的职业生涯。1635 年 7 月 18 日，罗伯特·胡克出生于英国怀特岛的清水小镇。很小的时候胡克便成了孤儿，他继承了父亲的遗产后，先去了伦敦，然后去了牛津，在那里他成为一位杰出的科学家和出色的发明家。胡克兴趣广泛，在 1666 年伦敦大火时，他提出了一项重建计划，但他的计划没有被采纳，作为回报，他被提名为该项目的负责人。胡克还是伟大的显微镜学家，"细胞"（Cell）这个词便是由他首创。他还积极辩称化石其实是古代动物的遗骸，反对人们普遍认为化石是大自然的玩笑说法。除此之外，在仪器的机械创新中，他展示了自己真正的天赋：除了完善多种仪器之外，他还发明了世上第一个万向接头。直到 1703 年 3 月 3 日胡克去世，他都一直坚持声称牛顿从他那里偷走了万有引力定律。

莱布尼茨，乐观的天才

戈特弗里德·威廉·莱布尼茨是一个早熟的天才。15 岁时他就精通古典语言，博览希腊和拉丁语等名家著作，同时进行着学术哲学的研究学习。有了这些先决条件，莱布尼茨在 17 岁就在莱比锡（1646 年莱布尼茨出生于此）成了哲学硕士也并不奇怪。3 年后，他获得了法律学位并发表《论组合艺术》，对符号逻辑以及现代逻辑计算进行展望。加入"玫瑰十字会"教团后，教会的朋友们成了他有意涉足的国际政治界的敲门砖。但莱布尼茨的目标还是过于哲学化，不切实际，外交政治最终化作泡影。

莱布尼茨最终还是投身于科学，正是他在微积分学科上的杰出建树，让他后来与同样钻研微积分的牛顿产生争执。但莱布尼茨还是力争微积分第一人。接着，他又把注意力转向人类、思想和宗教，排除万难的莱布尼茨仍然保持积极的视角，对人性和世界的看法"不是封闭、几何的，而是向发明和可能性敞开的"。他甚至试图调和上帝与邪恶的并存。与此同时，他发明并制造了一台计算器。1716 年 11 月 14 日，这个无可救药的乐天派天才孤独离世，无人陪伴左右。

"上帝说，让牛顿降生吧！于是就有了光。"

也许用一本百科全书条目上的几句话就足以讲述林肯郡伍尔索普村的艾萨克·牛顿的一切："牛顿——物理学家及数学家，展示了白光的复合性质，总结了动力学定律，发现了万有引力定律并奠定了天体力学的基础，发明了微分和积分。"还不止这些，另外，"他开启了理性时代"。

牛顿甚至被写进了诗人亚历山大·蒲柏（Alexander Pope）的思想中，他写道："大自然及其规律藏于黑夜之中；上帝说，让牛顿降生吧！于是就有了光。"

获得诸如这些成就，牛顿仍然能够潜心其他：炼金术、哲学、神学。另一位诗人威廉·华兹华斯（William Wordsworth）写道："一个灵魂，永远孤独地航行于陌生的思想海洋。"

在肖像画里，只见牛顿前额宽阔，看起来像一位罗马演说家。1642年12月25日，牛顿早产出生，当时母亲希望他长大成为一名农民。当他进入三一学院学习时，看起来并不是个特别优秀的学生，1663年，他还因为几何学习准备不充分，没有通过奖学金考试。在牛顿出名后，他就时常被那些指责他剽窃发明的人追诉。这样的事发生在他的光学发现上，接着是微积分，最后是万有引力，据说万有引力的发现是由树上掉下来的苹果激发的。面对批判，阿尔伯特·爱因斯坦曾回应说："他坚强、自信、孤独地站在我们面前，他对创造的喜悦和他微小的精确性体现在他的每一个字和每一个数字中。对他来说，自然是一本打开的书，他毫不费力地畅读其中。"牛顿后于1727年3月20日去世。

| 第五章 |

启蒙时代

18 世纪

莱布尼茨的失败与二进制

"启蒙时代"本应选择理性作为最高的参考，却是在微积分思想的种种争议之中拉开序幕。牛顿和莱布尼茨依然分别坚称自己优先发现了微积分，但这场争议现在已上升成为英德两国之间的政治事件，至少在形式上来看是这样，最终是以牛顿占上风、莱布尼茨败诉而收场。这一事件由英国皇家学会（1703 年，牛顿本人成为皇家学会的主席）的一个委员会审理。

1714 年，汉诺威公爵成为英国国王时，德国的莱布尼茨希望在新君主的支持下卷土重来。但他失算了，他没有料想到政治还有其他逻辑，它们往往离科学逻辑非常遥远，甚至与其相悖。正如接下来所发生的那样，为了不与自己王朝的异见者太过敌对，平息这个让英德之间产生分歧的问题，新国王居然也偏向了英国一方。就这样，莱布尼茨既受到剽窃重大科学发现的指控，同时也被英国皇家学会和柏林科学院所遗忘。

事实上，科学界在其应有的范围内承认了他们两人的贡献，甚至是更多地赞誉这位德国科学家的成就。在那些年里，莱布尼茨开发了一种不同于十进制的计算方法，被称为"二进制"。他用数字 2 作为基数，而不是 10，二进制里只有数字 1 和 0。在引入这一数制时，莱布尼茨就说过二进制或许将来有用。他预料得没错，因为差不多在三个世纪后，人们正是用二进制系统来运行计算机。

沙皇和移动的星星

与此同时在莫斯科的沙皇彼得一世，也称"彼得大帝"，听闻了欧洲的发展和发现并被其吸引，秘密访问了西方国家后，对自己的国家进行了重组，希望引领俄国达到西方的水平。为了重视他所渴望的趋近发展，他甚至将俄国首都向西迁移，于 1703 年建立了圣彼得堡。彼得大帝是新俄国的开明向导，像伏尔泰这样深受欢迎的知识分子也对其俯首称臣。至于邪恶之上，他也大有作为，彼得大帝显得如此野蛮和残忍，他将沙皇皇后驱逐到修道院，并且杀害了自己的儿子和继承人。

1718 年，埃德蒙·哈雷在计算了彗星的出现后，成功地利用一项发现驱除哥白尼所抗衡的旧天文学的最后残余。在那一年，这位科学家测量出了天狼星、大角星和南河三三颗星的位置，他发现这与希腊人甚至离自己时代最近的第谷·布拉赫的说明都有所不同。哈雷知道无法与过去的错误辩驳，他还是得出了恒星并不固定不移的结论，有别于之前人们的想法。

牛顿的成果和思想继续对文明的进化，尤其是科学和技术进化产生普遍影响。在军事需求的推动下，钢铁业为冶金领域带来了进步。托马斯·纽科门（Thomas Newcomen）制造了一台原始的蒸汽机；物理学方面，电的绝缘材料和导体、地球的形状以及包围它的气流等得到了明确；医学和外科学也变得越来越科学化。

哈雷，彗星和友谊

埃德蒙·哈雷是个极富好奇心的人。他最早从事的研究之一就是着力确定儒略·恺撒登陆英国的准确时间和地点。但他仍潜心于星空，自打他在牛津大学皇后学院学习时就一直如此。1656 年 11 月 8 日，哈雷出生在哈格斯顿，是一位盐商的儿子。他自己花钱购买了大抵是科学史上最重要的出版物——牛顿的《原理》，然后他还在大西洋航行了很长时间，以确认地球的磁场变化，并根据天体测量绘制地图。他甚至被派往维也纳执行过两项外交任务。作为一个文化广博、个性鲜明的人，他也知道如何与包括沙皇彼得大帝在内的权贵建立良好的关系。

然而，哈雷与格林尼治天文台台长约翰·弗兰斯蒂德（John Flamsted）的关系却难以维系。两人的友谊刚建立就迎来了职业上的分歧，弗兰斯蒂德"因为对他的宗教、道德和社会行为的抵触"与其分道扬镳。弗兰斯蒂德去世后，哈雷接替了他的位置，但由于弗兰斯蒂德的遗嘱执行人带走了他自费建造的天文台器材，哈雷不得不购买新的仪器。格林尼治的哈雷，他的名字将永远与他计算过的最著名的彗星运动捆绑在一起，直到 1742 年 1 月去世，享年 86 岁。

启蒙运动和植物的分类

1730 年到 1740 年间，从英国开始，一些欧洲国家开始了一场思想运动——启蒙运动，它的基础是对理性的信任，将其视为解释人类问题的首选工具。人类的命运与进步一同被置于一个乐观的角度，认为知识应该传播给尽可能多的人。正是由于这个原因，学院、科学协会不断涌现，人们也开始编写百科全书。1751 年，法国书商兼作家德尼·狄德罗（Denis Diderot）就主持了最著名和最重要的一次百科全书的编纂。

启蒙运动在保持同样的基本原则时，根据国家的不同，表现出一些不可避免的变化，例如在法国，运动在资产阶级的主张中得到了支持，人们越发反对旧制度。这股新的哲学思潮源于上个世纪科学革命引发的文化飞跃，并进一步得到强化。

这一时期的一大壮举由瑞典人卡尔·冯·林奈（Carl von Linné）缔造，他在 1735 年出版的《自然系统》（*Systema Naturae*）一书为植物世界分门别类，接着他同样试图规整动物世界。林奈提出了"分类学"（tassonomia，来自希腊语，意为"按顺序命名"），也就是说，按一定的顺序对生物进行分类的必要问题。

在上个世纪，植物学家们已经定义了物种的概念，主要指的是种子的特性。现在，林奈从性的系统开始，为植物创建了一个新的分类。考虑的因素包括雄蕊的数量、它们的结合和花朵的性状。他确信植物的繁殖方式与动物相同，是通过雄性和雌性的性器官进行的。

为了证实他的论点，他踏上了一次漫长的探索之旅，先是去了北方，然后去了英国和西欧，全程 7500 千米，发现了上百个新物种。

最终，林奈编制了自己的分类：相似的物种分为属、相似的属分为目，目中又分别有类似的纲。所有元素都按照树木分支的层次结构联系在一起，每个元素都是前一个类别的结果。这个设计呈现的是进化序列的理念，但出于对《创世纪》的遵从，这也是林奈所明确反对的理念。这一矛盾无法消除，就算有了自然界的证据，矛盾鸿沟也抹去不了，最终信仰占据了上风。

除了植物外，林奈的研究还涉及动物世界，他将其分为六类，把人类归入四足动物，这一举动显然又引起了人们激烈的反应。通过这样的分类方式，智人也找到了自己的归属。

林奈，大自然的归类人

林奈30岁时，已经是他那个时代最早的植物学家之一。林奈主攻的课题是植物的性，这也是他在乌普萨拉大学学习期间的第一个科学工作主题，那时林奈刚满23岁。命中注定会成为自然科学家的林奈，于1707年5月23日出生于瑞典的罗斯胡尔特，一个乡村教区牧师的家中。

林奈之后成为一名医生，从事着这一职业直到获得令人垂涎的国王医生的任命。但他作为一名科学家的功绩还是体现在植物研究上。作为一名虔诚的信徒，他把自己看作是受上帝旨意、为大自然建立秩序的人。与信仰的关联为他的研究带来了一些难处，最后林奈的天平还是倒向《圣经》一方。尽管如此，他对世界万物的秩序观念仍然驱使他首先对植物进行了分类，接着是动物，然后是疾病，最后是矿物。作为一名医生，他研究了植物的药理用途，实际上他还是瑞典医药百科的奠基人之一。

林奈在哈马比（Hammarby）^①的家中收集了不少珍贵的植被，创造了一座宏伟的植物园。1778 年 1 月，林奈在植物的环绕下离世。

瑞士人、温度计和避雷针

两个同龄的瑞士数学家——莱昂哈德·欧拉（Leonhard Euler）和丹尼尔·伯努利（Daniel Bernoulli）在物理学史上留下了不可磨灭的痕迹。两人皆出生在 18 世纪初，去世时间也是如此相近，分别在 1782 年和 1783 年。前者成为机械学的巨匠，延续了牛顿的工作，在力学和流体物理学上同样收获不少荣誉，首创了流体力学的基础方程式。而后者伯努利则构思了气体的动能理论，证明了气体在被加热后会无规则地活动。因此，如果体积保持不变，压力就会增强；如压力不变，体积便会增加。

18 世纪的头十年见证了温度测量相关的重要成果，即温度计的出现。1709 年荷兰人加布里尔·丹尼尔·华伦海特（Gabriel Daniel Fahrenheit）发明了酒精温度仪，其后又以水银替代酒精。20 来年后，法国人列奥缪尔制造了第二个温度计；到了 1742 年，瑞典天文学家安德斯·摄尔修斯（Anders Celsius）又促使了第三个温度计量的诞生。他们每个人都分别建立了以自己名字命名的温度测量体系。尽管华氏温标最先被采用，却也是最不方便的温度制，因为以华氏温度测量参考，是将水的固化温度值定为 32 度。

摄尔修斯也是设立同样的参考数值，以此为起点建立了他的规则体

---

① 现位于瑞典首都斯德哥尔摩城区东南部。——编者注

系：零度就是水从液体过渡为固体的临界冰点。然后到了 100 度，就是水沸腾的温度。正是由这 100 度的跨度得来了"百分温标"的名称，但更确切的名称应该叫"摄氏温标"，这一温度计量方法在 1948 年得到了国际上的认可。

摄尔修斯测量着天气的冷热时，本杰明·富兰克林（Benjamin Franklin）则向世人阐述着大自然最为绚丽也最为惊悚的现象之一——雷电。刚了解雷电的富兰克林，就进行了一番科学研究，然后发明了避雷针。这一切的发生都要从"莱顿瓶"这个故事说起。

1745 年，荷兰物理学家彼得·范·穆森布洛克（Pieter van Musschenbroek）完成了一项实验。实验中他将一个玻璃容器的内外表面贴上了金属箔片，制成了一种类似盔甲的装置。然后，他用一根黄铜丝穿过一个木塞子，再用这根铜丝将"盔甲"接入电流。当助手触碰这根铜丝时，便会将汇聚的电流载入全身：这正是史上第一次生成的人造电流。因为穆森布洛克是在荷兰莱顿大学实行的试验，试验使用的器皿由此被命名为"莱顿瓶"，瓶子本身也是这段发明故事的集中体现。

在对试验有所耳闻后，富兰克林开始兴致勃勃地对其进行复制重现，直到后来他意识到试验和暴风雨中的雷鸣闪电之间的相似性。他琢磨着，天上的云先充上电，然后就像莱顿瓶一样再放出电。为了证实这一点，他于 1751 年放飞了一只接有金属线的风筝。他用一根丝线紧紧地握着拴住风筝，丝线的一端系着地上的一把金属钥匙。在暴风雨中，富兰克林用一根手指触摸钥匙，风筝从云里收集的电沿着线到达地面，传递到了钥匙上再释放电。整个过程就像莱顿瓶一样，云以一种方式带电，地面又以另一种方式接收。

富兰克林，闪电和政治

富兰克林的发明家倾向在很小的时候就有所显露，那时他就发明过给游泳的人用的手蹼。1706 年，本杰明·富兰克林出生在波士顿一个英国商人家庭，他在费城成功地成为一名印刷商、作家和出版商。因为生活的地区天气寒冷，他发明了一种炉子，炉子的概念一直延续了下来。然而，正是在波士顿听到的一场关于电学的讲座，促使已经 40 岁的他去投身闪电研究，直到后来发明避雷针。他的足智多谋和名声在外还将他引入了政界，后来又因其才干被派往伦敦，作为美国各殖民地的代表。独立战争的爆发又使他回到祖国，之后再被议会派往欧洲，驻法国担任外交代表。法国作家奥诺雷·德·巴尔扎克（Honoré de Balzac）曾评论，富兰克林除了他那些著名的发明之外，还有另一个发明值得称耀：美利坚合众国概念的诞生，富兰克林曾发布了一项将所有美洲殖民地统一的计划报告。富兰克林于 1790 年 4 月 17 日在费城去世。

生物和神经的起源

关于生物起源的探讨，一直拖到 1765 年，意大利博物学家拉扎罗·斯帕兰扎尼（Lazzaro Spallanzani）书作的出版才算取得些重大成果，他通过这本书驳斥了当时盛行的"自然发生"理论。在得出结果前，斯帕兰扎尼在多次实验中使用封闭容器装置液体培养基，并对其进行加热，这样的操作阻碍了容器内微生物的生成。相应地，如果不以这样加热的方式处理，而是让空气中携带的微生物自由变化，它们则会不断增长、繁殖。自然发生说当然也就站不住脚。

斯帕兰扎尼因在一些动物身上进行器官繁殖的实验，让他变得为大众所知。然而，这种生物现象除了激发人们的好奇心以外，还在科学领域里引发了不少争议，直到后来这位学者证明了自己的观点正确，才得到科学界的认可。在生殖研究中，斯帕兰扎尼做出的其他重要贡献还有对青蛙的人工授精：他通过对青蛙和蟾蜍的实验发现，由于雄蛙精子的作用，卵子的受精发生在雌性的体外，精子也可以人工提取。为了证明这一发现，他用一根针向刚刚新生的卵子中注入了精子。

在斯帕兰扎尼进行的其他不同研究中，关于胃液的研究尤显重要，"胃液"一词正是他本人命名的，通过研究胃液，斯帕兰扎尼证明了消化是其作用的结果，而不是以前人们认为的机械运动的结果。

瑞士生理学家阿尔布雷希特·冯·哈勒（Albrecht von Haller）分析了肌肉的行为，揭示了人体知识的另一个重要方面。他发现，即使是对神经发出最轻微的刺激，也会引起肌肉束的即时反应。他从而得出结论，是神经传递了冲动。此外，他还确定神经与大脑和脊椎相连，因此是它们也是感知和后续反应的基础。基于1766年发表的这些研究成果，哈勒被称为"神经学之父"。

斯帕兰扎尼，繁殖和妒忌

拉扎罗·斯帕兰扎尼于1729年1月12日出生于意大利的斯堪迪亚诺。他的父亲是一个名不见经传的律师，本来拉扎罗大概也会同父亲一样将来走上法律道路。但当他来到博洛尼亚上法学院时，他意识到自己真正的兴趣其实是科学。斯帕兰扎尼而后成了摩德纳圣母会的牧师，他先是在摩德纳教授物理和数学，然后去了帕维亚大学教书。他对动物繁殖的研究和想法在欧洲引起了激烈的争议，但法国科学院为他提供了必要的帮助。斯帕兰扎尼越来越多地参加与地质学有关的考察旅行，从君士坦丁堡的一趟考察回来后，他被指控盗窃帕维亚大学自然历史博物馆，造成损失。这项控诉来自该大学的一些同僚，他们显然对斯帕兰扎尼抱有敌意。斯帕兰扎尼不得不经受审讯，他与日内瓦知名生物学家和生理学家查尔斯·博内（Charles Bonnet）关系紧密，在其帮助下，斯帕兰扎尼最终完全恢复原来的状态。1799 年 2 月，他在帕维亚因尿毒症昏迷而随之过世。

蒸汽机和第一辆汽车

说到蒸汽机的诞生，还不得不提到一次维修事件。回溯到 1763 年，托马斯·纽科门（Thomas Newcomen）建造的模型抵达了詹姆斯·瓦特（James Watt）的实验室，这里在过去几年一直是格拉斯哥大学的"精密仪器制造厂"。1712 年，纽科门制造了通过加热水获得低压蒸汽、推动活塞工作的机器。这一机器得到推广后沿用了几十年，但它的概念较为原始，工作效率极低。

当瓦特检查蒸汽机时，他意识到了该运作系统隐藏的基本缺陷：因为需要将水冷却而消耗了太多蒸汽，而且整个过程都发生在同一个环境中。瓦特因此重新设计了机器的核心，设置了双气缸，一个热气缸，冷气缸，让蒸汽在不同气缸分别交替加热和冷却。1769 年，他因发明了"减少蒸汽和燃料消耗的新方法"而获得专利。

改良以后，可以说蒸汽机已经成为一种有效的、可大规模运用的工具。事实上，这些应用也并非来得太晚：同年，法国人尼古拉斯·约瑟夫·库诺（Nicolas Joseph Cugnot）首次将改良蒸汽机安装在一辆三轮汽车上，其行驶速度达到了每小时 4 千米。

除此之外，蒸汽机还是被更多使用在矿山、盐矿、酒厂和钢铁厂的泵送抽运当中。到了后来，经过一些改进后，其应用才得以扩大，其中起决定性作用的便是气缸构造技术，其改造直接对机器的性能产生影响。约翰·威尔金森（John Wilkinson）想到了这一点，并发明了适配的工具（被称为活动镗床）。镗床最初是为制造加农炮而设计的，但最后几乎专供博尔顿（Matthew Boulton，瓦特的商业伙伴）和瓦特的公司，至少 20 年之久。

瓦特，机器和生意经营

1736 年 1 月出生于苏格兰格林诺克的詹姆斯·瓦特，发挥自己与生俱来的手作天赋，早早立志成为一名科学仪器制造商。在伦敦当完学徒后，他在格拉斯哥开了一家商铺。尽管瓦特五音不全、缺乏音乐感，但除了其他仪器工具制造外，他还制作了长笛、吉他和小型风琴等乐器。得益于他敏锐的商业意识，他还在自己的商铺里售卖从伯明翰购得的珠宝。如果说蒸汽机的"分离冷凝器"是他取得的最重要的发明成果，那么再加上其他对蒸汽机的改进，也是瓦特真正地将这台机器打造成了技术改革的工具，大大拓宽了它的应用范围。为了充分利用这些优势，瓦特与经济基础殷实的博尔顿展开了合作。随着工业革命的成形，博尔顿和瓦特的工厂成了国际技术的参考中心。尽管瓦特基本上是一个有自学文化的好工匠，但他对与知识分子圈的广泛交流也饶有兴趣。作为伯明翰月球社（Lunar Society）[1] 的成员，他与当时欧洲伟大的科学家们保持着书信往来，他的研究兴趣也扩展到了物理和化学问题。但瓦特的热情仍然投注在机器上，各种千奇百怪的机器制造专利他也获得不少，在把玩兴趣和商业运作之间游刃有余。他顺理成章地发明了办公室文字复制机——艺术界的设计和雕塑师。1819 年 8 月，他在伯明翰附近的希斯菲尔德去世，享年 83 岁。

热气球、汽车和蒸汽船

在瓦特的研究之后，蒸汽的使用继续激发人们的创意，尤其是在机动领域。在法国，雅克·埃蒂安·蒙哥尔费（Jacques-Étienne Montgolfier）和约瑟夫·米歇尔·蒙哥尔费（Joseph-Michel Montgolfier）兄弟用纸涂层布建造了一个直径为 12 米的热气球，他们于 1783 年 6 月 4 日首次成功地让气球飞往了安诺奈（Annonay）。维瓦莱（Vivarais）的一些州政府官员见证了这一壮举。气球上升到了 2000 米左右，在空中停留 17 分钟后，又前进了 2400 米后下降返回。热气球的航行只是作为发明原理的演示，气球上并没有载人。气球能飞行主要由于热气膨胀，热空气从而变

---

① 一个由自然哲学家、工业家、科学家等组成的学会。——编者注

得比相同体积的冷空气更轻。

经过更多的演示和实验后，蒙哥尔费兄弟一起建造了一个高21米、直径14米的热气球。1783年11月21日，让－弗朗索瓦·皮尔特雷·德·罗齐尔（Jean-Francois Pilatre de Rozier）乘载气球飞行器进行了首次载人飞行，在安全绳固定于地面的情况下上升了24米。这也意味着人类征服天空迈出的第一小步。两年后，罗齐尔再次在阿兰德侯爵的陪同下，成功地完成了巴黎的首次远程飞行。

大不列颠的瓦特在改进了蒸汽机之后，立即想到将其应用于地面的车辆上，并在1784年获得了专利。两年后，威廉·赛明顿（William Symington）制造了一辆双缸发动的汽车。

如果改良蒸汽机在陆地上能跑，那么在水上也同样可行。于是约翰·菲奇（John Fitch）将其运用于1787年第一艘蒸汽船的制造，只需将瓦特的机器装到一组桨上即可。虽然设计简单，但系统运行良好，船只甚至在短短三年后就开始航行费城—伯灵顿航线。

因此，热气球在法国诞生，蒸汽车在英国，而蒸汽船则是在美国，此时正逢1789年新宪法生效，乔治·华盛顿当选美国第一任总统之时。

蒙哥尔费兄弟的热气球人生

蒙哥尔费家族最早来自德国，从事着造纸业，兄弟俩传承了这一职业。两兄弟中创意出挑的要属约瑟夫·米歇尔，他缺乏理论思维，但实践性很强，普鲁士蓝染色和布料现代漂白工艺的发明也要归功于他。兄弟两中的另一个，雅克·埃蒂安则在巴黎设计教堂，出于对科学的兴趣，他还与一些学者建立了关系。

蒙哥尔费兄弟一同发展了许多项目，而且还有一个爱好将他们两人紧密连接：飞行。这在当时完全是不可能的。兄弟俩开始从不同的方向着手研究和测试，直到他们意识到热空气的膨胀可以减轻装载热空气的物体的重量，这一发现让他们终于能够征服天空，实现飞行的愿望。

在法国大革命期间，兄弟俩还为难民提供了庇护。雅克·埃蒂安于 1799 年 8 月去世，而约瑟夫·米歇尔则于 1809 年不幸突发中风，一年后，同样在荣光满载中去世。

青蛙、动物电和库仑定律

动物电的发现引起了两个伟大科学家之间的冲突。我们知道的是，事件始发于 1780 年 11 月 6 日，在博洛尼亚大学，解剖学家和生理学家路易吉·加尔瓦尼（Luigi Galvani）用一只剥皮的青蛙做了一个实验。事实上，他之前就曾试图用电将青蛙的脊髓连接到电荷发生器上，就像莱顿瓶的工作原理一样。在实验操作过程中，他造成了两栖动物下肢的收缩。但实验最重要的展现是即使没有电机，仅仅将脊髓连接到四肢肌肉，它们也会收缩。

最初，为了连接身体的两个部分，他先是使用了双金属材料，然后是单金属材料，结果并没有随之改变。即使仅将骨髓和肌肉直接靠近，也会产生同样的效果。事实难以知晓，按加尔瓦尼的解释，原因肯定出在青蛙身体固有的电里，他称之为"动物电"。

根据加尔瓦尼的说法，动物电由大脑产生，并通过神经分布在肌肉中，最后在肌肉里聚集。加尔瓦尼的实验造成了两条观点分水岭：和他一样认为身体存在电流的人，还有与之相反，用外部电荷引发某种刺激来解释这种现象的人。

科莫的物理学家和化学家亚历山德罗·沃尔塔（Alessandro Volta）也加入了这场辩论，他解释说，加尔瓦尼使用的双金属电弧移动了传输到肌肉的外部电流，刺激了肌肉运动。由于那个时代掌握的知识有限，两人之间的分歧被认为是无法克服和解决的，这使得加尔瓦尼一直到去世都坚持着自己的观点。然而，电生理学的经验继续发展，在新世纪的开端，沃尔塔终于能够为他的观点给出更准确的支撑解释。

彼时这两位学者分别在博洛尼亚大学和帕维亚大学任教，但对青蛙痉挛发作的原因的解释都各不相同，在巴黎，物理学家兼军事工程师查尔斯·奥古斯丁·德·库伦（Charles-Augustin de Coulomb）阐述了静电学和静磁学的定律，并将其收录于 1785 年至 1789 年间出版的 7 部回忆录中。因此，对于第一个定律他如是说："两个具有同种电荷的带电球体之间的排斥力与这两球中心之间距离的平方成反比。"

随后，他还研究了电流和磁流体的特性，它们在导电体中分布但并未渗透其中，以及带电体如何根据环境条件放电等。最后，他解释了由分子构成的磁流体的特征，它的每个分子的极性都像一个微小的磁针。在实践中，库仑通过将并非时时严苛的理论评估和实践运用相结合，并与牛顿力学建立关联，从而编写出了电磁学的基本规则。1881 年在巴黎举行的国际电力大会上，他的研究成果得到了广泛认可，也是在这次会上，电荷的实际单位被命名为"库仑"。

加尔瓦尼，宣誓下的悲惨境遇

路易吉·加尔瓦尼因宗教原因失去了在博洛尼亚大学的职位。他还拒绝宣誓效忠拿破仑在意大利北部建立的山南高卢（Cisalpina）共和国，因此受到了驱逐。在加尔瓦尼看来，宣誓中含有与他的宗教情感相反的表达，他因此无法接受。事件发生在1798年，这时加尔瓦尼61岁（1737年9月9日出生在博洛尼亚）。他丢掉了工作后，境遇悲惨，几个月后，一些朋友出手相助，他本可重新掌管学院，却在人生最糟糕的一年——1798年12月4日去世。在加尔瓦尼活动的早期，他在研究青蛙之前还研究了鸟类的耳朵，后来这些成果却被一位杰出的同事、帕维亚大学教授，威尼斯人安东尼奥·斯卡帕（Antonio Scarpa）大量挪用，以自己的名字发表。加尔瓦尼自然是对这样的剽窃行为嗤之以鼻，但因他本人生性内向，不愿挑起争议而不了了之。他顶多是在后来即将出版的一部作品的序言中宣称了自己的发现，但也只是徒然。再后来，命运最终决定夺走了他的生命。

库仑，从军事到物理学天才

离开马齐耶尔（Mazières）军事天才学校后，库仑被派往马提尼克岛，在那里待了7年后，他的健康状况堪忧。但他的物理学和军事工程天赋并没有受到任何影响。反而他的兴趣越来越广泛，从建筑静态延展到丝线的扭转力。但正是那些小球体根据电磁力相互吸引或排斥的物理特性，使他走上了以其名字命名定律的圣坛。1736年，查尔斯·奥古斯丁·德·库伦出生于法国大革命爆发时期的安古列姆（Angoulême），转眼间变成军事精英中校的库仑，又因科学发现而闻名遐迩，但他毅然放弃政治道路，递上辞呈后过起了隐退的生活。然而，他的研究生涯却没有止步，直到崇尚科学的拿破仑（他尤其热爱数学）任命他为公共教育总督。库仑于 1806 年去世，享年 70 岁。

天王星的发现和银河系的定义

天文学在这一时期也同样取得了不少成就，这主要归功于从太阳系出发而进行的直接观测。其中的领军人物弗里德里希·威廉·赫歇尔（Friedrich Wilhelm Herschel）便是科学界的翘楚，他出生于德国，长在英国。凭借自身的工程学技能，赫歇尔自己制造了包括一些望远镜在内的仪器。其中性能最强大的一架望远镜，产于 1789 年，其镜面直径达到 1.47 米，焦距 12 米。

但赫歇尔的发明故事可追溯到更早，1781 年 3 月 13 日晚上，当他正在观察双子星座时，发现了一颗轮廓分明的星星，而这颗星显然不可能是恒星。他马上又想象这是不是一颗彗星，但更多的调查和记录发现让他意识到，他所面对的是一颗新行星，后来由天文学家博德（Bode）称为"天王星"。

天王星再一次拓宽了太阳系的边界，成为继古代以来，广为人知的 5 颗行星之后的第 6 颗行星。赫歇尔的研究工作精确至极，他甚至探测到了天王星轨道上的异常活动。这些结果具有其重要性，因为从理论上来说，它们为之后确立海王星的存在建立了前提。

但这位伟大的天文学家的抱负远不止这些。他计划进一步研究银河系、恒星之间的距离和宇宙的形状。因此，他启动了更加细致烦琐的勘测，以首先确定我们所栖息的"星岛"的大小和形状。这对于当时的研究仪器来说是项艰巨不已的任务。

尽管如此，赫歇尔还是成功完成了一些重要指标。他首先建立了银河系的身份体系，它看起来就像一张平坦的圆盘，星体在靠中心的地方聚集更多，往远处的一端零星分散。在他的观察中记录了多个星云的存在（他后对 2000 多个星云进行了分类）。法国的查尔斯·梅西耶（Charles Messier）也在开展这项工作，但因为没有赫歇尔那样先进的仪器辅助，他的研究条件更为艰难一些，以至于他都无法解释眼前所见是气体云还是星团。

另一方面，英国人赫歇尔还首次确定了银河系之外还有许多其他行星，甚至在后来承认存在仅由气体形成的星云。

再回到行星上，仍然是赫歇尔测量出了火星轴 24 度的倾角，这几乎等同于地球，他还指出火星球体的两极存在冰盖。所有这些火星相关的信息让它和我们的星球更加相像。而俄罗斯的米哈伊尔·瓦西里耶维奇·洛蒙诺索夫（Mikhail Vasilyevich Lomonosov），在前往纽芬兰和圣赫勒拿岛测量金星凌日距离的探险落空后，他认识到，由于行星须被大气层包裹，使其轮廓界限模糊，因此无法确定其进入和离开太阳系的准确时间。他还补充到，如果云层是恒久性的，这也解释了云层由太阳光的反射所引起的光亮度，还有其表面被遮盖而缺乏确切的特征。

赫歇尔，从音乐到星球

赫歇尔的生活可以从他在汉诺威卫军乐队演奏双簧管时说起，但其实他的小提琴和大键琴演奏水平也毫不逊色。赫歇尔于 1738 年 11 月 15 日出生在这里，因为法国的入侵，他后来离开了汉诺威而去往伦敦，在那里依靠音乐，通过演奏、作曲得以谋生。有传闻说，赫歇尔在 35 岁时读到的一本天文学书让他转而研究天空的科学，但因学路无门，他还是一边继续靠音乐糊口，一边钻研镜面的制作。就这样他最终造成了望远镜，用来观测天空。

赫歇尔一生制造了 430 个望远镜，大多售卖给天文学家们，另外的买家还包括英国国王和俄国的叶卡捷琳娜女皇。他的观星技艺变得愈发精湛，直到后来成功发现天王星而功成名就——乔治三世国王除了对他的认可之外，还保证他每年有 200 镑的饷钱。于是赫歇尔停止演奏，和同样钟情天文学的妹妹卡罗琳·卢克雷蒂娅·赫歇尔（Caroline Lucretia Herschel）一道，全身心投入到星空的研究当中。在积累了一定的财富后，他与寡妇皮特成婚，他们的儿子约翰，之后也成为一名天文学家。

伟大的成就和荣誉伴随着赫歇尔的一生，时光荏苒，直到 83 岁，他都一直仰望观察着星空。后一年，即 1822 年 8 月 25 日，他在英国斯劳（Slough）去世。

化学，"没有什么被创造，也没有什么被破坏"

一本书拉开了现代化学的帷幕，该书名叫《化学基本论述》（*Traité*

élémentaire de chimie），由作者安托万–劳伦特·拉瓦锡（Antoine-Laurent Lavoisier）于 1789 年在巴黎出版。当时的巴黎正被革命所淹没，贵族们纷纷逃离，巴士底狱频受攻击。这本书几乎以说教的形式解释了与炼金术再无关系的化学学科，同时包含了拉瓦锡自己的所有发现。其最重要的原则是，自然界中"没有什么被创造，也没有什么被破坏"，也被称为"物质守恒定律"，它明确，在一个封闭系统中，即任何东西都不能进入或退出此系统，不管它可能经历什么样的物理和化学变化，其中的物质质量始终保持不变。

其实拉瓦锡的职业并不是化学家，他起初因为反对"燃素说"（Phlogiston）理论而开始了自己的研究，因为光"燃素"这个名字就已经散发出炼金术的味道。"燃素说"认为人体不仅是由物质形成，而且还存在着一种"精神"，它轻巧且易燃，正是"燃素"，在发生反应时转化为热或以火焰的形式出现。

空气问题也是这位巴黎学者的研究兴趣之一，它当时仍被视为万物元素之一。而拉瓦锡却能够通过区分其氧和氮的含量来解释其组成。后来，他还讨论了燃烧以及酸的形成的问题，并与其他科学家一起探究定义了一种化学命名法，以语言和物质进行排序。

尽管拉瓦锡有着公认的伟大科学功绩，但他还是沦落为法国大革命的受害者，并最终被处决。

那些年的化学界还产出了其他两个人物，虽然不及拉瓦锡出名，但就其取得的成果而言，他们的地位同样举足轻重。其中一位是约瑟夫–路易斯·盖–吕萨克（Joseph-Louis Gay-Lussac），他重拾一些现有的研究，确立了"气体体积随温度产生变化"的规律。另一位化学人物是约瑟夫－路易斯·普鲁斯特（Joseph-Louis Proust），他逃离法国大革命在西班牙工作时发现，一些化合物只能以精确的比例存在。他首先用碳酸铜证明了这一点，然后再用到了其他化合物，所谓的"比例定律"从而成型，也称为"普鲁斯特定律"。

拉瓦锡，化学和断头台

"他每天早上6点钟起床，投身科学研究两个小时，再加上晚上7点到10点的时间。他每周都会花一整天时间来做实验。"拉瓦锡的妻子玛丽·保尔泽（Marie Paulze）如此描述一直与她很亲近的丈夫，她常常在一旁做笔记记录丈夫的研究。拉瓦锡于1743年8月26日出生于巴黎，延续家族传统毕业于法律专业，走入化学领域完全出于个人兴趣。1766年，他因一座大城市的路灯工程项目获得金牌奖章，但还是他个人的学习努力以及与当时重要知识分子的关系帮助他成为一名伟大的科学家。尽管拉瓦锡每天大部分时间都忙于税收机关的事务——为国王在巴黎销售的产品征税。后来，也正是这份工作让他受到审判。法国大革命推翻了旧王朝后，下令逮捕包括拉瓦锡在内的所有税收部门成员。拉瓦锡所有为自己辩护的理由、功绩和科学发现在革命面前都显得一文不值。他被指控"与法国敌人共谋"并接受审判，最终拉瓦锡在1794年5月8日被送上断头台。

公制系统

18 世纪晚期的化学领域由法国人主导。还是在巴黎，法国大革命促成了一种测量系统的诞生，这一系统也将受到科学家乃至普罗大众的追捧。为了简化现行的计量系统，1790 年，应制宪会议的要求和科学院的干预，任命了一个由各界著名人士组成的委员会，成员包括皮埃尔－西蒙·德·拉普拉斯（Pieere-Simon de Laplace）、约瑟夫－路易斯·拉格朗日（Joseph-Louis Lagrange）和拉瓦锡等。他们建立了一个基本的测量单位——米，所指是地球上北极和赤道之间距离的千万分之一。其他在此之上增加的单位，无论大小，都可以通过乘以或除以 10 得出。这也就是为什么新的系统也被称为"十进制"。公制系统的逻辑和简单概念为它带来了全球性的普及，其应用遍布五大洲。但这一切发生得并不是那么顺利。首先是需要克服习惯于过去的系统而引起的抗拒；其次，公制系统被视为法国大革命的产物，因此遭到了一些人的反对。即使在今天，美国和一些盎格鲁－撒克逊国家也没有采用公制，至少在官方层面上是这样。无论如何，公制的确已经成为真正的国际计量系统。

工业革命和疫苗接种

18 世纪后半叶，蒸汽机的发展和纺织机械的普及促使了英国的经济扩张，进而滋润了工业革命的土壤，在接下来的 19 世纪头几十年中，工业革命将扩展到法国和德国，然后到了意大利。工业革命实际上是科学革命的实践成果，科学革命引领了技术的快速发展。

18 世纪末，在多产的英国，还有另一项成就，值得让人类俯首感谢智慧聪颖的医生爱德华·詹纳（Edward Jenner）。1796 年 5 月 14 日，他从患有"牛痘苗"的挤奶女工莎拉·内尔姆斯（Sarah Nelmes）手上的脓包取出一种物质，并将其注射在一个健康的 8 岁男孩詹姆斯·菲普斯（James Phipps）的手臂上。奶牛的这种疾病表现症状为奶牛乳房上的脓疱，它并不致命，挤奶工因为工作经常感染这种疾病。小男孩注射了牛痘后症状轻微，最重要的是还验证了另一个重大成果——牛痘接种阻隔了接种人感染致命的人类天花，天花不仅破坏皮肤，还会造成性命危险。比如法国国王路易十五因天花丢了性命，美国第一任总统乔治·华盛顿也因天花毁了容。

而挤奶工却一直保持着皮肤的红润。这一事实众所周知，以至于在将近 80 年的时间里，看到了那些在初次感染后、幸存下来而不再感染生病的人后，人们便一直在进行天花接种。但要试图注射从一名非重型患者身上提取的受感染物质，还是要冒很大风险的。

詹纳研究了天花疫苗，并观察了其对感染者的影响，在采取了一系列的尝试后，在小小年纪的菲普斯身上做了实验。正如预测的那样，疾病表现症状轻微，不久后便痊愈。几个月后，詹纳给菲普斯注射了人类天花，以观察其表现。结果小男孩仍然健健康康、活蹦乱跳。詹纳由此将他的实验扩展到了其他人身上，取得了同样的结果。

当詹纳医生将他的发现报告提交给皇家学会进行正式评估时，他却收到了令人失望的答复。专家们以"缺乏足够证据"为由对詹纳的结果予以了拒绝。其后，詹纳打印了一本 75 页的小册子来传播他的发现，使得其他医生也尝试了他的方法并取得同样的成功案例。就这样，如詹纳所称的"疫苗"接种在欧洲和美洲铺展开来，以至于到了 1800 年就已经有 10 万人接种疫苗。

直到 1810 年末，詹纳才在英国国内和美国获得认可。天花成为第一种已经开发出实现人类免疫方法的流行性疾病。

詹纳、布谷鸟和天花

爱德华·詹纳最早出名还是作为观鸟者的时候。他是一位乡村教区牧师的儿子，1749 年 5 月 17 日出生于格洛斯特郡的伯克利（Berkeley, Gloucestershire）。即使后来成为伦敦圣乔治医院的一名医生，詹纳的乡间背景滋养了他的自然主义血脉，怀抱热情，不断生根，尤其是在回到家乡后。那段时期，詹纳的主要兴趣在于布谷鸟，并根据自己的观察结果写了一本书，这本书帮助他入选了皇家学会。

但 1778 年，格洛斯特郡暴发了一场大规模的天花疫情，这使他开始认真考量坊间流传的观点，即挤奶工不会感染人类天花，因为他们在此之前已感染牛痘。此外，他还听说了玛丽·沃特利·蒙塔古爵士夫人（Lady Mary Wortley Montagu）从土耳其捎回来的故事，说是他们在土耳其尝试给人们注射了天花疫苗，效果很好。

就这样，詹纳始终用科学标准进行实验，直到找到战胜疾病的方法。1823 年 1 月 26 日，他在自己的家乡伯克利身披荣光，与世长辞。

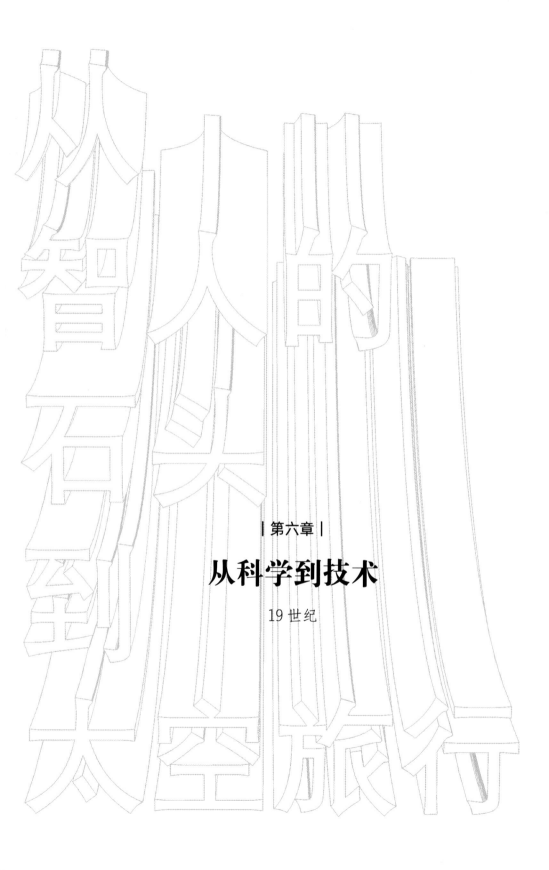

| 第六章 |

从科学到技术

19 世纪

从伏打的电堆到皮亚齐的第一颗小行星

欧洲的 19 世纪，在拿破仑的统治和亚历山德罗·伏打（Alessandro Volta）的发明中拉开帷幕，两人共同象征着新世纪的特色。科学和技术之间的联系越来越紧密，1804 年建立帝国的拿破仑要求基础研究向可能的实际应用转化。

伏打在 1800 年 3 月 20 日写给英国皇家学会约瑟夫·班克斯爵士（Sir Joseph Banks）的信中描述了电堆的想法。伏打已经为这一结果伏案 8 年之久，那时候加尔瓦尼关于青蛙下肢的电流性质的争论仍在持续。然而这些讨论也并非毫无作用，至少它们最终使得这位来自科莫的科学家对这一现象做出了真正的解释——两个不同导体的接触总会带来电势不平衡。从这一点出发，继而过渡到伏打最重要的发现：电堆。实验中，他先用到盛有水和盐的托盘，托盘之间用金属环的两端连接，一端是铜，另一段采用铝或锌金属，分别将其浸入并列摆放的托盘容器中。在被金属环钩住的容器链中，通入电流。

装置运行正常，但伏打立马又运用工程化操作改进了实验设施，正如现代人所说，让装置更加便于使用。他因此发明了一系列的圆盘，用来取代金属环和容器，并且让圆盘相互重叠并保持接触状态。从底部开始，先是铜片，然后是锌片，再是纸板，浸泡在水和盐中，然后再加上铜、锌和纸板，就这样重复叠加。电堆通过的电流甚至超过了卡文迪许（Cavendish）在英国完成的尝试——卡文迪许曾试图组装一组"莱顿瓶"，以达到同样的效果。

这一发现一经公布后，大大刺激了电流领域研究的蓬勃发展。1801年，伏打将实验结果提交给法兰西学会，交由第一任领事波拿巴的手里。拿破仑对此印象深刻，并宣布为电力领域研究拨款 6 万法郎的奖金，并命令巴黎综合理工学院制造出比以往规模都更大的电堆。当然，拿破仑当时的意图是法国应该凌驾于一切之上，走在最前沿。

在 19 世纪，还有另一项发明让科学家们津津乐道。这一次涉及的是天文学家们，他们探讨的问题是为什么火星和木星的轨道之间什么都没有。根据提丢斯和波得（Titius，Bode）两位学者提出的经验定律，在研究了太阳周围的质量分布后，他们认为在行星轨道间一定存在某种介质。为了更深层次地探究这个问题，《月度通讯》（*Monatlich Correspondenz*）杂志的主任弗兰兹·冯·扎赫（Franz Xaver von Zach）专门在德国的里连塔尔（Lilienthal）召集了一组天文学家进行深度研讨。

然而那些天里，幸运之神并没有飞往德国，而是飞向了意大利的西西里岛。在巴勒莫天文台，来自瓦泰利纳（Valtellina）的宗教学和天文学家朱塞佩·皮亚齐（Giuseppe Piazzi）正在编写一份将于 1814 年出版的恒星目录。1 月 1 日的晚上，他观察星空时，发现了一颗星体，第二天晚上该星体相对于其他星星还发生了位移。他将这一发现告知冯·扎赫，但因为收信的延迟，扎赫没有办法观测到星体，因为在延迟期间，这颗离太阳太近的星体已经变得不可见。让整个事件难上加难的是，皮亚齐此时身患顽疾、卧病在床，无法再使用望远镜。

至此，人们还是不知道这个新的天体到底什么来头，似乎它就已经消失不见了。这时，数学家、物理学家卡尔·弗里德里希·冯·高斯（Karl Friedrich von Gauss）重现了星体。根据皮亚齐那里收集到的少量数据，他计算出 1801 年 12 月 7 日在处女星座还有再次见到该星体的可能性。最后，多亏了意大利的观星人和德国的数学大师的强强联合，我们才能发现这颗飘忽不定的天体，它也是火星和木星之间发现的第一颗也是最大的小行星，直径 940 千米，被称为"谷神星"。提丢斯和波得的定律被证明是正确的。

另一方面，赫歇尔仍继续观察着星空，他发现我们的太阳系及其行星阵列在宇宙中朝着以女床一（Pi Hercules）为代表的精准方向逃离，女床一星位于武仙座中。尽管赫歇尔最初持怀疑态度，但他后来确信双星的存在，也就是说，围绕一个共同的重心旋转的成对恒星是存在的。因此，这并不像他想象的那样仅仅是透视效应，这证实了牛顿定律的有效性，即使在宇宙深处也是如此。

伏打的坎坷情路以及拿破仑的赏识

伏打于 1745 年 2 月出生在意大利科莫，谁曾想到这个 7 岁才张口说话的"问题小孩"会成为继伽利略之后不可多得的实验物理天才？父亲菲利波是贵族，母亲是伯爵夫人麦达莱娜·因扎吉，伏打后来居上，变得性格外向，善于社交，热爱体育。后来伏打成了科莫学院的院长、帕维亚大学的教授，从他的成名作起电盘（elettroforo）开始，伏打陆续创就了一系列发明。然而，伏打的感情生涯就没有那么幸运了，他曾想娶女高音玛丽安娜·帕里斯为妻，但因为家人的反对被迫娶了玛丽娅·佩雷格里尼。对这样的选择他也不需后悔，玛丽娅操持有方，很好地管理了家财所有。此外，他们还有 3 个孩子，但其中最受宠爱的的儿子（因为他对科学很感兴趣）在很小的时候就去世了。伏打尊重权力，钦佩拿破仑，拿破仑以荣誉、金钱和贵族头衔犒赏伏打，并希望他加入山南高卢共和国的组织工作。1819 年，年老和痛疾迫使他退休回到科莫，拖着痛苦和日渐远离科学发现的身心隐居起来。1827 年 3 月，伏打逝于科莫。

皮亚齐，小星球的发现和那不勒斯的召唤

皮亚齐既是一位教授、传教士，也是天文学家。他行行都做得很好，这还要归功于他偶然发现的小行星——他更喜欢称之为"小星球"。皮亚齐于 1746 年 7 月出生于瓦泰利纳的庞特，是戴蒂尼（Teatini）教团的一名宗教信徒，他毕业于罗马大学的哲学和数学专业。1787 年，皮亚齐被波旁王朝选为巴勒莫天文台的主任。就这样，接到任命的皮亚齐前往巴黎和伦敦学习天文学，期间遇到了赫歇尔等人。

回到意大利后，他将皇家城堡的圣尼法塔改造成一座天文台，并在这里开始对星星们进行研究分类。其后，波旁王朝又派他去那不勒斯完成由吉奥奇诺·穆拉特（Gioacchino Murat）发起的天文观测站项目。尽管这里魅力不凡，但皮亚齐的确不大中意帕耳忒诺珀（Partenopea，即那

不勒斯）之城。尤其因为趁他不在岗时，分配给天文台的资金被挪作他用，类似事情的发生迫使他不得不在那不勒斯停留更长的时间。1826 年，在炎热的 7 月，皮亚齐逝世于那不勒斯。

气体定律和阿伏伽德罗定律

19 世纪的第一个十年对化学界来说特别令人振奋。这一时期的主角是英国的约翰·道尔顿（John Dalton）、威廉·亨利（William Henry）和法国的盖–吕萨克（Gay-Lussac），他们成功确立了一些气体遵循的规律。亨利和道尔顿两人本来就是朋友，两人也会就一些研究一同工作。例如，关于气体在液体中的溶解度研究就是两人合作进行的，亨利得出的结果显示，溶解的气体量与气体的压力成正比，就此形成了以他的名字命名的定律，即亨利定律。在他之前，道尔顿同样发现了另一条定律，即混合气体分压定律，而盖–吕萨克则定义了气体化合体积定律。

然而道尔顿的另一项工作则将掀起更多的波澜。它涉及两种元素可以不同比例结合，以及原子论的创立，当时这一理论的接受度并不广。他再次提出了原子组成物质的概念，这也是德谟克里特在公元前 440 年的普遍设想，道尔顿用近一个世纪积累的化学知识进而丰富了这一概念。此外，他于 1805 年发表了第一张原子量表，后来又详细阐述了元素符号。

英国人道尔顿的思想后受到意大利科学家阿梅迪奥·阿伏伽德罗（Amedeo Avogadro）的继承和发展，阿伏伽德罗由此第一次区分了原子和分子，分别称它们为基本分子和组合分子。他还创立了一个原理：在同等温度和压力下，相同体积的气体包含相同数量的分子。这一想法遭到了当时最重量级的科学家们的强烈反对，尤其是道尔顿和贝采里乌斯（Jöns Jacob Berzelius），他们代表着那时化学界的最高权威。

不幸的是，这些批评的确很有分量，"颇有成效"地导致阿伏伽德罗的理论被尘封半个世纪。直到 1858 年，经过另一个意大利人斯坦尼斯劳·坎尼扎罗（Stanislao Cannizzaro）的努力，阿伏伽德罗的原理才重新浮出水面。坎尼扎罗重申了这一原理的重要性，他强调通过原理可以确定气体的分子量，从而有助于呈现分子的不同结构。

坎尼扎罗对原理的阐述被大力宣扬，并在 1860 年于德国卡尔斯鲁厄举行的一次会议上展示。从那时起，阿伏伽德罗原理才为人们所熟知、传播并得到了有效的应用。

阿伏伽德罗，化学与沉寂

关于他，人们会写道："虔诚而不偏狭，博学而不迂腐，聪明而不炫耀，不在乎财富，更是不在乎荣誉。"他的发现被搁置了半个世纪，正是由于其他人的努力，这些发现才得以重现。但如果将失败全部归咎于阿梅迪奥·阿伏伽德罗倒真是不太公平。阿伏伽德罗于 1776 年 8 月出生在都灵的一个富裕家庭，他的父亲是一名高级地方法官，他自己也毕业于法律学系，后来在各个公共行政部门担任管理职务。同时，他还对物理和化学有所研究，直到后来这些学科最终成为他在维切利皇家学院和都灵大学学习的专业，在都灵大学他被任命为"升华物理"（fisica sublime，即数学物理）的第一任教学主席。

阿伏伽德罗研究成果的传播受限也与意大利当时的状况有所关联。国际上，意大利这个国家，在科学方面没有受到足够的认可，其发行杂志也很少流往国外。但因性格腼腆，阿伏伽德罗从不抱怨自己没有取得应有的成功。1856 年 7 月，他一如往常，在沉寂中离世。一年后，为了纪念他，都灵大学竖起了一座阿伏伽德罗的半身像。

船只和蒸汽机

拿破仑在 1813 年的莱比锡会战和 1815 年的滑铁卢之战后倒台，以及随后的"复辟"，都为科学界带来负面影响，激励变少，控制增多。随着新世纪的开始，人们越来越关注技术在家庭场景中的实际应用。天然气的使用就是在这时出现的，人们通过密闭管道输送天然气并将其用于照明。到了 1816 年，伦敦已经拥有 40 千米的照明道路。在工厂使用天然气照明还能延长工作时间，生产一些产品，提高工厂设备的利用率。

交通也在这时受到了高度重视。瓦特的蒸汽机得到改进和完善后，可以提供很好的高效表现（如高压蒸汽的使用），从而被更加广泛地运用。英国的理查德·特雷维希克（Richard Trevithick）首先在公路上试验蒸汽列车，然后在 1804 年设计了一种能够在 15 千米长的铸铁铁路上牵引 10 吨负载的火车头。这种新型交通工具能够以每小时 8 千米的速度行驶固定路线距离，同时还证明了铁轮和钢轨之间的摩擦力足以实现移动和牵引。

尽管火车头的出现最开始很难让人接受，但铁路还是就此诞生了。英国人罗伯特·斯蒂芬森（Robert Stephenson）在特雷维希克陷入财政困境时认识了他，给予其帮助，并于 1825 年建造了第一辆蒸汽火车，但这辆火车显然还不够高效。1828 年，斯蒂芬森有了更好的成果，他设计了带有四个耦合车轮的"兰开夏女巫号"（Lancashire Witch），它也是第一辆能够以不同速度运行的、真正意义上的火车头。后来标志其成就的还是斯蒂芬森与父亲一起设计的 4.2 吨重的"火箭"火车头，1829 年 10 月在莱茵希尔（Rainhill）进行的测试中"火箭号"脱颖而出，成功被选为在利物浦—曼彻斯特铁路线上使用的机车。

第二年，斯蒂芬森与其前竞争对手约翰·雷尼（John Rennie）一起创建了第一家机车制造厂。为了让钢轨更加稳定和安全，他们采用了将木枕放置在大量石屑上的方法。到 1830 年，英国已有 26 辆机车投入使用，还有 6 辆出口到了法国和美国。

轮船的发展也与之类似。英国人威廉·赛明顿在 18 世纪末进行了一些尝试后，于 1802 年对蒸汽机进行了不同的装置改造，以便将其直接接到桨轮上，他由此成功建造了"夏洛特·邓达斯号"（Charlotte Dundas，他的赞助人邓达斯勋爵的妻子）轮船，该船在强逆风的条件下航行了 31.3 千米，同时拖曳两艘各载 70 吨货物的船只。

这一结果激发赛明顿继续他的尝试，尽管他还有重重困难需要克服，比如一些法律问题。博尔顿和瓦特就曾斥责赛明顿没有规范使用他们的发动机，指他卸下了一个元件（蒸汽冷凝器），违反了蒸汽机专利的使用权。

另一位金融家布里奇沃特（Bridgewater）公爵，对夏洛特号的测试兴奋不已，委托赛明顿建造 8 艘船在他的运河中航行。然而在 1803 年，公爵突然去世，他的继任者们取消了这一项订单，因为他们担心在船只的使用过程中，其通行掀起的波浪会波及并损毁河岸。

参与了夏洛特号试航的还有一位来自美国的有志人士罗伯特·富尔

顿（Robert Fulton），他最初是出于艺术追求来到了欧洲。在巴黎，他曾从事过潜水武器相关项目。1801 年，他在拿破仑的资助下建造了一艘"鹦鹉螺号"（Nautilus）基础潜艇，但这艘潜艇并没有激起人们太大的兴趣。

两年后，他再次尝试发明，造了一艘蒸汽船，意图在塞纳河上载客航行。但这次尝试给他带来的是再一次的失望。但随着与美国金融家们建立起的关系，富尔顿成功获得了资助者们的同意和支持，建造了一艘新型蒸汽船，同样按照他的要求，配备了博尔顿和瓦特公司的发动机。这艘蒸汽船的功率为 18 马力，由一个直径为 4.57 米的桨轮驱动。富尔顿先是给船只起名叫"汽船"（The Steamboat），后改称"克莱蒙特号"（Clermont）。1807 年 8 月 17 日，克莱蒙特号在哈得孙河上进行了首次航行，在 32 小时内航行了 240 千米，打破了 170 千米的帆船航行纪录。

热爱艺术和炮艇的富尔顿

来自美国小不列颠镇的罗伯特·富尔顿从来不曾完成过常规的学习。他总是充满奇思异想，也热爱艺术。富尔顿在费城开始学习画画，到了 21 岁时（生于 1765 年），抱着对艺术家生活的憧憬前往伦敦。但在忙着纺线和切割大理石的同时，他通过制造不同类型的机器发挥了自己的发明才能。受到拿破仑时期巴黎的吸引，他再次搬迁，来到了这座"光之城"（Ville Lumière）。然而，他的坎坷命运也仍在继续。到了后来，"克莱蒙特"的成功终于改变了他的生活。他开始建造不同的航海设施，包括一艘鱼雷艇、一艘渡船，甚至还有一艘以他的名字命名的军舰（因为他没能目睹军舰航行就去世了）。与欧洲对富尔顿漠不关心的态度相反，美国除了向他订购船只、保障一定的财富外，还给予了他应有的荣誉表彰，以至于 1815 年 2 月富尔顿去世时，纽约国会下令进行为期 30 天的公共哀悼。

斯蒂芬森，火车上的一生

3 年的时间里，罗伯特·斯蒂芬森一直是哥伦比亚的掘金者。正是在那里，他遇到了特雷维希克，并有机会给予他帮助。他们的相识可能是命中注定，因为不久之后，斯蒂芬森也开始与父亲一起设计机车，此前他的父亲拥有一家发动机工厂。斯蒂芬森确实不负期望，成为一名连续的机车制造家。接着他又开始修建铁路，他的版图不仅限于他 1803 年 10 月出生的英国（威灵顿码头），还延展到了包括加拿大和挪威在内的其他国家。他对桥梁情有独钟，建造了风格迥异的桥梁，让铁路和普通道路在桥下通行。1859 年 10 月，他于伦敦早逝，享年 56 岁。

拉马克的进化论和叶绿素

在 18 世纪，林奈就已经开始用他的分类学为动植物世界分门别类。这条道路上的第二个留下烙印的是法国人让 - 巴蒂斯特·拉马克（Jean-Baptiste de Lamarck），他在 19 世纪的第一个十年试图深化当下关于生物受进化影响这一假设的讨论。与此同时，他开始区分脊椎动物和无脊椎动物，并广泛使用"生物学"一词。拉马克是一个自学成才的人，他从花卉起步着手自己的研究，然后转向他热衷于收集的软体动物。他还从事了其他领域的工作，策划了一些物理和化学学科的出版物，并对拉瓦锡持反对意见。然而，在这场冲突中，政治立场似乎比科学更加显形。拉马克站在共和国一边，而拉瓦锡这位伟大的化学家则坚守君主制思想，最后如我们所知，他被送上了断头台。

1809 年拉马克发表了一本书《动物哲学》（*Philosophie Zoologique*），书中他指出动物在他称为"内在感知"的推动下不断进化，并且本着"用进废退"的原则。他认为，进化是由每个个体适应必须面对的环境问题而决定的，这导致身体受影响部位会发生越来越显著的复杂变化。而一些情况又会造成偏差，因此就出现了分支，第一个偏差的分支就将植物与动物区分开来。简而言之，对于拉马克来说，林奈所支持的物种学说并不存在稳定性。在他撰写的题为《无脊椎动物历史》（*Historire naturelle des animaux sans vertèbres*）的七卷书的导言中，他构建了一个庞大的系统性动物群的种系发育树，学者们认定这是拉马克对进化论的阐述达到的制高点。

1817 年，两个法国化学家，皮埃尔-约瑟夫·佩莱蒂尔（Pierre-Joseph Pelletier）和约瑟夫·比奈姆·卡文图（Joseph Bienaimé Caventou）已经因分离出如奎宁和士的宁等多种物质而闻名，他们接而从植物中成功提取出一种绿色化合物，这种化合物被他们命名为"叶绿素"（chlorophyll，来自希腊语的"绿叶"）。直到 1837 年，另一位法国人亨利-约阿希姆·达特罗切特（Henri Joachim Dutrochet）才明白，这种物质能够保留阳光散播的能量，将二氧化碳和水转化为氧气和植物组织。这也就是光合作用的现象。

拉马克，被遗忘的进化论

拉马克于 1744 年 8 月出生于皮卡第的一个衰败贵族世家。为了拉马克的未来打算，他的父母将他安排到了教会事业中，但在他 15 岁的时候，父亲去世了，拉马克就此放弃从教，入伍了掷弹兵团，后来去了威斯特伐利亚打仗。由于天性不安，他很快离开了军队，搬到巴黎，在一个银行家那里找了一份会计的差事。闲余时间，他发挥自己真正的兴趣，从植物学起步，投身自然主义研究。随着法国大革命的到来，拉马克当即选择了站在共和国这边，并担纲了一些行政职务。在他的提议下，国王花园（Jardin du Roi）及其藏品被重新规划改造成巴黎植物园（Jardin des Plantes），植物园由此成为欧洲重要的自然主义中心。在这之后，拉马克的进化理论出现了，尽管他的理论极具重要性，而且多年来引发的讨论甚至扩散至法国以外，但当拉马克于 1829 年 12 月去世时，他几乎为科学界所遗忘。

安培的电磁学和欧姆的电阻

1820 年，丹麦物理学家汉斯·克里斯蒂安·奥斯特（Hans Christian Ørsted）进行的一项实验引发了电现象知识的革命，从而形成了能够统一电和磁现象的理论。理论后来甚至对爱因斯坦的相对论也有延伸影响。实验中，奥斯特将一根磁针靠近电流通过的电线时，发现磁针会偏转方向。据奥斯特所说，偏转是由导体电缆和周围空间发生的"反应"造成的。这样就产生了能够作用于物质的磁性粒子的"漩涡运动"，正如磁针摆动所显示的那样。这一实验结果激发了人们的兴趣，同时带来困惑，因为它似乎打破了吸引力和排斥力沿直线传播的理论。这时法国物理学家安德烈·玛丽·安培（André Marie Ampère）出现厘清了问题，在证明一切都遵循牛顿定律后，他通过一个简单的实验强调了磁性的电学性质。当他把两根电线靠近，并以同一方向在电线内通电时，电线会互相排斥；而如果通电方向相反，电线则会相互吸引。因此证实电线携带电流时，它们也会获得磁性。就这样，在安培的研究下，电动力学诞生了。因此，如奥斯特所假设，也没有矛盾的"漩涡运动"。"在牛顿哲学原理的指导下，"安培写道，"在总是遵循两个粒子之间直线连接的作用力下，我重现了奥斯特观察到的现象。"

而关于电流如何在导线中流通，1827 年，德国物理学家乔治·西蒙·欧姆给出了定义。他发现所承载的电流量与导线的长度成反比，而与导线的横截面积直接成正比关系。所用电缆的阻力因此十分明显。随后他还补充道："通过导体的电流与电势差成正比，与电阻成反比。"他的这些观点汇集起来成了著名的"欧姆定律"，电学物理的基本框架也就此更加完整，再注入新的认识后，相关的重要实际应用也将很快实现。

安培，健忘的天才

安培这个人容易分心、轻信于人、聪明、乐观、沮丧、天真、易怒，他的朋友让·弗朗索瓦·多米尼克·阿拉戈（Jean François Dominique Arago）还强调说："安培是个即兴的人，他从来不做计划。"安培动荡的人生充斥着麻烦和不幸，他 1775 年 1 月出生在里昂，革命分子们在他眼前处决他父亲的时候，安培还很小。学习也都是安培自己的事，没有特意去上什么学校。长大后安培娶了朱莉·纱珑为妻，有了一个儿子，3年后妻子撒手人寰。搬去巴黎后安培再婚，添了女儿，但这任妻子跟一个酗酒又腐败的军官跑了。与此同时，安培创立了电动力学的数学理论，并且被授予大学里的职务，有些还是领导岗位。在教学或者行政管理方面安培从没展示出太大的能耐。安培近视严重，在黑板上写的大字常常要擦。无数件逸事让他的粗心大意出了名，比如他用手帕擦黑板，用抹布擦额头之类的事。当然，他还很容易上魔术师和江湖骗子的当。

在安培人生的最后几年，他想要对所有科学和艺术（他记录了128门）进行分类。他的儿子劝他多加注意身体健康，而安培对此回答说，只需要担心永恒的真理。1836年6月安培逝于马赛。

傅立叶的热和巴贝奇的计算器

1822年对两位数学家来说是重要的一年。在法国，让-巴蒂斯特·傅立叶（Jean-Baptiste Fourier）出版了《热的分析理论》，在这本书中，他用数学的手法描述了热的物理过程。基于量纲分析，他还阐述，基本单位的使用必须是质量、长度和时间的单位，而其他所有单位都必须从这些单位派生出来。这一年，从傅立叶的抽象理论出发，来到了英国人查尔斯·巴贝奇的具象发明。同年，巴贝奇经过了10年的构思研究，开始制造计算器。巴贝奇是一位特别的数学家，因为他对科学的应用颇有兴趣，对天文学、建筑导航或光通信工具也有研究。

他一生中一直在酝酿的重要想法就是制造一台计算器，它可以减轻天文学家、金融家或数学家等需要进行大量计算的人的劳动负担，而这些计算又往往冗长乏味。就这样，他开始组装 1 号差分机（Difference Engine n.1），该机器能够以机械方式将多达 8 位数的数据制成函数表。在公共资金的支持下，他工作了近 20 年，却没有完成最终的原型。这其中的主要障碍都是工程性质的，需要精确上千个零件元素的组成。与此同时，他完成了意大利的考察之行，做了一些其他的科学观察，远离数学，走近伊斯基亚的温暖水域、维苏威火山口，抑或是影响波佐利地区（Pozzuoli）的缓震现象，那里也是塞拉皮斯神庙所在地。此后巴贝奇还写了书。但在 1842 年，因为计算机的投资拖了太久没有兑现，政府看不到任何结果，便中断了资助，3 年后该项目最终被放弃。然而，机器缓慢且复杂的实现过程并不能完全归咎于技术上的难处。实际上，巴贝奇对于这个项目的倾注越来越少，因为他正在研究另一种更复杂、更昂贵的"分析机"（Analytical Engine）。该仪器配备了提花织布机中使用的打孔纸带输入程序，以及一个机械存储器，通过该存储器计算机能存储部分响应，然后将其考虑到最终的计算结果中。最后，机器还得打印结果。

巴贝奇将余生献给了这台新机器的制造，他还在英国和包括意大利在内的其他国家四处寻求资金。期间他继续完善他的项目，把机器变得越来越复杂。1840 年，在都灵的第二次意大利科学家会议上，他还将项目介绍给与会者，但没有得到任何回应。与此同时，1848 年，他重新利用了 1 号差分机的设计，并对其进行了强化后，设计出了 2 号差分机。但他的梦想和主要研究一直集中在分析机上，的确，分析机作为一个概

143

念来说非常重要，因为它代表了通用数字计算机实现的第一个项目，预示了英国人艾伦·图灵的"广义机器"的思想。

其他的计算机，包括帕斯卡和莱布尼茨研究的计算机，其设计只限用于小型和非常简单的任务，而分析机如果实现了，则可以处理每个数字都有 50 位数的上千个数字。这就是为什么，巴贝奇虽然没法看到他的机器成为现实，却还是被认为是"电子计算机之父"。

巴贝奇和无法完成的梦想

查尔斯·巴贝奇是一位银行家的儿子，他从父亲那里继承了一笔 10 万英镑的财产，生活无忧无虑。

结婚后，巴贝奇有 8 个孩子，但只有一半活到了成年，接着他还失去了妻子。当他还是个小男孩的时候（1791 年 12 月出生于托特尼斯）就对数学表现出强烈的兴趣，后来他去了剑桥大学三一学院学习深造。除了数学，他还对力学和天文学颇感兴趣。他本来想要教书的，但结果他成了保险公司办公室主任，开始了自己的职业生涯。他在保险合同条款中意识到了投保人（通常是"下层社会阶级"）所遭受的欺骗，于是自费出版了一本小册子，揭露了其中的欺诈行为。后来他又潜心其他，特别是他的人生梦想：建造一台功能强大的计算机。此外，他还喜欢旅行和结识新朋友，在他伦敦的会客室里，他接待了卡米洛·本索·加富尔伯爵。剑桥大学给了他之前牛顿的学院职位，但他却没有去教书，使得谣言四起。他满脑子想的都是建造更强大的计算机，然而巴贝奇的梦想始终都没有实现。1871 年 10 月巴贝奇逝于伦敦。

第一只恐龙和罗塞塔石碑

1822 年对巴贝奇来说不是个好年头。但另外两个发现却在不同的方向打开了同样多的窗口，和计算机相比，对人类的过去来说一样有所启发。英国地质学家吉迪恩·阿尔杰农·曼特尔（Gideon Algernon Mantell）发现了一种他无法辨认的大型动物的骨骼和牙齿。随后，他决定将一些样本交给乔治·库维尔（George Cuvier），库维尔在 18 世纪末就被认为是当时最伟大的解剖学家。尤其是库维尔，他对各种动物的描述和分类非常敏锐，因此还被看作是比较解剖学的创造者。看到这些发现后，这位法国科学家也无法识别它们，解释其属于与犀牛相似的哺乳动物。他的判断错了。几年后，曼特尔又发现了另一颗牙齿化石，这次发现的牙齿化石与鬣蜥蜴（iguana）相似，但要大得多。鉴于他之前与库维尔交流的经验，这次他没有给他送任何样本进行检查，而是自己直接深入探究，确定发现了一种非常古老的动物，他称之为"禽龙"（iguanodon）。这也成为第一个发现的生活在 6500 万至 2.25 亿年前的恐龙（源自希腊语，意为"可怕的蜥蜴"）标本。

同年，法国语言学家让－弗朗索瓦·商博良（Jean-Francois Champollion）找到了解锁埃及文字的神秘钥匙：象形文字。1799 年，拿破仑军队的一名士兵在埃及罗塞塔附近发现了一块黑色石碑，这座城市也是以这件文物命名。石碑上面写着三种不同的语言，一个是希腊语，另两个是埃及语言。当时尚且没人能读懂象形文字，但有了相应的希腊文字，谜题现在就得以解开了。要获得这一结果，需要倾注多年的研究，直到商博良这里，这些文字含义终于被他解开。因此，今天商博良仍被认为是埃及学的创始人，而罗塞塔石碑则是开启法老神秘世界大门的象征石。

发电机和电动机

到了 19 世纪中叶，技术的发展极大地拓宽了人类生活的可能性。这一时期的关键人物是英国人迈克尔·法拉第（Michael Faraday），他于 1813 年进入皇家科学院实验室研究学习，并取得了一些重大发现。

早在 20 世纪 20 年代初，法拉第就追随丹麦的奥斯特对电流磁效应的研究。他的目标是验证相反的情况是否也成立，即磁铁是否能引导电流。

为了理解这一点，他于 1831 年进行了一项著名的实验。他用一个铁环，半边包着铜线圈，连接着一个电池。然后他又将一些线圈放在同一铁环的另一边，将它们连接到电流计上。当他将电流通入第一个铜线圈时，电流计同时记录下了电流在另一边更远处铜线圈上的瞬时传输。

实验记录的正是电磁感应现象，它也是法拉第本人在不久后即将获得的另一个伟大成果的基本先决条件。

值得注意的是，与法拉第的想象相反，电流计并没有显示电流的持续流动，而只是瞬间、短暂地通过。这意味着只有当线圈在磁场中穿过时，线圈才会感应到电能。

因此，他接着在一根弯成马蹄铁形状的磁化金属棒内转动铁环。通过这种方式，铁环每转一圈就会切断磁场线，从而获得了不间断的电流。"发电机"就此诞生了。

但正如科学界时常发生的那样，进行类似探索的不只是法拉第一人。当他在英国埋头研究这项工作时，美国的物理学家约瑟夫·亨利（Joseph Henry）也正在用绕线金属棒做同样的实验，一样获得了电磁感应发现。但法拉第赢了这场时间的赛跑，率先公布了他发现的结果。

后来亨利的做法明显是在平复自己的心情，他改进了十年前由英国物理学家威廉·斯特金（William Sturgeon）发明的电磁铁，并建造了一个能够举起一吨铁的电磁铁，实际上他也是在酝酿着一场掷地有声的回归。

亨利重拾了法拉第很久以前就已经简单证明的原理，本质上，它与发电机的原理相反。如果一个车轮在磁场中运动时感应到电，那么电流应该就有可能使车轮转动起来。他后来将这一概念付诸实践，在一台机器上进行研究，从而发明了电动机，其在技术上的重要性将是不可估量的。法拉第和亨利两人的远程较劲以电力世界的一场革命而告终。

与此同时，欧洲对北非地区的兴趣与日俱增，1830年，一支法国军事派遣队在阿尔及利亚登陆。第二年法国成立"外籍军团"时，人们意识到，这项行动估计不会很快结束，事实证明确实也是这样。

法拉第，是科学而不是战争

由于家境贫寒，法拉第无法奢望上好学校去学习科学。迈克尔·法拉第于1791年9月出生于纽因顿（Newington）小镇。他的父亲是一名铁匠，为了改善生活，他举家搬迁到伦敦。迈克尔通过帮忙装订图书来适应这里的生活，同时自学化学和物理。后来法拉第遇到了汉弗莱·戴维（Humphry Davy），他在英国凭借发现"笑气"而名声大噪。戴维让法拉第在皇家科学院的实验室给他当助理，法拉第在那里一待就是一辈子。实际上，因为法拉第在物理和化学方面的成就，他后来成为戴维的继任者。

但法拉第想得非常明白，当克里米亚战争爆发时，他就拒绝为战争提供气体。另外，法拉第还喜欢面向公众发表科学讲演，这也是皇家科学院的宗旨之一。除了自愿在法庭上担任顾问外，他还是三一楼（Trinity House）的科学顾问，三一楼是一家室内照明机构，也是大西洋电缆的建设公司。法拉第于 1867 年 8 月光荣逝世。

亨利，云朵和发动机

约瑟夫·亨利，1797 年出生在纽约附近的奥尔巴尼，他的发明成就令他在美国广受欢迎。尽管运气不好，电磁感应的发现被人抢先一步，但他清楚知道如何用电动机的发明来弥补这点。1832 年，他在新泽西大学任教，后来去了普林斯顿大学。1846 年，他获得了极大的认可，被任命为刚兴起的史密森尼学会（Smithsonian Institution）的第一任理事。

亨利的兴趣爱好广泛。他曾对天文学有所涉猎，尤其是太阳和气象学的研究。他在史密森尼学会任职期间，美国气象局得以成立。亨利逝世于 1878 年。

莫尔斯字母和电报的诞生

20 世纪 30 年代，艺术家兼发明家塞缪尔·芬利·布里斯·莫尔斯（Samuel Finley Breese Morse）在欧洲旅行期间，对安培关于电磁学和一种被称为"红绿灯电报"的通信系统的研究产生了兴趣。首先，他开始研究用来进行交流的语言，到了1838年，他制订了一份长短电脉冲的列表，实际上就是点和线适当地组合表示字母表中的不同字母，这一系统被称为莫尔斯字母表。这已经是一个颇有成效的初步结果。

他不是世界上唯一对电报感兴趣的人，而电报也已经通过不同的技术得以实现，但莫尔斯迈出了重要的一步。他利用（同样研究过电报的）约瑟夫·亨利发明的继电器成果，设法解决了发明中的最大障碍，即受距离限制，信号强度会改变。这个问题说小不小，因为如果它仍得不到解决，便会限制并且有效地阻止该仪器的使用。莫尔斯于1836年在纽约见过亨利，他经常就解决技术问题向亨利寻求建议。

莫尔斯对他的朋友雷欧纳德·盖尔（Leonard Gale）教授也是一样会不时前往请教。结果后来盖尔教授的一个学生对莫尔斯的研究项目帮助很大。这位学生的父亲拥有一家钢铁厂，一旦他参与到这个项目当中，他便会带来必要的资金和工具。实际上，莫尔斯虽是研究项目经理，但作为科学家，亨利和盖尔的参与和投入程度肯定更大。在这方面，莫尔斯也确实预见了如今我们已经见怪不怪的一种工作模式。

研究小组最终意识到，在信号传输过程中，继电器的配对对于信息的远距离传输至关重要，因为通过它，一系列电路可以被激活，一个接一个，直到到达信息传递的目的地。

获得了这个结果后，莫尔斯立即着手推广这项发明，并投入应用，最重要的是可以获得经济收益。因此，他第三次回到欧洲，试图为这个发明申请专利，但没能成功。在回美国之前，他去巴黎拜访了朋友路易·达盖尔（Louis Daguerre），也就是达盖尔式摄影法的发明者，莫尔斯还带上了自己等不及想要商业化的发明。因此，在宣传照片的同时，他还为电报打了广告。回到美国华盛顿，他成功地混迹政坛，获得了国会 3 万美元的拨款，用于修建一条电报线路。

莫尔斯曾执意用地下电缆进行传输，但这一系统显然最终失败了。然而，在欧洲，人们使用的架空电缆传输效果倒是更好。因此，他也遵循同样的方法，于 1844 年 5 月成功开通了华盛顿和巴尔的摩之间的第一条电报线路。

当时还有其他的电报系统，但莫尔斯团队发明的那套系统是迄今为止最有效、最安全也是最实用的，因为接收方有一卷磁带，上面具有传输的线和点，因此能传输信息。很快，所有莫尔斯电报的竞争对手都消失不见，被新技术淹没。远程通信从此迈出了第一步。

莫尔斯，易怒的电报之父

莫尔斯是个让人又爱又恨的人物。他 1791 年 4 月生于马萨诸塞州的查尔斯顿，父亲是个牧师，在耶鲁大学学习后，莫尔斯前往欧洲学习艺术。回国后，他成了一名画家，主要给名人作画，但收入仍旧很低。这里的生活把他又推回到了欧洲，在那里他对电报产生了热情。当时他心里只有一个信念：这项发明会给他带来财富。他坚信着这一点，并以超常的创新精神将项目管理得当。莫尔斯终获成功时，他总是以疯狂著称的生活，正如他所希望的那样发生了变化。但也许在那时，就算是像他这样拥有毋庸置疑的优秀品质的人物，也表现出了最糟糕的一面。如果说，争吵和树敌是他过往行为的标志，那么现在，这些行为态度只能说变得更加蛮横无情。他甚至否认亨利曾经帮助过他。莫尔斯虚荣、任性、反复无常、暴躁易怒，他是个典型的坏脾气。让他更加臭名昭著的是，他还宣称自己是种族主义者，并且与联邦政府关系密切。

他的优点大概在于，美国人最终原谅了他的一切。1872 年 4 月，他在荣誉与财富的包围下逝世于纽约。

摄影、月亮和橡胶

尝试保留影像的实验一直没有结果。法国人约瑟夫·尼塞弗尔·涅普斯（Joseph-Nicéphore Niépce）最先获得了一幅照片制版，但是最坚定达到了照相这一步的还是画家兼物理学家路易·雅克·曼德·达盖尔，当时他已经以透视画———组由于光线的作用而展示自然景观感的绘画而闻名。当得知涅普斯也在研究照片时，达盖尔便与其建立了合作关系。然而，最走运、直觉最准的还是达盖尔，他意识到银盐在受到光线照射时会变黑。存在一定偶然性、但也最重要的发现是用水银蒸汽显影，过程中潜影以颗粒状沉淀在铜板上，盐涂抹在暴露于光的区域。这一方法得出的结果是一个正面图像，呈现出清晰的明暗区域。1837 年，达盖尔摄影法（即银版照相法）和史上第一张照片诞生。

达盖尔摄影法在技术上不断改进，以求商业化普及。两年后，1839年 1 月 7 日，达盖尔摄影法首次在科学学院展出。但次年的 8 月，此摄影法才获得真正意义上的认可，达盖尔的朋友、天文学家阿拉戈向法国学术界展示了这一发现，并对其进行了必要的解释。最先运用发明成果的是科学家，尤其是天文学家们，他们多年来一直梦想能够以某种方式保留天空中观察到的恒星的图像，以便有机会对其进行更长时间、更方便的研究。第一个做到这一点的是美国化学家约翰·威廉·德雷珀（John William Draper），他于 1840 年拍摄了月球的影像。

摄影的下一步是发明摄影底片，1841 年英国发明家威廉·亨利·塔尔博特（William Henry Talbot）用他的专利仪器获得了底片。那时候的底片还是玻璃制成，但终于能够开始被复制。因此，3 年后，第一本附有照片的插图书出版了。

也是在那几个月里，美国发明家查尔斯·古德伊尔（Charles Goodyear）因为自己的粗心大意而发现了橡胶的用途。实际上人们已经知道橡胶的存在，因为美洲土著人会从树液中提取它以使用。但是高温使橡胶变得柔软和黏稠，而低温则使它变成了一种坚硬而易碎的材料。许多人试图使其质地稳定些，但徒劳无功，只有古德伊尔在一次意外中偶然成功，在意外事件中他将橡胶混合物洒在沸腾的炉子上，并在加热时添加了硫黄。

令人惊奇的是，他注意到未烧焦的部分呈现出弹性的外观，无论温度如何，随着时间的推移，外观都保持没有变化。古德伊尔通过将橡胶 – 硫黄混合物加热到比预想中更高的温度，获得了可以有效使用的产品。这种被称为"硫化"的干预措施成功打造了饱富价值的材料，并在极为广泛的领域中得到应用。

达盖尔的艺术、慵懒和摄影

从很小的时候起，达盖尔就表现出了非凡的艺术天赋，然后又发展出他无法充分利用的商业敏感性。路易·雅克·曼德·达盖尔于 1787 年 11 月出生于巴黎科梅列斯（Cormeilles en Parisis），13 岁时达盖尔开始在一家建筑工作室工作，并致力于使用暗室进行现实主义绘画的艺术尝试。懒惰的性情时不时影响他，他甚至会埋怨太阳"没有一直待在它原有的位置"让他描绘其图像。也许正是出于这个原因，他在摄影的发展中找到了适合的动力，使他从长期伏案的调色板、颜色和画笔工作中解脱出来。达盖尔也的确做到了。天文学家朋友阿拉戈意识到达盖尔的发明将会立马引起商业界的极大兴趣，他便向政府施压，要求政府尽快予以专利认可，要抢在国外其他人利用发明的所有利好之前。因此，在经过委员会审查后，议院通过了一项保护该发明成果的法律条例，并向达盖尔和涅普斯的儿子颁发了一笔年金，在涅普斯去世后，他的儿子将继续与达盖尔就这一发明展开合作。

但达盖尔终究无法超越自己的摄影法，决定放弃项目，将这项伟大发明的开发留给其他研究人员，让所有人都能接触摄影。

从电解到第一个化学肥料

在皇家科学院实验室中除了研究发电机电线外，迈克尔·法拉第还学习了化学，并同样取得了不俗的成绩。1834 年，在评估电对电解质（即携带电荷的液体）的影响时，他确立了两条电解定律。这涉及的是一种化学转化，其中离子流（带电原子）迁移到插入液体中的两个电极，这两个电极分别代表电流的负极（阴极）或正极（阳极）。第一定律明确了生成的产物取决于所用电流的时间和强度。而在第二条定律中，他指出，产物数量还取决于从组合中得出的化学重量。为了描述他的定律，法拉第使用了学者威廉·惠威尔（William Whewell）向他建议的一些新术语，其中包含离子、阳极、阴极和电解质等词汇，从那时起，这些"新词汇"开始得到普及成为常用词。

俄罗斯化学家盖尔曼－亨利·盖斯（Germain-Henry Hess）接而又为化学转化问题添砖加瓦，他于1840年阐明了在化学反应中，无论发生多少复杂的转变，产生或吸收的热量始终保持不变。这个问题自拉瓦锡时代以来一直没有得到解决，这次终于找到了一个定义。此定义将作为"盖斯定律"而被世人铭记，热化学也正是从这个定义中衍生而来。

但是，除了伟大的基本原理之外，19世纪中叶时期的化学家们同样着眼于实际应用。他们首先将目光投向了猪圈，不仅仅因为猪圈散发着让人受不了的气味，还因为它们实际对健康有害。然而，也不能抑制其发展，因为正如农民们所知，对于返还给土地以提供植物生长所必需的物质（如矿物质）来说，猪圈的存在是不可或缺的。

通过对农作物需求的研究，化学家们试图人工生产这些物质，在此之前，这些物质都是由猪圈供给的。1842年，英国人约翰·班纳特·劳斯（John Bennet Lawes）的研究获得成功，生产出了过磷酸盐并为其申请了专利，代表着历史上的第一种化学肥料的生成。结果化肥十分受青睐，第二年，劳斯就成立了一家公司生产化肥，并很快取得了商业成功。其优点是不可否认的：化肥更容易使用，因其剂量是按需要计算给肥，粮食产量便随之增加，而且闻起来不像粪肥。因此，可以说是非常理想的肥料。

热力学和绝对零度

蒸汽机的发明提出了早期尚未解决的理论问题，尽管工程师们设法一点一点地改进该系统，使其效率越来越高，从而让发明高效可用。但科学家们意识到，操作理论（即大量热量产生机械功）相关问题的解决对于进一步完善机器至关重要。但不仅如此，他们还认识到，同样的问题来自发动机这一集中领域，代表着物理学中更为普遍和基本的问题。因此，寻求问题答案的动机其实是相当大的。有这么几位杰出的科学家就倾注于这项事业，从中总结出了三条著名的热力学定律，它们被认为是解读各种形式现实的基本定律，它们的应用从细胞中的微观世界（microcosm）可跨越到星系间的宏观世界（macrocosm）。

三条定律的表述非常笼统，从中衍生出更为具体的法则，对不同方面进行规范。换言之，原理让我们能够预测热力学系统（实际上就像是一个发动机）一般在外部条件变化时相对应的行为，这些变化可以是温度、压力，甚至是磁场相关。

其中第一个定律最为重要。这一定律经历了各个层面的成功物理学家的验证，如英国的詹姆斯·焦耳（James Joule）、德国的尤利乌斯·冯·梅耶（Julius von Mayer）和赫尔曼·冯·赫尔姆霍兹（Hermann von Helmholtz）。在焦耳和冯·梅耶两人之间存在着多年的冲突和争论，因为他们彼此都声称自己先发现"热功当量"（热量以卡为单位及与功焦耳单位之间的数值关系）原理。

第一个定律的形成应归功于冯·赫尔姆霍兹，即"能量守恒定律"

155

的确立——在任何孤立系统中，存在于其中的物质数量保持不变，其无法被创建或销毁。对于宇宙来说，这一定律同样适用。显然，系统内的能量可以从一种状态转换到另一种状态，不管从磁性到电性、从光学到声学，还是从化学到动力学。

在科学家看来，这是一个非常重要的概念，能量守恒定律由此成为解释大自然运作的所有定律中最基本的一条。

热力学的第二个定律证明，要获得"功"，则至少需要一高一低两个不同温度的能量来源。这一原理基于法国物理学家萨迪－尼古拉－莱昂纳德·卡诺（Sadi-Nicolas-Léonard Carnot）的研究，他在 1824 年证明了热机的效率完全取决于温差。德国物理学家鲁道夫·尤利乌斯·艾曼纽尔·克劳修斯（Rudolf Julius Emanuel Clausius）发现，在每一次能量转换中，都有一部分能量以热的形式损失，而从未转化为其他形式的能量。宇宙也是如此。为了定义系统中由此产生的无序，他创造了"熵"（Entropia）一词。

最后，第三条定律最初由德国物理学家沃尔特·赫尔曼·能斯特（Walther Hermann Nernst）提出，他总爱说"知识就是研究的坟墓"。根据能斯特的说法，熵仅在绝对零度条件下（即在 -273℃的温度下）才可不计。但在封闭系统中，这种状态是不可能达到的，因为如果这样，就必须假设第二条定律中提到的两个温度源都在 0℃，而这一点显然无法成立。

1848 年，英国物理学家威廉·汤姆森（William Thomson）即后来的开尔文勋爵（Lord Kelvin）定义了"绝对零度"的概念。他认为，在空气中，重要的是要考虑每种条件下液体、固体或气体物质能量损失，而不是随着温度降低相关体积的减少。根据开尔文勋爵的说法，这种损失的最低点应该在 -273℃（后改设为 -273.15℃）时达到，因此他提议从这个值开始测量标度。勋爵的想法被科学界所认可接纳，也证明颇为实用，因此诞生了以"K 度"（即 Kelvin，开尔文）为单位的"绝对标度"。由此得出，在 273 K 的温度下，水结成冰。

开尔文，专利和功名

开尔文在格拉斯哥大学教授了 53 年的自然哲学，也就是物理和化学相结合的一门学科，他的讲课让学生们印象深刻。为了解释声学问题，他会吹奏法国号，还会用猎枪射击木质钟摆，以证明动量守恒。威廉·汤姆森·开尔文于 1824 年 6 月出生在贝尔法斯特，当上教授时年仅 22 岁。

他一生最大的兴趣是电力的测量，但他在各种仪器的发明方面都表现出了非凡的天才。他委托了格拉斯哥的一位眼镜商詹姆斯·怀特（James White）制造这些仪器，并将专利权独家代理给怀特生产，后来两人顺势成立了"开尔文怀特"公司。这个绝妙的商机给开尔文带来了财富，其中海上指南针的生产便是利益来源的大头。一方面开尔文横跨教学、研究和商业的职业生涯为他带来了巨大的满足感，而他的个人生活方面却不尽如人意：他在鳏居后结了两次婚。开尔文经常作为发明家而声名在外。他的思想和作品仍然可以在剑桥大学图书馆保存的"绿书"（Green Books）中找到。

1907 年底，他正担心妻子健康的同时，全然不知一种更严重的疾病正在向自己袭来。几天后，1907 年 12 月 17 日，他死在了乡下的房子里。他被盛葬在威斯敏斯特教堂艾萨克·牛顿的墓旁。

冯·赫尔姆霍兹，最后的巨人

他被认为是最后一个能够处理大量研究并取得非凡成果的科学家，而且每一项研究成果都足以在历史上留下印记。赫尔曼·路德维希·费迪南德·冯·赫尔姆霍兹 1821 年 8 月出生于德国波茨坦。毕业于医学专业的赫尔姆霍兹，论文写的是神经纤维起源相关课题。从那时起，他就过着一种双重文化生活：一种是表面投入他的医学职业的生活；而另一种平行的生活，则是转而奔向物理学。有时，两种生活又融汇起来，一起面对他研究的问题，比如光学和视觉。1848 年，在定义极为重要的热力学第一定律时，赫尔姆霍兹正从 5 年的医疗外科在训生涯走出来，转变成了柏林美术学院的一名解剖学老师，在次年又成了柯尼斯堡（Königsberg）的人类生理学教授。在柯尼斯堡，他发展了生理光学，发明用于视网膜检查的眼科镜。1855 年，他去往波恩教书，希望这座城市的气候能够利于妻子奥尔加的身体健康。搬去的第二年，妻子死于肺结核。在波恩，除了生理光学外，赫尔姆霍兹还研究了大气运动以及哲学，他的研究将为气象学奠定基础。直到 1871 年（同年与安娜·冯·莫尔再婚），威廉一世才委任他为柏林大学的物理学教授。后来，国王继任者威廉二世将赫尔姆霍兹升为贵族，任命他为"私人顾问"。1894 年 9 月，他在柏林去世，被人们普遍认为是最后一个科学巨人。

新式步枪、左轮手枪和硝化甘油

化学和技术的发展同样被用于军事目的。一直到 19 世纪初，所有的手持武器，从火绳枪到步枪都还是前装式的。这意味着子弹必须先插入枪管，操作复杂而且耗费时间。1836 年，德国发明家约翰·尼古拉斯·冯·德莱斯（Johann Nikolaus von Dreyse）研制出了第一把从枪管后膛装填的枪，他于 1841 年对其进行改进，称之为"击针枪"，枪的细撞针通过推动子弹引燃火药，其射速自然要快很多。

普鲁士军队立即配备了这种新武器，确定它对任何仍使用前膛装枪武器的敌人都具有优势。新武器还帮助了普鲁士在欧洲保持霸权地位。

几乎同时，美国人塞缪尔·柯尔特（Samuel Colt）彻底改变了战术武器，发明了第一把真正高效的枪，6 颗子弹被放置在一个旋转的圆筒里，每次发射后都会自动归位在枪管里。这把枪的发明专利日期是 1836 年，取名"转轮手枪"：西部的征服路途上它将被载入历史。

而另一方面，1846 年硝化纤维（后称硝化棉）的发现则是机缘巧合。据说德国化学家克里斯蒂安·弗里德里希·肖拜恩（Christian Friedrich Schönbein）不慎将混合硝酸和硫酸倒翻在桌子上，然后他用手里妻子的围裙擦拭，并将其置于炉子上晾干，而等围裙差不多干了后便突然爆炸，害得肖拜恩又惊又怕。他因此意识到这种偶然的混合物具有爆炸性，其后的实验也证实了这一点。几年后，一个意大利人入手，某种意义上来说完成了这项研究。此人即化学家阿斯卡尼奥·索布拉罗（Ascanio Sobrero），他在混合物中加入甘油后产生了硝化甘油。硝化纤维和硝化甘油将开创现代炸药的族谱，取代之前使用的火药。

发明家柯尔特和西征

1814 年出生于康涅狄格州哈特福德（Hartford）的塞缪尔·柯尔特，一直痴迷于发明武器。他很小的时候做的各种实验往往以失败告终，父母考虑到他的爱好，把他送去了阿默斯特学院，但小柯尔特因为继续进行危险的实验而被开除。之后他成为帆船水手，在一次航行中，他萌生了设计转轮手枪的想法。船一靠岸，他便试图实现自己的想法，甚至为制造的手枪申请专利。柯尔特马上就注册了一家公司生产手枪，但因为武器的使用仍然不太可靠，工厂 1842 年宣告破产。4 年后，美墨战争打响，柯尔特在接到政府的大订单后又让工厂复产。当时得克萨斯骑警队就是柯尔特的客户之一。1854 年，他在哈特福德建立了一家大型军火工厂。在欧洲地区，克里米亚战争期间，他又于伦敦附近的皮姆利科设立另一家军工厂。1855 年，下巴留着卷胡子的塞缪尔·柯尔特，以这样的扩张速度，成为世界上最大的私人武器制造商。大概是幸运之神始终眷顾他，美国内战爆发时，他向工会政府又提供了数千枪支。随着西部征服步伐的迈进，柯尔特也成了传奇人物。1862 年，塞缪尔去世，留下数不清的财富。

海王星的发现和非欧几里得几何学

19 世纪中叶是欧洲的政治不稳定时期，各个国家几乎都经历了革命斗争。1848 年底，德国社会主义学家卡尔·马克思（Karl Marx）和弗里德里希·恩格斯（Friedrich Engels）发表《共产党宣言》，提出了一种新的经济秩序，让工人阶级掌权。在法国，路易·菲利普一世于 1848 年 2 月被迫退位并流放。1848 年 12 月 20 日，法兰西第二共和国宣布成立，左派被击败，拿破仑·波拿巴的侄子路易·拿破仑获胜，于 1848 年 12 月 20 日成为总统。在奥地利和意大利同样爆发革命，克莱门斯·冯·梅特涅（Klemens von Metternich，奥地利帝国外交部长，辅佐皇帝）被迫在同年 3 月逃亡。奥地利皇帝斐迪南一世（Ferdinand I）退位，由其侄子弗朗兹·约瑟夫一世（Franz Joseph I）继位。但尽管局势动荡，科学的发展仍然没有停歇。

天文学家长期以来持续观察天王星，它也是赫歇尔发现的最后一颗已知行星。法国人亚历克西·布瓦德（Alexis Bouvard）证明了其轨道上存在异常现象，并假设其原因是太阳和行星的引力效应。但也有一种可能是位于天王星轨道之外的一颗未知行星在其间活动。根据这些轨道变化，英国天文学家约翰·库奇·亚当斯（John Couch Adams）于 1843 年计算出这颗假设的新行星可能被发现的地方，描述了其可能的质量及与太阳的距离。然而，他始终没能够完成验证其想法的必要观察。同样的情况也发生在法国，奥本－让－约瑟夫·勒威耶（Urbain-Jean-Joseph Le Verrier）得出了与亚当斯相同的结果，但勒威耶请求了德国的约翰·戈特弗里德·加勒（Johann Gottfried Galle）的帮忙，在柏林天文台进行星空观测。1846 年 9 月 23 日，加勒发现了这颗新行星，因行星泛着绿色，令人联想到海洋而被命名为"海王星"（Neptune）。海王星是第一个根据万有引力定律理论推导出的天体。牛顿的定理从而得到了证实。

此后不久，在同一年里，英国天文学家威廉·拉塞尔（William

Lassell）注意到一颗卫星围绕海王星旋转，他称之为"海卫一"（Triton）。拉塞尔同时于 1848 年发现了土星的第八颗卫星，引用希腊神话称之为"亥伯龙"（土卫七，Hyperion）。5 年后，拉塞尔又发现了天王星的第三颗和第四颗卫星，援引英国文学分别命名它们为"艾瑞尔"（天卫一，Ariel）和"翁布利尔"（天卫二，Umbriel）。在这股发现的浪潮当中，勒威耶再次基于另一个星体——水星（离太阳最近的行星）表现出的轨道异常，假设存在另一个更靠近太阳的行星体，并称之为"火山"。但没人能识别，后来人们才知道水星的行为是由其他原因造成的。

英国人乔治·布尔（George Boole）曾试图通过一系列符号创建"布尔代数"，以数学的形式表达逻辑推理。另一位德国数学家乔治·弗里德里希·波恩哈德·黎曼（George Friedrich Bernhard Riemann）在 1854 年，成功描述一种非欧几里得几何学（即不基于欧几里得原理的几何学），而在大约 25 年前，俄罗斯的尼古拉·伊万诺维奇·罗巴切夫斯基（Nikola Ivanovic Lobachevskij）已经通过这种几何学取得了少量成果。

在非欧几何里，"没有一对线可以平行，所有的线都相交"，并认为存在任意数量的纬度，度量会因不同的地方发生变化，等等。黎曼所代表的几何学在当时看来只是一个奇妙的猜想，但 50 年后，由于爱因斯坦相对论的出现，黎曼几何被证明更适用于解释宇宙。

勒威耶和亚当斯追随星球

海王星的发现让勒威耶获益匪浅，他因此获得了巴黎索邦大学天体力学学院的主席一职。勒威耶于 1811 年出生于诺曼底的圣洛（Saint-

Lo）。他的兴趣不仅限于天文，他在政治界也同样活跃，勒威耶曾参加了 1848 年的革命，第二年便成为立法议会议员及共和国参议员。1854年，他还当上了巴黎天文台的台长。勒威耶后卒于 1877 年。

亚当斯 1819 年出生于英国兰伊斯特（Laneast），他一生的大部分时间都在剑桥大学教授天文学和几何学。亚当斯喜好研究月球运动、雨水天气和地磁现象。另外，像勒威耶一样，他还产生了研究海王星的兴趣，两者也都是出色的观星猎人。亚当斯终寿于 1892 年。

黎曼，超空间人类

黎曼是一位新教牧师的儿子。他还曾想追随父亲的步伐，并用数学推理来解释《创世纪》的真实性。当然，黎曼没能成功，然后放弃了念想。1826 年 9 月黎曼出生于汉诺威，他参与了 1848 年的革命，后毕业于哥廷根大学数学系，毕业论文只得到了天才高斯（Gauss）的认可，因为他是唯一能够阅读论文并且理解它的人。

黎曼的生命十分短暂，1866 年 7 月，他在意大利塞拉斯卡死于肺结核，逝世时不到 40 岁。他的才华如此之广博，以至于宇宙的几何面貌都随之改变，后来的爱因斯坦得以在物理上实现了这一点。黎曼在他那个时代成功预见了那些在 20 世纪将变得普遍的超空间。

众生的自然选择

1831 年，国王的"小猎犬号"离开英国，驶向大西洋，前往南美洲。负责航行的是罗伯特·菲茨罗伊（Robert Fitzroy）船长和一起登船的博物学家查尔斯·达尔文（Charles Darwin）。据英国海军部称，此次旅行的目的是沿秘鲁、智利和火地群岛海岸进行勘察，同时途中访问太平洋各岛屿。船在航行路上必须安装一个精密计时站网络。这次旅行持续了5年，查尔斯·达尔文返航后带回来了一本日记，里面写满了观察结果，还有一些装满了在探索的各个地区旅行期间收集的矿物和材料的箱子。在对这些发现和记录进行了多年的研究之后，1859年，达尔文出版了《物种起源》一书，在生物学界引发了一场比肩牛顿之于物理学的革命。

在这本书中，他详细解释了自己的自然选择进化理论，在此前一年他与另一位英国生物学家阿尔弗雷德·拉塞尔·华莱士（Alfred Russel Wallace）共同发表的一篇短论文中就有提到。理论故事也让达尔文惊奇不已。事实上，由于担心他正在研究的理论肯定会引起不小反响，他花了20年时间努力将理论的要素和理由整合起来，让理论尽可能地无懈可击。

然而，1858年，华莱士到东印度群岛旅行后，收集了一些别的证据让他从中同样得出关于自然选择进化的结论。为了听取意见，他把收集的资料送去给达尔文参考。达尔文读着与自己所阐述的相同观点，警觉到可能失去发现理论的优先权，而建议华莱士同他一起发表提出新理论的文章。华莱士一直认可达尔文的天才所在，欣然接受提议。这一情况也促使达尔文发奋完成了20年来一直在进行的写作，并于1859年出版著作，尽管在他看来还没有完善所有他想要的细节。

"物种的自然选择"理论就此爆发，它的出现不可避免地违背了教会和启示录的绝对正确性。其次，《旧约》中对创造的描述也因此受到质疑。

达尔文通过观察不同地理区域的化石和动物，认识到了物种经历的延续性和进化步骤。但在这个已经得到普及的观点之上，他又加之以"自然选择"的概念，也就是说，与觅食、最有利的个体特征、本能、更强的适应性、逃避捕食者能力等相关的生物之间的竞争，通过这种竞争，大自然以无情的标准进行"选择"那些注定生存下来的生物，这正是"自然"所在。然后，留存者的特征被传送给后代，从而带来进一步的选择。就这样，一步接着一步，一些物种不断进化，优化自身的能力，也有利了变种的诞生。而其他那些不够适应自然的物种则走向灭绝。这是以前人们一直没有理解清楚的物种机制，它代表了地球上生物进化的引擎。此时，拉马克学说早已被忘却。

尽管1858年进化论的发表引发了争议，达尔文始终将人类排除在研究之外，正是为了避开那些最狂热的批评家。但是，地球上的生命链不能忽视这样一个关键的环节。1871年，他在《人类起源》一书中复述，并将其理论应用于人类。但在这本书里，他的讨论没有化石证据的支持，这些证据在后来才得以收集。

达尔文，进化论漫游大师

达尔文的父亲是一位有名的医生，达尔文因为在学校的成绩不佳而常受父亲的责骂："除了打猎、养狗和捉老鼠，你什么都不感兴趣，你是自己和全家的耻辱。"1809年2月查尔斯·罗伯特·达尔文出生于什鲁斯伯里（Shrewsbury），他对学习提不起兴趣，从爱丁堡搬到剑桥一路都不顺利。在父亲的怂恿下，他也想过成为一名牧师。直到他遇到了植物学家约翰·史蒂文斯·亨斯洛（John Stevens Henslow），亨斯洛首先帮助他完成学业，然后在许多竞争者中推荐达尔文成为"小猎犬号"登船的博物学家。达尔文确实是那个时代真正的博物学家，他在地质学、植物学或动物学方面都很有悟性且知识渊博。他登上帆船进行环游世界的长途旅行时，只有 22 岁。

航行回归后，达尔文变了，他的观察经验更为丰富、斗志更加坚定，这最终带他走向旷世理论。但达尔文生性保守，他意料到自己的结论将触发争议，便留在了他位于肯特郡唐恩的乡间别墅里，那里绿树环绕，与世无争。他的健康状况并不太好，还经常不得已用冷水浴进行难熬的护理治疗。达尔文宣称自己是不可知论者，拒绝无神论，但却没有攻击基督教。当卡尔·马克思请求达尔文的允许，将自己的书献给他时，达尔文拒绝了，因为他不想因此产生任何误解。但达尔文同时又是他教区牧师的好朋友。有一天，在评论他所受到的争议时，他说："说来可笑，考虑到我总受到教会的猛烈抨击，我还曾经想过成为一名牧师。"

1882 年 4 月，达尔文在家中死于心脏病发作。多年来，他一直饱受恰加斯病（Chagas）的折磨。死后他与时代的伟人们一道，长眠于威斯敏斯特大教堂地下。

油井、内燃机和汽车

在热力学浪潮中，詹姆斯·麦克斯韦（James Maxwell）和罗伯特·博伊尔（Robert Boyle）等伟大的英国科学家们继续完善着关于空气运动的研究。而一直对石油感兴趣的美国火车司机埃德温·罗伦丁·德雷克（Edwin Laurentine Drake）则决定将他仅有的一点积蓄投资一家在宾夕法尼亚州的泰特斯维尔（Titusville）——通过地面渗透提取石油供医用的公司。德雷克之前对寻找水源的钻探方法有所了解，因而试图将其运用在石油钻探上。后来事实证明，这项技术果真可行。1859 年 8 月，他发现"黑金"就在离地面 20 米深的地方，德雷克进而在短时间内，取得了每天提取 1700 升石油的成果。从那一刻起，人类最重要的能源之一变得可以为人所用，它甚至还能决定着国家的命运和发展。石油的重要性还在于，人们从中还可以提取不同的物质，用于能源以外的其他领域当中。

另一方面，有机化学也为人们提供了其他对生产和日常生活所需有用的材料。1860 年，法国科学家皮埃尔 – 尤金 – 马塞林·贝塞洛（Pierre-Eugène-Marcelin Berthelot）已经成功合成了重要的有机分子物质如甲烷、乙醇和甲醇、苯和乙炔。同年，在发明家让 – 约瑟夫 – 埃蒂安·勒努瓦（Jean-Joseph-Etienne Lenoir）的倡议下，比利时应用了一种新进技术，它将推动陆路运输的巨大发展。这项技术便是勒努瓦成功发明的第一台内燃机，它可以在一个单独的气缸中点燃空气和燃料，使其爆炸直接推动活塞运动。有了新机器，老旧而笨重的蒸汽系统就可以被淘汰了。为了实现这一点，并考虑到勒努瓦发动机的低效率，经过大约 20 年的研究后，1876 年德国工程师尼古拉斯·奥古斯特·奥托（Nikolaus August Otto）才发明了"四部冲程"发动机。发动机通过活塞的交替运动，吸入空气和燃料的混合物，并对其进行压缩，然后通过推动活塞的火花点燃它，从而为机器运动提供能量，然后就是气体喷射排除。以它的发明人名字命名的"奥托循环发动机"，能够提供优于其前身内燃机的良好性能，从而成了我们今天安装在汽车上的发动机的原型。

改良发动机的工作最终于 1885 年完成，当时另一位德国工程师卡尔·弗里德里希·本茨（Karl Friedrich Benz）制造了第一辆汽车，汽车与我们今天所见到的略有不同：它有 3 个轮子，与自行车的轮子非常相似（一个在前面，两个在后面），行驶速度可达到每小时 5 千米。1878 年，这辆汽车才被成功制造出来，汽车的发动机也终于找到了对的燃料——提取自石油的汽油。汽油的组成分子更小、燃烧更快、产量更高。起初只有 3 个轮子的"四轮车"故事就这样开始了（第四个轮子是在 1891 年被加上去的）。

德雷克，贫困的钻油人

埃德温·罗伦丁·德雷克（Edwin Laurentine Drake）曾经一边开火车，一边筑梦——他希望从地球的内里提取石油。 他对此深信不疑，并最终在 1859 年的 8 月成功地将宾夕法尼亚州的泰特斯维尔地区改造成了世界上第一片油田。当初小镇子和大业务吸引了很多来自其他州的人，不久，这里便成了一个大型石油中心。德雷克在发现这里后放弃了开火车，毅然投身"掘黑金"的队伍。但他犯了一个让他前功尽弃的严重错误——未曾给自己的发明申请专利，其他掘金者则对德雷克的钻油方法进行复制和利用，积累了巨大的财富。德雷克，1819 年出生在纽约附近的格林维尔，最终他于 1880 年 11 月在宾夕法尼亚州伯利恒离世。

奥托，发动机的正确配方

尼古拉斯·奥古斯特·奥托因为工作是个狂热的旅行家，当发明家只是他的兴趣爱好。他怀着对机器的热情，像其他许多人一样，设想能制造一种可用于载人车辆的发动机。奥托大概更幸运也更聪明，因为他在制造项目中选择了正确的材料配比，当然还有最重要的是，他能将一切付诸实现，证明理论的可行性。1877 年，奥托终于取得了期许已久的发明专利。但他并没有停下脚步，事实上，除了发明家精神外，他的商人精神也开始发挥作用。他投建的一家工厂在几年后便生产出了 35000 台奥托循环发动机，这时他的发动机已经名声在外。1890 年，奥托的发动机实际上是唯一在世界范围内通用的发动机。奥托于 1832 年出生在霍尔兹豪森（Holzhausen）的一个简朴家庭，后来名利双收，1891 年逝于科隆。他不曾知道（也没来得及知道）自己的发明不仅会打开陆地运输的大门，还会打开天空中的大门。内燃发动机诞生的几年后，人类终于成功驾驶第一架飞机上天。

本茨，不只是马匹的替代品

本茨一直认为，汽车应该是一种新概念工具，而不仅仅是传统车辆，好比只是用"机械马"取代动物马匹而已。卡尔·弗里德里希·本茨，1844 年出生于卡尔斯鲁厄（Karlsruhe），这里也是他学习成长的地方。1871 年，在辗转了几家公司工作后，他在曼海姆成立了自己的公司，制造了历史上首批装有汽油发动机的汽车。1929 年，在他去世的 3 年前，他的公司与戴姆勒合并，成立了戴姆勒 – 奔驰集团。

病菌理论

1862 年，法国化学家兼微生物学家路易·巴斯德（Louis Pasteur）发表了一篇著作，指出传染病是由微生物引起的。由此诞生了病原菌理论，鉴于巴斯德的名声权威，理论一经提出马上就被大众所接纳。巴斯德时任巴黎高等师范大学的科学主任，他在许多研究领域都是先锋人物。在阐述了发酵过程、酒精转化为醋酸以及有机物因空气中的细菌而腐烂等理论之后，他研究的第一种传染病则是与在加德省（Gard）繁殖的家蚕有关。巴斯德成功地识别、治疗这种传染病，并提出了预防此病的方法。他还对扰乱啤酒酿造的"寄生虫"采取了措施，找到了一种储存和运输啤酒的方法，同样的方法也被应用在葡萄酒和醋的生产过程中。对于这方面的问题，巴斯德似乎尤其在意，因为其中还有对法国国内产业予以的支持，尤其是考虑到与德国之间的竞争关系。

巴斯德对牲畜，尤其是羊患炭疽病的处理干预尤为重要。他发现这种疾病的病菌是由蚯蚓携带的，蚯蚓吃的是得了炭疽病动物的尸体，它们的尸体被埋在地下很浅的地方。但更值得注意的是，当一些生病的动物即将痊愈时，它们便会形成自我免疫，从而抵抗疾病的再发。据此，巴斯德采用了给牲畜接种毒性减弱细菌的方法。治疗鸡霍乱病也是如此。巴斯德最后一项伟大的研究的主角是狂犬病。他发现这种病毒在显微镜下看不见，意识到它是作用于神经系统。巴斯德随后开发了一种无毒的疫苗，注射到那些被狂犬病毒感染的动物如狗、狐狸和狼咬伤的人身上，成功地救了他们的性命。用这种方法，他治好了感染狂犬病毒的 9 岁男孩约瑟夫·迈斯特。

为了纪念詹纳，巴斯德沿用了"疫苗"一词形容他的接种操作。巴斯德开创了现代医学，引领了病原微生物的研究，并开发出针对疾病最合适的治疗方法。巴斯德的疾病预防思想同样十分重要，预防始于卫生，是预防受到携带疾病细菌的攻击的首要条件。

出于同样的原因，某种意义上来说，手术中消毒器械的引入也要归功于巴斯德。英国外科医生约瑟夫·李斯特（Joseph Lister）意识到病原菌理论后，研究了一些病患死亡案例。经过研究，他决定采用苯酚溶液清洁双手和器械。他立即意识到，通过这种方式，手术后病患的死亡率大幅下降。

巴斯德，病菌猎手

"当我思考一种疾病时，我从不考虑如何找到治疗方法，而是考虑预防它的方法。"1884 年 5 月 15 日，巴斯德在巴黎中央理工学院的学生面前开玩笑说，这句话很好地概括了路易·巴斯德的哲学和科学方法。他的一生（1822 年 12 月生）都是围绕家庭、工作室和教学。巴斯德曾明确表示，他对戏剧、文学或音乐不感兴趣。他回忆到，只有在年轻时，他还有一点艺术抱负，创作了一些肖像画（现在保存在巴黎以他的名字命名的学院博物馆）。无论是在合作者还是在学生的眼中，他都是一个要求很高的人。

在经历了偏瘫的折磨后，他逐渐恢复过来，国家议会接而承诺授予他终身年金。1888 年 11 月，在治愈了患狂犬病的小孩后，法兰西共和国总统玛丽·弗朗索瓦·萨迪·卡诺（Marie François Sadi Carnot）为致敬巴斯德的研究所创立开幕。巴斯德担任研究所的主管直到 1895 年，他第二次中风，随即决定退休。但几个月后，也就是同年 9 月，巴斯德离开人世。

战舰、机枪和炸药

美国的南北战争促使军事技术专家开发了两项发明，这两项发明后来对这场冲突起到了决定性的作用。首先是战列舰的发明，这项发明的诞生缘起于美利坚合众国（联邦，Union）的"梅里马克号"（Merrimack）船在诺福克沉没后，被美利坚联盟（邦联，Confederate）回收，并将船舰装备以铁板和铁质装甲而来。后来船舰又装备了十门大炮，在 1862 年 3 月袭击了联邦的木船军队，将其击沉。这艘新军舰一时所向披靡。这时，工程师约翰·爱立信（John Ericsson）为北方联邦军队建造了一艘名为"监视器"（Monitor）的船舰，船上装备了两门大炮。3 月 9 日，史上最强的两艘战列舰开始对战，经过 5 个小时的相互射击，两艘船均完好，至少表面上是这样。因为泄漏事故，"梅里马克"号被迫返回港口。对于参战木船来说，故事早已完结。

为了提高陆军便携式武器的火力，发明家理查德·乔丹·加特林（Richard Jordan Gatling）发明了一种每秒能发射 6 发子弹的速射武器。这项发明就是著名的"加特林机关枪"，机枪为手动操作，旋管旋转直到子弹带用完。1862 年 11 月，北方军队成功用上了机关枪。于 1865 年 5 月，最后一支南方邦联军在路易斯安那州什里夫波特（Shreveport）投降，战争正式宣告结束。此前一个月的4月14日晚上，约翰·威尔克斯·布斯（John Wilkes Booth）在剧院开枪杀害了林肯总统，林肯第二天便不治身亡。

另一项发明——炸药出现于1867年的瑞典。它诞生于一家硝化甘油工厂，其发明者正是阿尔弗雷德·伯恩哈德·诺贝尔（Alfred Bernhard Nobel）。诺贝尔的弟弟死于爆炸，在那次严重事故的驱使下，他渴求找到一种能够控制并安全使用硝化甘油的方法。他虽然得出了结果，但全是偶然。巧合的是，从容器中漏出来的硝化甘油与包装中的硅藻土混合在了一起。

诺贝尔对形成的干燥混合物很是好奇，于是进行了一系列实验，他意识到硝化甘油只能通过他发明的雷管引爆装置爆炸。否则，炸药可以被安全地处理，而不会发生任何事情。他称之为"混合炸药"。除了军事用途外，炸药还促进了采矿活动的创新，拓宽其可能性。后来，诺贝尔还发现了其他爆炸性物质，如胶棉炸药和火药，并帮助改进了人造丝、皮革和橡胶的生产系统。

诺贝尔、炸药和"诺贝尔奖"

阿尔弗雷德·诺贝尔1833年出生于斯德哥尔摩，在欧洲和北美学习后，他去了父亲位于圣彼得堡的工厂工作，为克里米亚战争生产武器。后来，父亲的公司倒闭了，全家回到瑞典，在那里开发了其他爆炸材料，并建立工厂投入生产。其后，诺贝尔还在阿塞拜疆巴库开采油田，从而积累了大量财富。

阿尔弗雷德还追随其他不同兴趣，研究电化学、光学、生物学和生理学方面的工作。1896 年去世时，他将价值约 1000 万美元的全部遗产留给基金，用于设立以他名字命名的年度奖项，即"诺贝尔奖"。

电磁结合与光速

1865 年左右，苏格兰人詹姆斯·克拉克·麦克斯韦（James Clerk Maxwell）在物理学知识方面迈出了一大步，详细阐述了一组以他的名字命名的方程式。有了这些方程式，麦克斯韦从法拉第在他之前得出的结论出发，在电场力和磁场力领域建立了秩序体系，还有其中最重要的一点是将两者统一了起来。他还证明了，这电场力和磁场力只不过是单一电磁力的不同表达。这一结论意义非凡，其后麦克斯韦还补充了两个经过实验验证的基本原理解释。第一个解释指出，电磁场是由电荷的振荡产生的，一旦释放，电磁波就会与光速等速传播；第二个解释同样涉及光，从红外到紫外线，光实际上也是不同波长的电磁辐射。至此，在麦克斯韦的电磁统一理论里，除了磁和电之外，还加上了光。麦克斯韦的研究树立了一座丰碑，它延续了牛顿在引力方面所做的工作，并将在接下来的一个世纪继续向前。

一段时间以来，不同的科学家一直试图定义光速的确切值。1849 年，法国人莱昂·福柯（Léon Foucault）获得的结果已经非常接近我们现在所知的正确值。但德裔美国物理学家艾伯特·亚伯拉罕·迈克耳孙（Albert Abraham Michelson）在 1882 年取得了更进一步的成果，他发明了干涉仪，利用光测量地球的自转。迈克耳孙计算出的光速为 299853 千米每秒，比福柯的结果略高（高出约 2000 千米）。然后，这个数字也更接近我们现在所知的最准确数字，超出了大约 60 千米每秒。

麦克斯韦，力学的巨人

"物质法则是我们的思想成功制造出来的，而思想法则又是由物质产生的。"詹姆斯·克拉克·麦克斯韦如是说，意在强调思想和物质之间的密切联系。在对气体理论、光学、色彩视觉和天文学（他确定土星光环是由小天体组成的）做出巨大贡献后，"麦克斯韦方程式"又继而为电报和无线电话的发明铺平了道路。1831 年，麦克斯韦出生于爱丁堡，在剑桥接受教育，并先后在阿伯丁、伦敦和剑桥教授天文学和自然哲学。1871 年，他在那里建立并领导了著名的卡文迪许实验室（Cavendish Laboratory），实验室以其贵族捐赠者、卡文迪许家族德文郡公爵的名字命名，另外，卡文迪许还担任过剑桥大学名誉校长。

在大学任职之前，麦克斯韦曾到访意大利，学会了意大利语，以便与在比萨教授物理学的卡洛·马图奇（Carlo Matteucci）交流。麦克斯韦常常与妻子一起工作，共同进行实验。但妻子的健康状况一度恶化，让麦克斯韦担忧不已。实际上，他自己的情况更为糟糕，因为潜藏的疾病已经无情追随他很长时间。1879 年的夏天，他无奈离开在格伦奈尔父亲家的田野生活，去往剑桥接受更为密集的治疗。但治疗也不见功效，第二年 11 月，麦克斯韦最终死于胃癌，后被安葬在帕顿（Parton）的小教堂里，周围环绕着他生前喜爱的格伦奈尔乡村景致。

遗传规律和门捷列夫的表格

遗传学起源于摩拉维亚布尔诺的一座修道院。自 1858 年起，奥地利奥古斯丁僧侣格雷戈·约翰·孟德尔（Gregor Johann Mendel）就潜心研究他花园里种植的不同豌豆品种。他从保护幼苗不受昆虫侵害着手，确保它们顺利自花授粉，然后用获得的种子将高大植株和矮小植株杂交，再研究杂交后代。他由此发现了原始植株一代又一代繁殖下来的特征，他称之为"显性"和"隐性"。然后，孟德尔意识到不管是雄性和雌性植株都存在一样的现象。它们代代相传，根据一定的规律，显性或隐性性状交替体现优势。孟德尔得出的成果最终成为"遗传定律"，后被称为"孟德尔定律"，然后由此催生了遗传学。后来，认识到孟德尔所称的"遗传因素"在染色体中的定位后，这些因素被称为"基因"。

这位布尔诺僧侣于 1865 年发表了他的作品，但也由于当时生物科学的落后发展，其杰作被遗忘了 30 多年。

与此同时，德米特里·伊万诺维奇·门捷列夫（Dmitry Ivanovich Mendeleev）在圣彼得堡理工学院的一个实验室里构思出了化学元素的周期表，明确指出这些元素"是按照原子量的递增顺序排列的，体现了原子性质的明显周期性规律"。因此在元素体系中引入周期、族和位置的概念。他创建的标准完善了化学的完整体系，周期表不仅基于原子量，还考虑到元素之间的联系，通过表中的留空，突出显示了其中一些元素的缺失，这些元素后来被成功发现，如镓、钪和锗等。随着时间的推移，该元素分类至今仍然发挥功效。在发现表中所揭示的"周期规律"之后，门捷列夫从玻意耳、盖伊·吕萨克和阿伏伽德罗的三个理想气体定律出发，设计了一个方程式，通过该方程式可确定气体在任何条件下的分子量。

孟德尔，豌豆和遗传学

正如往常所见，贫困总会将人们推向教会或修道院，不为其他，在那里他们至少能够生存。格雷戈·孟德尔是贫寒农民的儿子，他也没能逃脱这个悲惨的世间定理。自从发现精通物理学的才能后，孟德尔的兴趣引导他更进一步探索进化之谜，尤其是通过杂交品种的研究。在进入布尔诺的阿尔特布吕恩（Altbrünn）修道院后，他深化了自己的研究，潜心钻研豌豆，直到得出了继承性，也就是遗传学的规律。但从那个时代的生物学家那里孟德尔没有得到什么鼓励。成为修道院院长后，他放弃了教学，也停止了对豌豆的学习，随后致力于气象观测和蜜蜂研究。在阿尔特布吕恩，与其说他是遗传学家，孟德尔更多作为气象学者和园艺家被人提及。1822年，他出生在西里西亚的亨奇采村（Hynčice），1884年1月在修道院的寂静之中离世。

门捷列夫和元素排序

1905年7月10日，德米特里·伊万诺维奇·门捷列夫觉得有必要用日记中的一句话来总结他的人生："我的一生一共只有四个研究课题——化学元素周期律、气体弹性研究、识别溶液缔合现象和《化学原理》一书。这些是我所有的财富，不取自任何人，而是由我自己创造。"目前还不知道这个总结是否是对一些声称拥有门捷列夫成果发明权的同事的回应。

门捷列夫，1834 年 2 月出生于托博尔斯克，求学于圣彼得堡，是一位百科全书式的科学家。除了化学，他还对物理、地质学、农业和工业，以及对技术、经济甚至社会问题饶有兴趣。他常常强调科学在社会和经济发展中的重要性。

在生命的最后二十年里，门捷列夫选择更多地处理石油和煤炭工业的发展问题，认为"黑金"的开采与其说是一种能源，不如说是一种实用化学品的来源。他于 1907 年 2 月在圣彼得堡去世。

电话、留声机和电灯泡

1871 年，一个来自佛罗伦萨的美国意大利裔移民安东尼奥·穆奇（Antonio Meucci），获得了一项临时的电话发明专利。但因为没有资金而不能发展利用他的发明。5 年后，美国人亚历山大·格雷厄姆·贝尔（Alexander Graham Bell）获得了同一项发明专利，并立即成立了一家开发该专利的公司，即贝尔公司（Bell Company），贝尔于是被公认为电话这一发明的创造者。

穆奇随后与贝尔公司的竞争对手环球公司（Globe Company）开展业务，作为回应，贝尔公司随即起诉环球公司侵犯其专利权。这起法律争端于 1887 年 7 月得到解决，结果很容易预料，贝尔方获得了胜诉。然而，判决仍然对眼前这个身无分文的意大利移民给予了一些肯定，指出穆奇发明的电话是机械的，而贝尔的是电动的，因此更为优越。环球公司提出上诉，但不久之后的 1889 年穆奇就去世了。直到 2002 年，美国国会才正式承认穆奇是电话的发明者。

贝尔于 1880 年在华盛顿创建了伏打实验室（Volta Laboratory），并为其他发明的原型申请了专利，例如留声机，而留声机本是托马斯·阿尔瓦·爱迪生（Thomas Alva Edison）制造，很多人也都认为他是有史以来最伟大的发明家。

贝尔的电话可以让声音通过电线传输，使用的电流根据收集声音的设备上声波产生的压力而波动。然而到了爱迪生发明碳粉话筒的时候，这种电话系统才真正开始起作用，其中的碳粉经过压缩后，比未经压缩时传输的电流更多。这些变化更为敏感，因此产生的声音也比贝尔早期采用的系统更加清晰。

据说，电报专业人士爱迪生的故事和命运始于纽约一家交易所经纪人的办公室。在等待面试时，办公室的电报坏了，他即主动提出修理并且把它给修好了。这让他发现了证券交易行业在报价传输方面的特殊需求，便设计了一台电传打字电报机，然后向西联公司（Western Union）提出了报价。爱迪生本来计划要价 5000 美元，但考虑到公司总裁马歇尔·莱弗茨对电报机有兴趣，他担心这个数字太高，因此让西联出价。结果他们出价 4 万美元买他的机器。

这位美国天才在新泽西州门罗公园建立了一个工业研究实验室，他的发明当中有两项最为普及：留声机和灯泡。前者的主要部件是锡箔包裹、用曲柄转动的圆筒，对着发话器说话时，声波会震动一根针，并在纸上刻下纹路。转动曲柄，再用针走一遍纹路，声音就能通过机器再现出来。1877 年时获得专利并不困难，爱迪生虽然成就了数百件发明，但留声机仍然是他眼中的最爱。

很快，他便开始着手面对"电灯"的问题，那个时候电灯照明已经通过别的形式出现，但仍旧是特别的存在，没有普及到寻常百姓家中。当时人们通常用铂丝或炭条照明，但它们的使用效率太低。爱迪生想到了使用一根碳化的电线，能产生很强的电阻。他尝试了各种各样的材料，从木屑到椰子纤维，从软木到绳子，甚至还用到了胡须。他最终发现竹纤维和碳化的普通（缝纫）棉丝是最好的材料。他将所有这些都塞进了一个灯泡里，里面形成真空以防止它燃烧。

电灯泡由此诞生。1879 年 10 月 21 日，爱迪生宣布他发明的灯泡能够连续照明 40 个小时，结果是由持续不断的观察得来，至少据传是这样。在跨年夜，他用灯泡照亮了门罗公园的主要街道，当时有 3000 人前来观看这场新的"奇迹"。

但爱迪生的发明受到了英国人约瑟夫·斯旺（Joseph Swan）的质疑，他于 1879 年 1 月——比爱迪生甚至早 9 个月公开展示了他的电灯发明。

在银行家约翰·皮尔蓬·摩根（John Pierpont Morgan）的资助下，爱迪生的电灯泡在门罗公园获得大规模生产，在全美国销售。1881 年初，另一边的斯旺在英国纽卡斯尔开设的一家工厂也开业生产。两人之间就此爆发了一场法律争战，官司由爱迪生这边发起，他意图从英国的竞争对手手中夺走这项专利。但最终两人还是达成了商业和解，在英国成立"爱迪生和斯旺电力公司"，生产使用碳丝的灯泡。这一合作效果非常好，很快他们就卖出了 8 万个样本。

但这项新发明在欧洲和美国的传播还是与发电厂的建设有关，最初也是由爱迪生和斯旺分别在纽约和伦敦建造而成。这又引发了一场关于所用电流类型的争论。在美国，爱迪生使用直流电，而其他人，包括他之前的朋友、后来的竞争对手莱修·汤姆森（Elihu Thomson）则使用交流电。这个争议僵持了多年，还是直到银行家摩根出面达成协议，支持两家竞争对手的合并，"通用电气公司"（General Electric Corporation）由此成立，成为现如今家喻户晓的跨国公司。

爱迪生的灵感与劳苦

托马斯·阿尔瓦·爱迪生说："天才是百分之一的灵感，再加上百分之九十九的汗水。"爱迪生说这番话时还玩了个文字押韵游戏，灵感和汗水的英文他用的分别是"inspiration"和"perspiration"。托马斯于1847年2月出生在俄亥俄州的米兰镇，在母亲的辅导下自学成才。他只上了三个月的学，可能是因为他加拿大商人父亲经济困难。爱迪生很早就显示出了技术方面的才能，在家里和火车上都在做化学和电学实验，虽然结果往往都很糟糕。从12岁起，他就开始患有耳聋，随着时间的推移，耳聋变得越来越严重。但这不会对他的商业和发明家命运产生负面影响。爱迪生共申请了一千多项发明的专利，它们之间千差万别，从碱性蓄电池到磁性选矿机，再到第一台电影摄影机（也是爱迪生制作了第一部有声电影）。1884年，爱迪生丧偶，两年后再婚。

除了变老之外，他的固执也愈发明显。虽然爱迪生常常表现出一些天才之处，但有时他也过于坚持不值得跟进的想法，从而撞向失败。通过进行智力测试来雇佣员工就是爱迪生想出来的点子。1931年10月，富有且被誉为"民族英雄"的爱迪生在新泽西州的西奥兰治去世，享年 84 岁。

火星的"水渠"与卫星

随着爱迪生和斯旺的电灯泡照亮房屋和街道，1877 年，在地球与火星之间的一次周期性接近中，意大利天文学家乔凡尼·维吉尼奥·夏帕雷利（Giovanni Virginio Schiaparelli）对这颗"红色星球"进行了观测，对天文学来说，这是历史性的创举。

夏帕雷利彼时已经因其对彗星的研究而闻名。当有机会在"仅仅"5500 万千米以外观察火星时，夏帕雷利没有让机会溜走，他在米兰布雷拉天文台的圆柱穹顶把望远镜对准了火星表面。在进行了出色的观察工作后，他绘制了一张详尽的地图，并分别给不同的区域以拉丁名称命名，这些名称后得到保留。这也成了对火星有史以来最精确的观测。其观测精确到能够突出显示一系列分布在南北之间的暗淡痕迹，而这些痕迹又显然相互联系，夏帕雷利称之为"水渠"（Canali，意大利语）。

夏帕雷利随之发布了他的观察结果，为了描述这些几乎网络化的结构，他在（英语）翻译中使用了"Canals"（运河）一词，而不是"Channels"（水渠）。误解由此产生，并且激发了持续一个世纪之久的误信。"水渠"的意思是小的天然溪流，而"运河"则意味着智慧生物建造起来的通道。二者差异巨大，进而导致错误的理解。

很显然，人们全然不知这个星球上会有什么。夏帕雷利认为，这些"水道"可能起源于 18 世纪末就已经发现的极地冰盖，从那里水流通过天然的河床网络传播到地表。这次英语单词的误用成功激起了那些相信其他星球上可能存在生物的人的想象力。这些通道因此被他们煞有其事地当成智慧物种的杰作。

这时，美国富商珀西瓦尔·罗威尔（Percival Lowell）插手以探究竟，他曾多次因商业贸易前往东方国家，在一些地方甚至还出任过大使等职责岗位。罗威尔得知此事后，受这一火星前景所吸引，他随即在美国亚利桑那州建造了一座配备强大的天文台，对这颗行星进行持续而系统性的勘测。有了这些勘测结果后他更加笃信，这些通道可能真是智慧生物的作品，简言之，就是"火星人"。

对于那些仍然相信这一说法的人来说，这一信念随着时间的变换持续存在，直到下一个世纪的 70 年代，美国国家航空航天局（NASA）的"水手号"（Mariner）探测器发回了火星的照片后才得到正式否决。照片中显示，红色荒漠覆盖了整个火星的表面。

同样在 1877 年会合之际，另一位天文学家，美国的阿萨夫·霍尔（Asaph Hall）设定了另一个观察目标。由于距离很近，这样恰好能够验证火星周围是否有卫星，在这种情况下，卫星必须足够小，且离火星很近，否则很难观测到。事实证明这项工作的确难度太高，以至于霍尔几乎决定放弃。但在妻子安吉琳·斯蒂克尼（Angeline Stickney）的坚持下，这位天文学家同意再投入一晚的研究，在此之后他就会彻底放弃希望。

安吉琳的坚持是正确的，因为就在 1877 年 8 月 12 日，火星周围空中出现了一颗微小的卫星。此后，重燃的热情促使霍尔继续他的研究，5 天后，即 8 月 17 日，他发现了第二个同样小型的卫星。这时候，只剩下给卫星们取名了。在希腊神话中，马尔斯（Mars）相对应的是战神阿瑞斯（Ares），这两个卫星因此被分别以阿瑞斯的儿子的名字命名为"佛波斯"（Phobos）和"得摩斯"（Deimos），在希腊语中他们分别代表"恐惧"和"恐怖"。对于战神来说，这样的取名似乎再恰当不过。

夏帕雷利，"水渠"和"火星人"

当乔凡尼·维吉尼奥·夏帕雷利怀揣着水利工程和建筑学学位迈出都灵大学时，他想的并不是在地球上修建运河。他显然对头顶的星空更感兴趣，因此在找到一门课程后，他开始学习天文学知识。1835 年 3 月，他出生在库内奥省的萨维利亚诺（Savigliano，Cuneo）的一个不算富裕但颇有修养的家庭。他后来学习了德语，并前往柏林天文台深造。期间他又学习阿拉伯语和梵语，以便他更好地研习古代天文学文献。伦巴第区被并入皮埃蒙特后，夏帕雷利来到了米兰的布雷拉天文台，担任馆长弗朗西斯科·卡里尼的助理，随后接任成为馆长。

谁知机构已经糟糕不已，后来开始研究彗星和小行星，按照自己的兴趣规划才让天文台重焕生机。1875 年，新的 22 厘米梅尔兹（Merz）折射望远镜投入使用时，对布雷拉来说是一个黄金时代的开始。当然，这些都离不开夏帕雷利的巧思和才干。

就这样，在 1877 年，他和梅尔兹号的镜头一起追随火星，在红色沙海中窥探，终于找到了他从未曾在地球上修建的沟渠。1910 年 7 月，夏帕雷利在米兰去世，正是因为他的观测，许多地球人的脑海里才充满了各种对火星人的遐想。

脑细胞的发现

这是一个关于发现脑细胞、神经元的故事，故事共分三章。首先是德国解剖学家海因里希·威廉·戈特弗里德·冯·瓦尔德亚－哈兹（Heinrich Wilhelm Gottfried von Waldeyer-Hartz）的理论，他设想大脑和神经系统由细胞组成，他称之为"神经元"，它们向周围延伸，彼此非常接近但不接触。

第二章关于实践，意大利组织学家卡米洛·高尔基（Camillo Golgi）是这一故事的主角。他设计了一种基底为银的染色系统，应用之后，该系统能够显示出神经元、蒂和突触的结构，正是这些由微观空间组成的连接点，让细胞中的神经递质可以相互传播。

第三个故事同样关于实践，由另一位组织学家撰写。这次是西班牙人圣地亚哥·拉蒙·卡哈尔（Santiago Ramón Cajal）。1889 年，他成功地改进了高尔基染色法，进而能够详细定义大脑的神经元结构，并最终证实了两位前任研究者的工作。这对人类来说是一个伟大的发现，它关乎管理身体和生命的元素。高尔基与拉蒙·卡哈尔于 1906 年共同获得诺贝尔医学和生理学奖。

高尔基和卡哈尔，神经元发现获诺贝尔奖

1843 年 7 月，卡米洛·高尔基出生在布雷西亚，接下来几乎一生都

在帕维亚度过，后来亦在此离世，享年 83 岁。在帕维亚，高尔基成为一名医生，在大学任教期间完成了后来让他获得诺贝尔奖的研究。起初，他被在同一所大学任教的塞萨尔·隆布罗索的理论所吸引，但后来有所疏离，认为这些理论过于草率。另外，他还研究了疟疾，为解释该疾病及其治疗做出了贡献。高尔基后被任命为参议员以表彰其功绩。

与高尔基共享诺贝尔奖殊荣的，是生物学及解剖学家圣地亚哥·拉蒙·卡哈尔，他 1852 年出生于西班牙的佩蒂利亚 – 德阿拉贡。基于他的研究成就，卡哈尔得以掌管马德里卫生研究所，以及 1921 年为他建立的卡哈尔研究所。卡哈尔在 1934 年去世。

X 射线的发现

威廉·康拉德·伦琴（Wilhelm Conrad Röntgen）曾担任德国沃尔茨堡物理研究所所长 7 年。伦琴来自斯特拉斯堡和吉森，他在气体理论、放电现象、比热容和磁场旋转力等各个领域的研究已经使他在物理学世界收获不少名气。

1895 年，他当时正在沃尔茨堡研究少氧气体中放电效应的相关现象。11 月 8 日晚上，伦琴独自一人在实验室里，用测试材料准备了阴极射线管，他认为这些材料会发出荧光。在造成了真空的管子中，射线从阴极即负极一端发射，这也是它们被称为阴极射线的原因。

为了避免外部干扰，他用一张黑色纸板把仪器包起来，以便更好掌握物质的反应。出于同样的原因，房间里几乎保持一片漆黑。他打开设备开始实验，注意力集中在桌上不远处涂有某种物质的辐射屏。这种物质正是铂氰化钡，屏幕亮起来的样子就像里面藏着一个灯泡。伦琴仔细地观察、试图移动它，但它却持续发光，即使把它转移到隔壁房间，效果依然存在。他由此认为这一现象与他正在进行的实验有关，于是他尝试着关闭阴极射线管。这时，涂料板才像之前一样恢复正常。

通过实验，他得出结论。除了阴极射线外，当射线击中正极即阳极时，仪器还会发出其他类型的未知射线，这些射线能够以某种方式穿透铂氰化物，使其发光。至于这些射线是什么性质，他还无法解释，因而在继续研究的过程中，他先将其命名为"X 射线"，用"X"表示未知。

12 月 18 日，伦琴公布了自己的发现，立即引起巨大反响。伦琴自己也被这种新辐射能穿透材料的想法所震撼，为了测量这种特殊的能量，他用不同的物质和工具进行了一系列的测试。12 月 22 日，他邀请一位同事把手放在仪器前，试图将放射结果印在影片上。就这样，"X 射线"拍下了历史上第一张"X 光片"，光片在吸收了辐射后，显示出手部的骨骼结构，而周围的肌肉则呈现透明状态。对于医学来说，这确实是革命性的发现。

伦琴，只为科学

1868 年 8 月，威廉·康拉德·伦琴毕业于苏黎世理工学院工程师专业，直到后来他的物理学知识才不断加深。1845 年 3 月，他出生在德国勒内普区，父亲是布商，为了生意移居荷兰。伦琴在沃尔茨堡时完成了 X 射线（也被称为"伦琴射线"）的伟大发现，他曾写道："在它面前，所有身体皆为透明。"作为一名物理学家，伦琴很是满意，尽管这一发现激发了广泛兴趣，但他并没有想到任何相关的应用。事实上，他甚至总是拒绝利用他的研究成果来获取经济利益，因为他主张科学研究的产品应当为所有人自由使用。另外，在这一发现之后，伦琴并没有再继续研究 X 射线，而是将注意力转移到其他课题上。1901 年，伦琴获得了第一个诺贝尔物理学奖。1919 年，他痛失妻子。两人在沃尔茨堡的一家教职人员常光顾的餐馆里相遇，伦琴是那儿的常客，当时他还是一名年轻的毕业生，在大学里谋职。1920 年，他辞去学校院长职务，3 年后逝世于慕尼黑，享年 78 岁。

赫兹的无线电波和马可尼的无线电

1886 年 11 月 13 日，海因里希·鲁道夫·赫兹（Heinrich Rudolf Hertz）还是像往常一样在任教的卡尔斯鲁厄理工学院（Karlsruhe Polytechnic）实验室里进行他的工作。但那天又有些特别，因为他正在进行的实验将证实电磁波可以传播。他在日记中记录到，通过准备好的电路，他成功地获得了"非常快速的电振荡"，以至于产生电磁波，在一米半的距离里能够从传输的主电路开始，到达接收的次级电路。赫兹长期以来一直在研究后来被称为"赫兹波"的现象，他从麦克斯韦的电磁学理论出发，据赫兹所说，他的实验就是来证明麦克斯韦的理论。"在所有提到的实验中，"他在日记中写道，"第一次有证据表明一种预设的能量能随时间远程传播。"

然后他认定这些波与光的波相同，指出它们可以像光波一样被反射和折射。因此，光仅代表电磁频谱的一小部分。

但尽管这项发现成果非凡，也没有让赫兹想到能够如何对它加以应用，他自己也说，看不到任何潜在的实际应用。但电波发现的价值已被科学界所肯定，1889 年 9 月 20 日，在海德堡举行的德国物理学家和博物学家大会上，巴登大公爵和其他国际政要都出席了活动，前来庆祝赫兹的成就。

可能只是道听途说，但据说在 1894 年夏天，古列尔莫·马可尼（Guglielmo Marconi）在比耶拉的奥罗帕市，读到了赫兹的一篇文章，并受到其影响，赫兹在当年年初去世。赫兹的文章让他产生了利用电磁波远程传输信号的想法。既然他能想到这一点，那么在他之前一定也有人实践过，当时有其他人其实也都在思考和研究同样的事情（比如尼古拉·特斯拉），尽管收效甚微。

秋天的时候，他住在博洛尼亚附近蓬特基奥的格里芬别墅里，进行一系列的实验，一直持续到第二年。他接着去大学里找了父母熟知的朋友奥古斯托·里吉（Augusto Righi），当时里吉正在从事电磁波的研究。马可尼的想法是使用赫兹设计的振荡器电路，将两个球体中的一个连接到落在地面的电缆上，另一个球体连接到悬挂在空中的金属板上，并挨着木杆。这个装置便是电波发射机。接收器也是一样的，只是取代振荡器的是一个电磁波检测器（被称为检波器，coherer），它连接到电池和电流测量用的检流计。这个装置系统能够正常工作、传输电波，且金属板越高，信号发送的距离就越远。通过一个又一个实验，马可尼接而改进装置的各个部分。例如，金属板就被一个几乎垂直的有线天线所取代。直到 1895 年 9 月，他进行了一次至关重要的测试，成功地将信号从格里芬别墅传输到了一英里外镇子的另一边。马可尼就这样发明了无线电。

关于马可尼具体是如何做到的，至今都有些神秘莫测。当然，发明一定经历了巧思灵感和长期试验，毕竟马可尼完全缺乏适当的理论知识。他在佛罗伦萨一所私立技术学院只上了几年学，甚至都没有获得文凭。

马可尼向意大利海军提议了他的发明，因为他认为无线电对发送遇险信号将大有用处。但他得到的答复是最好投奔英国，因为他们的海军力量更为强盛。1896 年 3 月，马可尼的母亲安妮·詹姆逊（Annie Jameson）是爱尔兰人，在英国有旧识，陪同儿子来到伦敦后，将发明成果交给了英国邮局总工程师威廉·普瑞斯（William Preece）。提议终被接受，马可尼便开始在伦敦邮局的实验室里开发他的发明。

他同时为发明申请了专利，并于次年 7 月获得签发，那时候他已经证明了可以穿过布里斯托尔运河向约 15 千米远的地方传送信号。马可尼其后立即成立了"无线电报和信号公司"（Wireless Telegraph and Signal Company），在工业上利用这项发明，并在 1900 年更名为"马可尼无线电报公司"（Marconi's Wireless Telegraph Company）。无线电报和通信革命的历史就此开始谱写。

赫兹，伟大而短暂的存在

他的存在短暂但伟大。1857 年 2 月，海因里希·鲁道夫·赫兹出生于德国汉堡。他本该学习工程学，但因为对物理学更加感兴趣，便在获得了身为法官的父亲的许可后，投身于自然科学，进入柏林大学学习，并成为物理大师冯·赫尔姆霍兹的助手。他短暂的一生中，大多时间都在研究电动力学。1894 年 1 月，德国物理学的冉冉希望就这样在波恩死于败血症，年仅 36 岁。他的老师冯·赫尔姆霍兹在最喜爱的学生去世后的几个月后也继而离世，他曾为学生写道："在古典时代，人们会说他是因为众神的嫉妒而被献祭的。似乎大自然和命运以一种非常不寻常的方式引导了一个人类灵魂的前行，这个灵魂汇聚了所有必要的才干以解决最困难的科学问题。他的聪明才智使他能够带着最敏锐、最清晰的目光，在观察中对最不起眼的现象给予最大的关注。"

马可尼和电波的魔力

1874 年 4 月出生于博洛尼亚的马可尼，具有伟大的发明家天赋和非凡的直觉。他并不需要学习数学，而是不断实验，以毅力为辅，取得成果。他也有典型的盎格鲁－撒克逊人（上文介绍过，他的母亲是爱尔兰人）具有的将发明工业化的天赋，让它们得以被传播和使用。1909 年，多亏了船上配备的无线电，"佛罗里达号"（Florida）和"共和国号"（Republic）两艘失事船只获救。后来，1912 年，由于通过无线电发射的求救信号，最著名的"泰坦尼克号"（Titanic）的幸存者们也得以获救。1909 年，马可尼被授予诺贝尔物理学奖。1919 年第一次世界大战后，马可尼配备 75 米长的"埃莱特拉号"（Elettra）作为旅行实验室，用它在海上试验新的通信技术。此时，马可尼与家人的关系正在恶化。1905 年，他在伦敦与英奇金勋爵的女儿比翠丝·奥布莱恩结婚，并育有德娜、朱利奥和卓雅三个孩子。然而，由于性格和兴趣的不相容，马可尼与妻子的关系一直难以维系，也因为马可尼总是不着家，而且他经常与其他女人来往。最后这段婚姻终究以分手收场。1927 年，他与克里斯蒂娜·贝齐-斯卡利结婚，克里斯蒂娜·贝齐是教皇贵族卫队成员的女儿，马可尼与她生下了女儿埃莱特拉。从那以后，他在妻子的陪伴下，在"埃莱特拉号"上度过了余生的大部分时间。

在马可尼的祖国，贝尼托·墨索里尼（Benito Mussolini）对他不吝赞誉，试图将他宣传为意大利国宝级天才的代表。马可尼时不时还会被指派政治任务，但政绩平平。除了参议员、意大利院士、国家研究委员会主席等无数荣誉之外，他还被授予了侯爵头衔。马可尼接受了授予，随后继续过他的生活，时常离开意大利远行。20 世纪 20 年代末，马可尼的心脏开始出现问题，最终于 1937 年 7 月在罗马去世。马可尼的无线电发明是革命性的，但战后意大利的历届政府甚至无法保存已经被撕成碎片的"埃莱特拉号"。

电子的发现

在 19 世纪的最后十年，出现了神奇的原子——自然界中最新发现也是最小的粒子。自古希腊以来，对其存在的笃信已经持续了两千多年。彼时人们正在继续讨论电的性质（它到底是"波"还是"微粒"？），极其投入地研究阴极射线，以找出它们的物质构成。然而，认为原子有其自身内部结构的观点正在激进酿成，也就是说，原子是由其他粒子形成，变得不再是不可分割的。

因此，当伦琴发现 X 射线是阴极射线的一种次级效应时，法国物理学家让·巴蒂斯特·皮兰开发了一种可以检测其他效应的仪器，进而可以推断出射线是由带负电荷的粒子形成的。英国物理学家约瑟夫·约翰·汤姆森（Joseph John Thomson）搭建磁场，进行了更多实验后发现，射线可能会偏移。他在评估偏差后，尝试计算射线的电荷和质量。通过检测他推断，后者肯定比已知最小的氢原子还要小 1000 倍。考虑到射线是负极，他将粒子称为"电子"——与爱尔兰物理学家乔治·约翰斯通·斯通尼（George Johnstone Stoney）使用的名称相同——用来表示电荷的基本单位。

1897 年，就这样同时诞生了两个发现，最终确定了阴极射线的性质，以及首次发现小于原子的最小粒子，它与其他粒子一起形成，这一点将在之后揭晓。所有这些实验结果都是在剑桥的卡文迪许实验室实现的，汤姆森时任该实验室主任。

如果对物理学来说，这代表着对自然认识迈出的一大步，那么对技术的发展来说，微小的粒子亦将证明其非凡的作用。如果说当今我们正生活在电子带来的善与恶之中，那么这一切都要归咎于电子的发现。

汤姆森和"没用的"粒子

汤姆森的父母做的是古董书生意，他们一直梦想有一个工程师儿子。约瑟夫·汤姆森先后在曼彻斯特、剑桥求学，他最喜欢的科目是数学和物理。28 岁时，汤姆森被任命为重要的卡文迪许实验室的主任，在那里他将成就不少发明，其中最重要的包括"电子"的发现。但实验室并没有考虑所获结果能有哪些潜在应用。据说在一年一度的实验室午餐会上，大家敬酒时都说："敬'电子'这个可能对任何人都没什么用的东西。"

1906 年，汤姆森获得诺贝尔物理学奖，奖项旨在表彰他的众多发明创造，尽管其缘由更多是与他的气体导电性研究有关。两年后，他被封爵士。汤姆森于 1856 年 12 月出生在曼彻斯特附近的奇塔姆山，1940 年 8 月在英国打仗前夕逝世于剑桥。汤姆森被安葬在威斯敏斯特大教堂，与其他伟人如牛顿相邻。

从贝克勒尔的射线到居里的辐射现象

X 射线的发现不仅震撼了科学家，也为普罗大众所惊叹。它的发现在研究人员中掀起了一股在大自然中搜寻这一隐藏神秘射线的热潮。法国物理学家安托万·亨利·贝克勒尔（Antoine Henri Becquerel）也是一众"猎人"之一，他想知道，自己研究了有一段时间的荧光物质所发出的辐射中是否包含 X 射线。为了证实或者推翻自己的理论，他在任教的巴黎理工学院实验室里做了一个实验。他用一块黑布包起一张照相底片，这样底片不会暴露于光线下；然后，他将硫酸铀酰钾晶体放在上面，将其暴露在阳光下。这一操作刺激了晶体中的荧光，因此如果晶体中也有 X 射线，它们便会穿过黑布，然后在底片上留下印记。

当贝克勒尔在实验结束后取下遮盖、冲洗底片时，他意识到底片真的有留印记。这似乎证实了他的直觉猜测。接下来的几天都阴雨，没法重复实验，他就把所有的东西（底片覆盖以硫酸铀晶体）都放在抽屉里做好准备。然而太阳接下来似乎也没打算出现，出于不耐烦，也出于好奇等待过程中底片有没有变化，贝克勒尔决定对其进行冲洗，结果发现尽管一直被锁在黑暗的抽屉里，底片还是出现了图像。

因此，成像与否和太阳无关，与荧光也毫无关联，正如这位科学家所写，这种物质自身会发出辐射，这是"铀元素存在的结果"。为了证实这一点，他又重复了几次实验，使用了纯度更高的铀制剂，正如预期的那样，底片上留下了更清晰、更强烈的图像。

为了纪念发现新射线的科学家其人，它被称为"贝克勒尔射线"，这一发现引导许多科学家走上了同样的研究道路，去了解其他物质是否能产生类似的结果。波兰人玛丽·斯科罗多夫斯卡（Marie Skłodowska）对这次研究也很感兴趣，她与丈夫、著名的物理学家皮埃尔·居里（Pierre Curie）和女儿伊莲娜住在巴黎，准备着论文以获得特许任教资格。她选择的研究对象是铀及其化合物发出的不可见射线。在其研究中，她证实了铀发射射线的能力是其原子的一种特性。然后，在寻找其他材料的过程当中，居里夫人进一步发现钍元素也会放出射线。

但是玛丽·居里自问，为什么某些铀化合物放射的射线更多呢？是因为它含有某种未知的物质吗？要找到答案，必须对它们进行分析。就在那时，在丈夫的帮助下，她开始分离这种假想的元素，在源自波希米亚查希莫夫（Jachymovl）的铀矿里寻找它的踪迹。直到她发现一个强大的辐射源。居里夫妇称这种新元素为"钋"（Polonium），以纪念玛丽的祖国波兰，这一发现于1898年7月发表。研究还在继续，在接下来的12月，他们发现了第二种元素，他们称之为"无线放射"（Radio），玛丽·居里将贝克勒尔射线定义为"放射性现象"（radioactivity），并将发射这些物质的元素定义为"放射性元素"。

接下来的工作便是确定所发现元素的物理性质。这是一项几乎不可能完成的任务，因为必须隔离大量的材料用于研究。另外，正如我们之后知道的，这也是一项致命的工作，原因正是居里发现的放射性。然而，玛丽·居里还是完成了她的研究，立即在元素周期表中钡元素之后找到了放射性元素的正确位置。

基于类似的结果，居里以《放射性物质研究》为题的论文可以说已经完成。居里随后将论文提交给巴黎科学院，为了获得科学博士学位，她于1903年6月进行论文答辩。同年，瑞典科学院授予她与丈夫皮埃尔，以及贝克勒尔诺贝尔物理学奖。

此后她继续着自己的研究，深化了放射性现象的新科学，继而居里夫人又获颁了第二个诺贝尔奖，而这次她是单独获得的化学奖。

与此同时，在放射和钋的发现之前不久，英国物理学家厄内斯特·卢瑟福于1897年完成了铀辐射的图片，他还发现辐射射线有不同的类型，根据行为和性质他称之为 α 和 β：第一种为正极，质量更大；第二种是负的，质量更轻。

贝克勒尔和玛丽·居里在研究烧伤的（有时很严重）放射性物质时，意识到放射性可能对动植物组织细胞造成有害影响。1901年，他们共同出版了关于（放射现象）作用在动物细胞中后果的著作。

尽管玛丽和皮埃尔·居里知道放射性物质的制备和提纯过程所隐藏的经济价值，但他们并没有申请专利。玛丽说："放射性，是一种化学元素，是每个人的财产。"

贝克勒尔，机会的青睐

如果亨利·贝克勒尔的发现是偶然的结果，那么必须补充的是，如果没有他的观察能力，就永远无法检测到铀盐发射的射线。因此，"机会是留给有准备的人的"这句话再次在贝克勒尔身上得到证实。贝克勒尔于 1852 年 12 月出生于巴黎一个走出了多位科学家的家庭，比如他的父亲就是自然历史博物馆的物理学家。

贝克勒尔从研究偏振光起步，开始了他的研究生涯，然后对射线的研究将占据他的一生，最终让他获得了诺贝尔奖。但获奖几年后，年仅 50 岁的他于 1908 年在勒克鲁瓦西克城（Le Croisic）去世。

玛丽·居里，从波兰到放射研究

玛丽·斯科罗多夫斯卡 24 岁时来到巴黎求学，以获得更高的物理和数学学位。1867 年 11 月，她出生在华沙，4 岁时就已经会读书了。不久后，她的一个姐姐和母亲都死于肺结核。所以，当玛丽的国家波兰被俄罗斯、奥地利和普鲁士瓜分时，她只能自己照顾自己。生活变得越发复杂，玛丽在一所"飞跑"大学学习临时课程，之所以这么叫是因为她不得不随时躲避警察的追责。毕竟，那时候华沙大学是不允许女性入学的。因此，在努力挣钱、生存和学习的同时，玛丽也在一个地下组织工作。后来她搬到了巴黎，1895 年与著名物理学家皮埃尔·居里结婚，后者从事结晶学研究工作。

居里夫妇生育有两个女儿：伊莲娜和伊芙。伊莲娜后来也成为一名科学家，并与物理学家弗里德里克·乔里奥特（Frédéric Joliot）结婚。伊芙则为母亲写了一本优美的传记。1906年，皮埃尔遭遇车祸，被一辆马车撞翻身亡时，伊芙只有两岁。除了获得两次诺贝尔奖之外，居里夫人还收获了巨大的荣誉，同时也从没忘记祖国波兰。但由她发现的放射性物质很快就夺去了她的生命。1934年7月，她在法国南部的桑塞勒莫斯疗养院因白血病逝世。居里夫人一直以来都是历史上最伟大的女科学家。

潜水艇和摩天大楼的诞生

在19世纪末，技术的发展让我们能够开始征服水下世界。在17世纪和19世纪初荷兰的尝试之后，美国的大卫·布什内尔（David Bushnell）建造了简单的潜艇来对战英国航船，但还是以失败告终。到了1898年，第一艘配备有航海蓄能器的电推进现代潜艇诞生了，它的建造者是美国工程师西蒙·莱克（Simon Lake）。莱克的"阿尔戈1号"（Argonaut-1）完成了从弗吉尼亚州的诺福克前往纽约的航行。此时，有了潜水艇，即使是深海也能探测，或用于军事需求，从而用鱼雷威胁水面上的舰艇。征服水下后，这时人类还要解决上天的问题，除了使用蒙哥尔费兄弟的热气球外，还要找到别的方式飞行，不久后这个目标也将被实现。

同时，在建筑方面，天空也是人类仰望的方向。1892年，共济会神庙建筑（Masonic Temple）在芝加哥落成。由于采用了新的建筑技术，即先使用钢骨架，然后使用钢筋混凝土，芝加哥学校开发出了一种更轻、更向上倾斜的建筑设计，这是墙砖所无法实现的。这一挑战在纽约这座即将成为世界摩天大楼之都的城市得到施展。

| 第七章 |

原子、生命和宇宙

20 世纪

量子理论革新物理学

如果 19 世纪日常生活的变化和科学的发展已经到了让人害怕，甚至会讨论不同学科的过度专业化的程度，那么这些迹象将以更加显著的姿态为 20 世纪拉开序幕。1900 年，在维也纳帝国时期，西格蒙德·弗洛伊德（Sigmund Freud）出版了《梦的解析》一书，进一步丰富了他本人创立的精神分析学。他认为考虑梦的象征意义很有必要，因为梦可以代表一个人清醒时不愿面对的现实。精神灵魂由此成为一个有待探索的新星球。

那一年的 12 月 14 日，在柏林，就像往常的一天一样。但对物理学界来说，这一天并不平常，那里正在举行一场必将创造历史意义的会议。

理论物理研究所所长、物理学家马克斯·卡尔·恩斯特·路德维希·普朗克（Max Karl Ernst Ludwig Planck）宣布了一个理论，该理论为在此之前发展的物理学历史画上了终点，开启另一段历史篇章。以前缔造的一切都将成为经典物理学，从此往后，人们所谈论的物理学将成为现代物理学。

在柏林的这场历史性会议中，普朗克阐述了他构想的量子理论。这一理论解释了加热的黑体辐射能量的现象，能量以不可分量的形式进行交换，普朗克称其为"量子"（Quantum）。而这些量子的大小，可以描述为"能量小块"，其大小取决于辐射发生的波长。

在此之前，能量的释放被认为是一种连续流动的流体。普朗克理论带来的改变是根本性的，它颠覆了我们看待和描述现实的方式。凭借普朗克的灵感，理论被总结成了著名公式，经典物理学从此被置之脑后，从而走向量子力学。量子力学也将在爱因斯坦、玻尔和海森堡等后来的物理学巨头的引领下向不同方向发展。

然而，在柏林举行的会议没有进行多少庆祝活动就结束了。与会人员意识到普朗克提出的假设所展示的思想深度，均对其表示赞赏。但这些信息又有多真实呢？许多人大概都在问这个问题。理论作者本人就是第一个表现出怀疑的人，他也曾认为这是一种没有物理意义的数学技巧。疑虑到了一定程度的普朗克立即感到有义务回到物理学中寻找理论的充分证据，即更具体的支持。作为一位伟大的科学家，他谦虚地写道："即使这个公式绝对有效，但只要它还是一条通过走运的启迪而发现的定律，人们也就只能期待赋予其一个正式的意义。因此，从我制定这条定律的那一天起，我就致力于赋予它真正的物理意义。"而普朗克正是这样做的，他付出了接下来几十年的时间，不时经历激烈的争论旋涡，最终证实了定律的有效性。

普朗克，从艰苦到幸福

"理所当然地，普朗克深受老师和其他同门的喜爱。他是班上最年轻的学生，头脑非常清晰，逻辑性强，未来无可限量。"马克斯·普朗克的高中毕业证书上写着任哪个家长看了都会无比骄傲的评语，当时他16岁。1858年4月普朗克出生在基尔（Kiel），但后来在慕尼黑学习。普朗克样样都很在行，以至于根本不知道往哪个方向发展，他纠结于古代文献学、音乐学和物理学之间，无法决定。最后他选择了物理学，信守了诺言。他先是在基尔教书，然后去了柏林，并在那儿留了下来，一待就是一辈子。在这里，他成了众所周知的"物理学革命家"，通过阐述量子化理论，改变了经典物理学的规则。"我可以把整件事定义为一种绝望的行为，"他写道，"因为我天生平和，不喜欢冒险。"他的生活中尽是一丝不苟和井然有序。另一位伟大的物理学家沃纳·海森堡（Werner Heisenberg）谈及普朗克说："他通过按时钟调整一切来练习登山。他从攀登一开始就根据地图计算出走完高差所需的时间，因此也会相应调整步速。在整个攀登过程中，没人能跟他说话，因为这会让他过于疲累，最后他会在设定的时间内到达顶峰。"多年来，这种极端的严苛对他来说都有所帮助。科学之外，命运没有给他过多眷顾。第一任妻子去世后，普朗克的儿子卡尔在凡尔登战役中阵亡。不久后，他又失去了双胞胎女儿。而他最喜欢的另一个儿子埃尔文，在1944年7月因企图暗杀阿道夫·希特勒而被判处死刑。普朗克曾会见了"元首"（Fuhrer，德语指希特勒），试图为犹太科学家辩护，当然，这一请求并没有什么结果。

他的房子和文件资料在战争炮轰下尽毁，纳粹德国垮台后，87岁的普朗克像难民一样四处流浪，最终在哥廷根找到了落脚的地方，在那里他最终重获尊严和荣誉。1947 年 3 月，他最后一次公开露面，然后于次年 10 月去世。在那次公开讲话中，他为后人留下了一些省思："我们唯一可以据为己有的东西，我们最宝贵的财富是感受的纯粹，它是世界上任何力量都无法从我们身上抢走的，它是我们快乐的源泉，它表现在我们对职责的认真履行当中。任何被召唤来共同建设精确科学的人都会找到其中的快乐和内在的幸福感，因为他们始终可以不断探索，发现不可见。"

大气层、飞艇和飞机

随着新世纪的到来，人们也对仰望天空越发地感兴趣。多亏了热气球，科学家们能够升上天空试图研究大气层，但在高海拔地区这样做的风险相当之大。因此，法国气象学家莱昂·菲利普·泰塞伦·德波尔（Leon Philippe Teisserenc de Bort）决定将人员留在地面上，只在气球上放置能够记录数据的仪器，等其返回后即可读取。他由此发现大气层的温度在升高到 15 千米高度的过程中持续下降，然后保持稳定直到可以自由飞行，实际上这个数字并不高。但这足以让他意识到，长达 15 千米的行程，加上温度变化，这过程中发生了与天气有关的主要现象。1902 年，他将这片空气称为"对流层"（Troposphere，来自希腊语，意为"变化的范围层"）。在对流层上面的是平流层。

人们由此对大气层有了进一步的了解，而另一方面，探索大气层大概不是促使费迪南德·冯·齐柏林伯爵用他的大型飞艇征服天空的原因。

他当时已满50岁，刚因为发表了一些军事机构不喜的言论而退休，这时他也终于造好了飞艇。冯·齐柏林与工程师西奥多·科伯（Theodor Kober）一起开发了第一架飞机的设计，并将其发送给威廉二世以获得飞艇建造的支持。但一个专家委员会跳出来称这种工具"无法使用"。接着冯·齐柏林便不断尝试其他方法门路，直到德国工业工程师联盟应允了对他的支持，冯·齐柏林得以成立一家公司宣传航空飞行，这其中一半资金来自他的个人资产。发动机制造商威廉·戴姆勒（Wilhelm Daimler）和来自德国吕登沙伊德（Lüdenscheid）的实业家保罗·伯格（Paul Berg）也积极参与了该项目。1897年11月，第一次在柏林上空的飞行以惨败告终，大风摧毁了飞艇。然后，另一架被安装在康斯坦斯湖的一个浮动机库中。这一次冯·齐柏林算是走运，在1900年7月2日，终于见证了他的雪茄形状的长飞艇在空中升起，然后在两个32马力的戴姆勒螺旋桨发动机的推动下飞行了18分钟。在紧贴在机身下面的客舱里，除了伯爵本人外，还有4名乘客。

冯·齐柏林后来建造了129艘飞艇，这些飞艇也将闻名世界。其设计越来越庞大，所有飞艇都具有相同的锥形形状和覆盖着帆布的铝结构。在内里，防水的丝绸气球充有比空气轻的氢气，使得飞艇能够飞行。第一家客运公司"德国飞艇旅行公司DELAG"（Deutschen Luftschiffahrts A. G.）就此成立，公司首航开通了腓特烈港和杜塞尔多夫之间距离300千米、9小时航程的定期航班，机上有20名乘客，由伯爵本人驾驶飞艇。飞艇在第一次世界大战中的军事任务失败后，1924年10月15日，一艘齐柏林飞艇抵达大洋彼岸的美国。飞艇本是作为战争损失赔偿的一部分交付，但它的到来却受到了美国人的热烈欢迎。尽管飞行仍是极少数人的特权，但航空旅行终究是拉开了序幕。1929 年，飞艇甚至第一次完成了环球航行，机上载有 20 名乘客。但飞行技术的进步已经宣告了移动缓慢的"空中恐龙时代"的终结，1937 年 5 月 6 日，齐柏林的飞艇兴登堡号（Hindenburg）在美国莱克赫斯特着陆时化作了熊熊烈火，飞艇飞行自此永久停息。

冯·齐柏林本人深信，航空的未来可能与他制造的"比空气轻"的飞船无关，但是与"比空气重"的飞机有关。"如果能为运行安全性足够的飞机生产发动机，"他写道，"那么比起那些气球，飞机将具有非凡的速度，同时不受温度变化和飞行绝对高度的影响。"

一个冬天的早晨，在距离北卡罗来纳州基蒂霍克（Kitty Hawk）约 6 千米的屠魔岗（Kill Devil Hills）沙丘上，人类已经朝着这个方向迈进了一步。那天是 1903 年 12 月 17 日，天气寒冷，风速为每小时 35 千米。在雾蒙蒙的早上 10 点 30 分，飞行者一号（Flyer 1）在木架上跑了一小段后，离开地面起飞。在奥维尔·莱特（Orville Wright）的指挥下，飞机在 3 米的高度飞行了 12 秒，机翼朝下伸展开来。尽管它的速度只有差不多每小时 16 千米，但这无关紧要，因为无论如何，这都意味着第一次由发动机动力支持的自由飞行的实现。同一天早上，飞机进行了 4 次起飞，在最后一次飞行中，飞行者一号在空中停留了 59 秒，飞行了 900 米的距离。莱特兄弟（另一个是威尔伯）成功设计并驾驶了历史上第一架飞机。飞机由木头和帆布制成，两翼重叠，装满汽油后飞机机身重近 340 公斤。一台 12 马力的莱特发动机使其配备的两个螺旋桨旋转。

报纸媒体以夸张且不准确的调性报道了此事。在美国，天文学家兼发明家塞缪尔·兰利领导的政府资助项目已经失败，这时莱特兄弟正好通过美联社发布了一则快讯，其中他们详细说明了在基蒂霍克沙丘的试飞结果。

冯·齐柏林和他的飞艇梦想

冯·齐柏林开启了军旅的职业生涯，当他还是中尉时，便请求参加图宾根大学的技术和化学课程。他还相继前往其他欧洲大学学习，然后成为美国南北战争的观察员，在那里他第一次乘热气球升空。冯·齐柏林一回来就引起了符腾堡国王的注意，国王希望他成为他的私人助理。他就此升入了高层，同时被指派其他政治任务。后来一些言论的发表让他颜面尽失，不得已以将军身份退休。这实际上让齐柏林因祸得福，这样一来他终于能够致力于他酝酿许久的梦想——制造飞艇。冯·齐柏林实现了他的梦想，成为一名航空实业家和史上第一位飞艇制造者。1838年7月，冯·齐柏林出生在德意志康斯坦斯。1917年3月，他于柏林去世，当时他发明的大型飞艇仍在高空航行，在飞艇舱里人们可以在烛光下用餐、品酌香槟。飞艇的没落将在稍后到来，届时飞机将取代"比空气还轻"的飞艇。

莱特兄弟和第一架飞机

兄弟俩一个留着胡子，另一个剃了胡子，两人都头顶着波乐圆帽。自学成才的莱特兄弟面对的飞行问题是真正的科学家问题，他们有了方法，做了充分的研究调查和反复的测试后，最终有了成果。莱特兄弟甚至打败了老牌杰出天文学家、发明家兰利，尽管有政府资助，兰利的飞机还是没能升空飞行。

在他们的飞行者一号试飞成功后，因为美国人对飞行的兴趣不高，莱特兄弟辗转去了欧洲（主要是法国和意大利），在凯瑟琳修女的资助下，展示着新型交通工具的高效性。美国总统西奥多·罗斯福（Theodore Roosevelt）在听闻他们的成功后，为了避开国会的反对意见，决定动用一笔本来用于发动拉美战争的 25000 美元旧款来购买莱特兄弟的一架飞机。从那时起，银行发放贷款也开始宽松，他们因此成立了一家公司专门制造飞机，同时发起了数十起针对假冒专利者的法律诉讼。但在 1912 年，威尔伯突然死于斑疹伤寒（他于 1867 年 4 月出生于印第安纳州的米尔维尔），他的兄弟奥维尔便从此放弃了这个行业，工作仅限于完善航空技术，并发明了几个后来得到应用的系统。在目睹了自己的发明成为最重要的交通工具之一和致命的战争装备之后，奥维尔于 1948 年 1 月在代顿去世（1871 年 8 月出生于此）。

相对论

自马克斯·普朗克撼动物理学以来，仅仅过去了 5 年，阿尔伯特·爱因斯坦在《物理学年鉴》杂志上发表的一篇题为《论运动物体的电动力学》的文章，为解释我们的世界提供了新的钥匙。当时爱因斯坦还是瑞士伯尔尼专利局的一名无名员工，同年他在苏黎世大学获得了博士学位。文章中，爱因斯坦公布了"狭义相对论"，之所以称之为"狭义"，是因为它只适用于匀速运动的物体。爱因斯坦证明，真空中的光以每秒30万千米的速度传播，这是一个无法超越的速度极限。由此可以推断，随着速度的增加，质量增加，长度缩短，时间减慢。这个理论被称为"相对论"，因为从速度到空间，再到时间，一切都只是相对于不一定静止不动的观察者而言的。

这意味着，牛顿的理论只有在速度较低、距离较短的情况下才有效，在巨大的空间和高速情况下，爱因斯坦的思想占据主导地位。但这还只是这位伟大的德裔瑞士科学家研究的开始。他继而解释了质量被视为集中能量形式的等价性。这个概念被转化为一个众所周知的公式——能量"E"等于质量"m"与光速"c"平方的乘积。

1905年，爱因斯坦还发现并解释了光电效应。在这一发现中，科学家深化了普朗克的量子理论，认为光是由微粒形成的，即光量子。当它们撞击金属表面时，光量子的能量能够将电子拉出金属。这便是光电效应。

1905年还没有结束，这位伟大的科学家进而明确地阐明了分子之间的运动，即所谓的"布朗运动"，因为英国植物学家罗伯特·布朗（Robert Brown）在用显微镜研究一些与水混合的花粉粒时发现了这种运动。爱因斯坦提出了一个描述这种运动的方程式，该方程更广泛地涉及原子论理论，结束了自德谟克里特时代以来一直存在的关于物质的争论。

一年里形成了4个重大的发现，这时爱因斯坦年仅26岁，却已经达到了天才的境界，成为牛顿继任者绰绰有余。但他的科学探索并没有到此结束。10年后的1916年，他重拾起相对论并将其扩展。他剥离以恒定速度运动的观测者的参照，转而研究运动中彼此加速的系统，广义相对论就是这样诞生的，爱因斯坦再一次打开了世界的边界。

在爱因斯坦之前，欧几里得的直觉还具备有效性，他根据 3 个传统维度对宇宙进行了想象。爱因斯坦从根本上改变了这种几何方法，意识到了它的不足之处。为了证明此观点，伟大的德国数学家黎曼使用他开发的强大数学工具，从物理角度用数学的呈现描述了爱因斯坦的想法。因此，我们从三维几何学转移到了引力场的几何学，假设空间的曲率由物质决定，换句话说，由其质量释放的引力决定。宇宙由此改变了它原本的形象，宇宙内所有的点不再同质，即不再是各向同性的。广义相对论就这样弯曲了空间。

这样一个大胆的理论，加之概念上的复杂，并没有立即得到大众的接受，尽管爱因斯坦已经是天才中的天才。3 年后，爱因斯坦有机会参加一次检测，以验证他所宣布的理论是对是错。1919 年 5 月，在日食之际，在著名天文学家、爱因斯坦的崇拜者阿瑟·艾丁顿爵士（Sir Arthur Eddington）的带队下，伦敦皇家天文学会组织了两次探险。科学家们一行前往巴西的索布拉尔和几内亚湾的普林西比岛，测量太阳附近可见恒星发出的光线的活动表现。根据广义相对论，必须存在一个偏转，即太阳的引力场能够弯曲光辐射，使恒星看起来稍微偏离其原始位置。果然不出所料，一切按照爱因斯坦的理论所言发生，理论再一次被证实。宇宙也正如爱因斯坦所猜测的那样：新的宇宙学就此诞生。

瑞典科学院也终于对爱因斯坦给予了肯定，并于 1921 年授予他诺贝尔物理学奖。但奇怪的是，获奖原因考虑的并不是成就他的伟大理论，而是光电效应的发现，这一发现的确也很重要，但一定不及他的其他成果。爱因斯坦的思想彻底改变了物质、空间和时间。

爱因斯坦，孤独的旅行家

1902 年，在朋友的帮助下，爱因斯坦在伯尔尼专利局找到了一份工作。当时爱因斯坦就读于苏黎世理工学院，业余时间在苏黎世大学攻读博士学位。与此同时，他还研究了一些观点，并于 1905 年提出了自己的结论，即狭义相对论。获得了博士学位后，爱因斯坦继续审查专利，直到大学给他提供了一个教职。可能是因为他看起来太年轻了，也可能他的理论还未被理解。自 1901 年起爱因斯坦成为瑞士公民，他 1879 年 3 月出生于德国乌尔姆（Ulm），去往瑞士联邦前他曾在慕尼黑学习并在意大利（米兰的比格利大道，Via Bigli）短暂停留。爱因斯坦父亲的经商道路并不平坦，小阿尔伯特常常感觉自己像个流浪者。1920 年他曾写信给另一个伟大的物理学家马克斯·玻恩："定居在哪里并不重要，"他写道，"我是一个没有根的人。我父亲的骨灰在米兰，几天前我把母亲安葬在了柏林这里。我自己四处莽撞，在哪儿都是异乡人。"

爱因斯坦结了两次婚。第一次是与他的同学米列娃·马里奇，两人育有两个孩子；第二段婚姻是和他的表姐埃尔莎。1913 年，他被唤至柏林大学，在那里他待了 20 年，直到德意志开始追捕犹太人后他逃往美国。那是 1933 年，他仍然保留了瑞士公民身份。

到了美国后，爱因斯坦住在普林斯顿一所树木环绕的木屋里。在他二楼的工作室里，一扇大窗户俯瞰着绿色的草地。他后来在高等研究院任教，在写给美国总统的一封信中，他说到了担心希特勒可能会征服原子弹，这一举动为美国第一颗原子弹的制造铺平了道路。往后，爱因斯坦一直坚持与核武器威胁作斗争。

爱因斯坦的名字和形象远远跨越了科学领域，广为流传。他缔造了一个神话。然而，不管怎样，爱因斯坦本人感到的是一种超脱的精神。"事实上，我是一个孤独的旅行者，我从未全心全意地属于我的国家、朋友或家人。即使面对所有这些牵绊，我也从未摆脱距离感和孤独感。"1952年，以色列国提议爱因斯坦担任总统。爱因斯坦表示了感谢并婉拒，他宁愿住在普林斯顿的木屋里。1955年4月在此逝世，但他的神话却永不腐朽。

性染色体和原子的结构

当爱因斯坦离成功还有些距离，正忙于讲述其相对论的复杂路径时，另一边，美国遗传学家托马斯·亨特·摩尔根（Thomas Hunt Morgan）开始对果蝇（小昆虫）进行研究，因为其细胞结构简单，容易繁殖，从而揭示了遗传中的基因机制，1910年摩尔根发现了通过性染色体传递的特征。这意味着，能够在染色体试剂盒中区分雄性和雌性。摩尔根于1933年获得诺贝尔医学奖。在最早的那些实验中，果蝇始终是遗传学家的忠实盟友。

第二年，欧内斯特·卢瑟福（Ernest Rutherford）描述了原子的结构，这是征服微观世界的另一决定性的一步。这是卢瑟福成为一名著名科学家后取得的最伟大发现，1908年卢瑟福获得诺贝尔化学奖。卢瑟福发现无线电发射 α 和 β 粒子，且存在放射性衰变，他还解释了原子核的解体是如何提供能量的。当时他在加拿大蒙特利尔大学任教，然后转去了英国曼彻斯特大学，在那里除了确认 α 粒子作为氦原子核的性质外，他还着手破译了原子的内部结构。他的实验包括用 α 粒子轰击金箔，测量放在金箔后面的照相底片上获得的结果（例如偏移）。根据这些线索，他构建了原子模型，模型类似于太阳系，带正电荷的原子核集中在整个质量的中心，周围是带负电荷的电子，并在其轨道上旋转。然后，卢瑟福指出了质子在原子核中的存在，还推测出了没有电荷的中子的存在，这一点由他的学生詹姆斯·查德威克（James Chadwick）在 1932 年晚些时候发现，查德威克因此在 3 年后获得了诺贝尔物理学奖。

卢瑟福开启了原子微观世界的旅程。丹麦物理学家尼尔斯·亨里克·玻尔（Niels Henrik Bohr）也是最先研究电子行为的学者之一，他在卢瑟福之后详细介绍了原子和原子核的模型。他应用量子理论，描述了发射"能量子"的电子如何失去一些力量、落入围绕原子核的较低轨道，直到达到几乎快跌进原子核本身的水平。但如果在这种情况下给电子能量，它就会提高轨道高度。诺贝尔奖于 1913 年发表此研究，到了 1922 年才授予玻尔奖项。然而，玻尔想象的圆形轨道并不是完美的，他自己也很清楚，因为计算出的数字总是不太对。几年后，德国物理学家阿诺德·索末菲通过描述椭圆轨道的存在，终于解决了这个疑问。

原子中越来越清晰的电子全景图打开了另一个重要窗口。通过更好地了解电子的外层，便可以破译不同原子之间如何建立化学键（但德国理查德·威廉·阿贝格在 1904 年已提出了假设），从而解释化学反应是如何通过一个原子和另一个原子之间的电子交换发生的。

卢瑟福："科学即物理。"

拿到了奖学金后，卢瑟福得以离开新西兰。1871 年 8 月卢瑟福出生在布莱特沃特（Brightwater），学成后进入剑桥著名的卡文迪许实验室，与实验室的主任约瑟夫·汤姆森一同工作。卢瑟福对气体电离进行了研究，研究结果为他赢得了蒙特利尔大学物理学院院长的职位。十年后，他又带着一项诺贝尔奖回到英国曼彻斯特大学。他接而取得比往常让他得奖的研究更有价值的成果。对于卢瑟福来说，存在本身就是物理学，甚至可以用一句玩笑话来表述："科学就是物理学，其余的就是集邮。"

在他的众多发现中，还包括原子的转换，但卢瑟福认为这项发现没有任何应用可言，他争辩说："谁期望从原子转换中获得能量来源，谁就是在谈论月球。"相反，他的发现实际上是原子能发展的第一步。无论如何，卢瑟福的伟大是无可争议的。他还被授予了勋爵头衔，1937 年 10 月去世后，卢瑟福被安葬在威斯敏斯特教堂，与其他天才一同长眠于此。

玻尔，原子的发明为和平

"专家就是在一个非常狭窄的领域里犯过所有可能错误的人。"尼尔斯·亨里克·玻尔喜欢极端的理论。1885 年 10 月玻尔生于哥本哈根，学业结束后前往剑桥。但在剑桥的不适应，促使他搬去了曼彻斯特，来到卢瑟福的实验室，在那里他创建了原子的"玻尔模型"。战争爆发后，他再次离开丹麦，乘坐一架小型飞机来到英国避难，途中还经历了因燃料损失而差点毙命的危险。后来他又辗转到了美国，在那里他参与了"曼哈顿项目"合作建造了第一颗原子弹。战后，他为控制核武器而斗争，并于在 1957 年获得了"原子和平奖"（Atoms for Peace）。玻尔试图将他的一些对量子力学精心构想的概念扩展到其他领域，跨越了哲学到生物学，但收效甚微，批评甚多，时有出彩。玻尔在哥本哈根度过了人生的最后几年，于 1962 年 11 月在那里去世。

第一次世界大战和新武器

在 20 世纪的头 20 年，这些发现不断涌现的背景下，欧洲则处于危机之中，成为第一次世界大战的战场。1914 年 6 月，奥地利大公弗兰兹·费迪南的暗杀引发了这场战争，除了西欧列强外，它还将俄罗斯、日本和美国卷入战场。冲突中也出现了更有效的新型军事工具，英国违背某些指挥意愿而使用的坦克，德国人开始引进有毒气体和潜水艇。一艘隶属英国的"卢西塔尼亚号"（Lusitania）于 1915 年 5 月被潜水艇击中，沉没海底，造成了 1198 人死亡，其中包括 139 名美国人。灾难的发生改变了美国人的想法，在此之前他们对战争一直保持中立态度。德国人还使用了飞艇轰炸伦敦上空，首批配备炸弹和机枪的飞机也开始进入了战场。战争于 1918 年结束，德国战败，君主制得到覆灭，奥匈帝国也分崩瓦解。与此同时，俄罗斯国家陷入混乱，革命爆发，共产党上台执政。沙皇尼古拉二世被迫退位。

大陆漂移、地球和气候循环

20 世纪初，两位地质学家成功在地球的历史演变图像上为其建立了一个有趣的拼图。1912 年，德国人阿尔弗雷德·洛塔尔·魏格纳（Alfred

Lothar Wegener）观察到南美洲和非洲海岸在大西洋上的重合情况，进而假设地球最初出现的陆地是统一的一大块"花岗岩"大陆，四周由水包围，他将其命名为"泛大陆"（Pangaea，希腊语意为"整片大地"）。后来证实，在 2 亿年前发生了一次断裂，各大洲陆地由此形成，从那时起，陆地继续各自漂移（大陆漂移学说），漂浮在底层的玄武岩之上。但魏格纳的想法当时没有得到采纳。1914 年，德裔美国人贝诺·古腾堡（Beno Gutenberg）在研究地震期间震波的传播时意识到了，据他所说，只能用一种方式来解释的异常现象，即假设地核的性质与地球其他部分不同，甚至是液体状态的。精确地说，是由镍和液体铁组成，而其中液体铁含量占多数。

古腾堡解释说，地球内部由液核组成，液核被岩石地幔包围，岩石地幔又被地壳覆盖。地球的组成草图这下完整了。然而，1920 年，南斯拉夫物理学家米卢廷·米兰科维奇（Milutin Milanković）假设，在地球的表面，地球轨道的离心率加上地轴的倾斜和进动（顶部的运动），产生了一个 4 万年的气候周期，有 4 个主要季节（秋季、冬季、春季和夏季），每个季节约 1 万年。当时，他几乎被认为是疯了，但 50 年后，他的想法将被重新评估。

魏格纳消失于冰河之中

"在他晒黑的脸上，那灰蓝的眼睛闪闪发光。"艾尔莎·珂本（Elsa Köppen）将用这些话来形容第一次见阿尔弗雷德·洛塔尔·魏格纳的情景。珂本在魏格纳第一次远征格陵兰回来时与其相遇，后来成为他的妻子。魏格纳当时 28 岁，他 1880 年出生在柏林，父亲是一名牧师和德国文学教师。他曾在海德堡、因斯布鲁克和柏林学习，尤其爱钻研天文学。但魏格纳最先在气象科学方面做出重大贡献。

后来，他被冰河世界所吸引，开始了前往格陵兰岛的探险，在第一次探险中，他被困了整整一年。回国后，除了结婚，他还遭遇了第一次世界大战，两次受伤。在疗养期间，他写了一本关于大陆漂移的书，地质学家们将就此书讨论半个世纪之久，直到 20 世纪 60 年代才明确认识到这一点。

1930 年，他第三次远征格陵兰岛。夏天即将结束，探险队的两名队员被困在艾斯米特（Eismitte）。魏格纳为了营救他们进行了一趟让人筋疲力尽的旅程，以至于他不得不因为冻伤，切断他的搭档、冰川学家弗里茨·洛伊的脚趾。尽管有食物和水，但为了不耗尽粮食，在 36 个小时的停留后，他们决定不顾恶劣的气候回程。那是 11 月 1 日，他刚满 50 岁，从那天起，魏格纳便失踪不见。7 个月后，人们在那段回程路上发现了他的尸体。

银河系和其他星系存在的证明

在经历了 19 世纪末火星"运河"激起的喧嚣后，欧洲天文学家又被第一次世界大战所淹没。他们的工作变得更加艰难，星空观察者之间几乎不可能建立联系。因此，美国天文学这时开始占据上风，并且自此将在接下来整个世纪里保持前列。此外，位于加利福尼亚州帕萨迪纳附近的威尔逊山望远镜的启用也将为其发展提供有利条件，该望远镜的直径为 254 厘米，在未来 30 年都将保持世界上最大望远镜的纪录。用它来研究太阳黑子，恒星活动的 10 年周期将尤其得到精确，进而获得周期的最大值和最小值。同时，人们开始着手解决太阳系的诞生和形成问题，美国的亨利·诺里斯·罗素（Henry Norris Russell）确定了恒星生命的各个阶段，即所谓的主序星。

在威尔逊山天文台，哈罗·沙普利（Harlow Shapley）成功地建立了一个更准确的银河系图像，也确定了我们人类所在的地球，以及我们的太阳系在其中的位置。沙普利从研究球状星团开始，并于 1918 年解释了它们是如何围绕银河系中心分布的，该星系位于距离太阳 3 万光年的人马座。从这些测量结果中，他推断出太阳系分散在银河系星岛的边界处。如果我们观察人马座的天空，我们会看到无与伦比的恒星密度，向我们指出银河系广阔的中心区域，然而，因为被尘埃和气体云所隐藏，我们无法看到其真正的核心。沙普利的观察引导我们发现了银河系比想象中大得多的维度（其直径约为 10 万光年，我们距离最近的边界 2 万光年，距离另一头的边界 8 万光年）。哥白尼把地球从宇宙中心剔除，然后沙普利又移走了太阳系，把我们推到了银河系的边缘。

但这位美国天文学家还跨越了银河系的边界，测量了到达麦哲伦星云的距离。他发现了 3 万光年的距离最小值，因此被判定为在银河系外。这是我们星系之外存在其他星系的第一个证据。尽管证据都是沙普利自己收集的，但他却否认了其他星系的存在。"在我看来，这些证据，"他坚定地写道，"与旋涡星云是与我们的星系相媲美的恒星星系假设相反。没有理由改变现有的假设，即旋涡星云不可能由实际恒星组成，而真的只是一些云状物体。"然而，支撑的证据却越来越多。天文学家乔治·威利斯·里奇在旋涡星云中发现了恒星的诞生。1918年，利克天文台的希伯·杜斯特·柯蒂斯估算了仙女座星云的距离在100万光年外。至此，理论已经差不多得到最终确认。

沙普利，反美嫌疑者

在威尔逊山天文台工作的7年里，在拓展宇宙边界这件事上，沙普利比其他任何人都要出色。但他否认了自己收集到的真相，不接受宇宙中存在与我们相似的星系。哈罗·沙普利于1885年出生于密苏里州，曾在法律天文台（Laws Observatory）见习。在威尔逊山天文台取得成绩后，沙普利被任命为哈佛大学天文台的主任。然而，他的职责和发现等功绩还是没能让他免受参议员约瑟夫·麦卡锡（Joseph McCarthy）认为他是共产主义者的指控。那个时候，在麦卡锡看来，处处皆"红色"，以至于他的时代被戏称为"麦卡锡时代"。同样的指控甚至施加于领导原子弹制造的尤利乌斯·罗伯特·奥本海默（Juliu Robert Oppenheimer）的身上。1950年，沙普利因反美活动被带到众议院委员会面前。但沙普利最终还是在"政治迫害"中幸存了下来，得以继续他的观星工作。沙普利于1972年去世，享年87岁。

量子力学和爱因斯坦的理论

如果说爱因斯坦的相对论被视为20世纪物理学的两大理论基础之一，那么其中的另一大支柱，便是被称为"量子力学"的学说。量子力学是 20 世纪上半叶一些科学家共同努力的结果，他们是德国的马克斯·玻恩和沃纳·海森堡，丹麦的尼尔斯·玻尔和奥地利人埃尔温·薛定谔。量子力学是关于动态系统运动的普遍理论，理论在采用经典力学的概念和原理的同时，使用了根植于抽象数学的全新形式主义。通过这种方式，它可以在微观层面描述粒子的行为，记录粒子的异常或其他情况下无法解释的表现。

如果这一切都是从普朗克的量子理论开始，那么后来添砖加瓦的便是爱因斯坦。例如，1924 年命名为玻色 – 爱因斯坦凝聚的理论，用新的规则解释了物质在极低温度下的性质，与路德维希·埃德瓦德·玻尔兹曼用经典理论描述的情况完全不同。

但正是玻尔、玻恩、薛定谔和海森堡，运用量子力学的不确定性原理，抛弃了经典力学的工具，让量子力学具体化。

如早期人们认为量子力学只适用于微观世界，那么在接下来的几十年里，它将成为宏观现象和应用的基础，并能够解释激光、晶体管和某些材料在低温下的超导性。

但历史时而会显示出一些有意思的方面。爱因斯坦和薛定谔是量子力学的主要反对者之一，他们在促进了量子力学发展后，又拒绝接受其后果。在 1927 年和 1930 年的两次索尔维（Solvay）大会上爱因斯坦就试图证明新理论的错误。会上各种让玻尔惊慌失措的发问，但他总会在晚上反思，可能在第二天早上想到答案。后来，"乌尔姆的天才"（指爱因斯坦）不再试图公开诋毁该理论，只是继续私下表示反对，辩称这是不切实际的想法结果，其与相对论多么不可调和，爱因斯坦认为相对论比量子力学更为基本。

海森堡和希特勒的原子能

海森堡的不确定性原理看起来好似威胁了物理学，相反，他的原理增加了一种更恰当的看待现实的方式。他得出的结论是，至多可以表示某个现象发生的可能性的概率。1901 年 12 月，海森堡出生于维尔茨堡，后在慕尼黑学习，接着在哥廷根成了马克斯·玻恩的助手，然后还去了哥本哈根与尼尔斯·玻尔合作共事。26 岁时，他成为莱比锡大学的教授，一直执教到 1941 年。

海森堡是在核裂变领域为纳粹工作的科学家小组成员之一，其工作内容简单来说就是制造原子弹。但与美国相比，他们的研究进展非常缓慢。也有人指责海森堡没有能力运行原子弹开发项目。后来在海森堡的团队成功完成这个可怕的武器之前，战争就结束了。战后，海森堡转而负责哥廷根的马克斯·普朗克研究所，在 1976 年 2 月逝于慕尼黑。

薛定谔，哲学狂热者

"我们的目标应当是想一些还没有人猜到的东西，但得是每个人都考虑过的话题。"埃尔温·薛定谔（Erwin Schrödinger）喜欢哲学。他作为一名炮兵军官在第一次世界大战中作战，当他从前线安全返回时，他有想过从事这一行。他试图获得大学教职的城市被奥地利割让，因此他又回到了物理系。薛定谔 1887 年 8 月出生于维也纳，也在这个帝国首都学习成长。1933 年，希特勒上台的那年，薛定谔获得了诺贝尔奖。随着战争的到来，他去往了都柏林避难，英国物理学家保罗·狄拉克

（Paul Dirac）也一同前往，他们的伙伴关系在生活中和科学领域里持续了很长时间。

1926 年，薛定谔和法国人路易斯·维克托·德布罗意发表了他们各自得出的相同发现：每个电子或粒子都与波有关。战后，他回到维也纳，留了下来，直到 1961 年 1 月去世。

第一枚太空火箭

在 20 世纪 20 年代的后半段，所有的认知都已经成熟，是时候建造一台能够穿行大气层和太空的机器了。牛顿早就定义了它的作用和反应原理，火药技术的发展也已经证明火箭飞行的可行性。但不管是烟花还是原始武器，一切都还显得很简陋。1926 年 3 月 16 日，罗伯特·哈钦斯·戈达德（Robert Hutchings Goddard）制造了第一枚液体推进剂火箭。从照片上看，这枚火箭几乎不像如今火箭的样子。它长 1.5 米，燃烧室位于其顶部，而下面是真空中的汽油罐和液氧罐。一组细细的架子把所有连接在一起。火箭周围是马萨诸塞州的奥本乡村，草原被晚雪覆盖。下午早些时候，戈达德、他的妻子埃丝特和他们的合作伙伴珀西·鲁普教授打开推进剂阀门，最后用一根覆盖着煤屑的长棍点燃，历史上第一枚液体燃料火箭就这样升空飞行了两秒半，上升到 12 米高，在距起点 50 米处落下。它看起来很像莱特兄弟飞机的第一次飞跃，但它着实起飞了。

从那时起，在克拉克大学任教的戈达德一直在努力完善他的机器，让它变成一个真正的火箭，就像我们今天所看到的那些火箭一样，他预想着德国科学家在 20 世纪 40 年代初能取得的进展。但在美国，他并没有受到非常认真的对待。武装军队仍然不相信火箭的力量，戈达德能获得的民间资助不是没有，但确实少得可怜。古根海姆基金会资助了他几年的时间。同时，他搬到了新墨西哥州的罗斯威尔，在那里的沙漠地区工作，以更多确保实验的安全。1940 年，他造成的火箭几乎有 7 米高，直径 45 厘米。其内部系统已极其先进，还有陀螺仪设备可引导发射轨迹。尽管军方明确说对他的研究感兴趣，但战争仍旧没能让他开发他想开发的机器。

戈达德，太空的厌世者

"戈达德领先于我们所有人。"之后他的德国对手沃纳·冯·布劳恩（Wernher von Braun）承认道，冯·布劳恩曾在德国领导了帝国火箭比赛。但是罗伯特·哈钦斯·戈达德始终有一个缺点：他的天才与他性格的封闭旗鼓相当。

注重成果的戈达德（他累计获得了 79 项专利，几乎包揽了火箭技术的所有方面），不愿意跟学术同事们讲述太多，担心他们会窃取他的想法。在头几次实验之后，报纸刊物开始关注他，甚至把他描绘成太空的征服者。这给他带来了更多的烦扰，而不是满足感。因此，他在罗斯威尔周边的沙漠中待了多年，以培育他的"宇宙生物"。

如果不是因为他与查尔斯·林德伯格（Charles Lindbergh，又称林白）的友谊，戈达德的情况大概会更加糟糕。林德伯格是史上第一位大西洋穿越者，也对火箭试验着迷不已。也是林德伯格向古根海姆基金会举荐戈达德，让他获得用于实验的必要资金。当美国人看到德国导弹飞行时，他们对戈达德的记忆已经所剩不多。1945 年 8 月，戈达德因喉癌在马里兰大学医院逝世。

林德伯格、有声电影和青霉素

1927 年，因为这一年里发生的空中大事件而将永远被人们铭记。查尔斯·林德伯格成功从纽约飞越大西洋飞到巴黎，其间飞机没有着陆。5 月 21 日，当他在布尔歇机场降落时，一大群人在绿草坪上等待着他的到来。林德伯格驾驶着只有一个引擎的"圣路易斯精神号"（Spirit of St. Louis）在 33 小时 30 分钟内飞行了 5800 千米。有传闻说，当时有一只苍蝇被困在驾驶舱内，无法飞出，这帮助了他飞行中保持清醒。随着大型航空工业及其商业发展，飞行的先锋时代即将结束，现代航空即将诞生。

同年，最受欢迎的艺术之一——电影也获得了一席之地。电影业见证了从默片变成有声电影的过程，从此电影不再是钢琴伴奏搭配演员的手势，也不再是字幕连接画面，电影角色们终于开始张口说话。经过了几次尝试后，有声电影第一次真正的成功是 1927 年 10 月 6 日，艾尔·乔逊主演的电影《爵士之歌》的上映。从此有声电影便开始以惊人的速度广泛传播，无声电影在两三年内渐渐消失。

相反，自 1928 年以来，一个注定标志着人类生存历史的非凡发现——青霉素，却一直被封存在实验室里，这是人类史上的第一种抗生素。而对青霉素的封存持续了 10 年之久。

　　彼时亚历山大·弗莱明（Alexander Fleming）正在伦敦圣玛丽医院担任细菌学家。他研究传染病，发现了一种存在于唾液和鼻腔分泌物中的物质——溶菌酶，这种物质能够杀死细菌而不损伤组织。然而，溶菌酶对葡萄球菌和链球菌等最常见的病原体却不起作用。

　　一天，在实验室里，他意外地发现了一个培养葡萄球菌的盘子上的霉菌。让他吃惊的是霉菌周围看起来干净、空荡的区域。细菌显然被这种物质给杀死了。然后，他采集了一些样本，对其进行分析，发现所见物质是青霉菌（Penicillium notatum），也就是一种与面包非常相似的霉菌。弗莱明顿时明白，它能产生一种可以杀死葡萄球菌的物质。提取了霉菌后，弗莱明将它放在培养基上生长，后来证明霉菌对大量细菌均有效。弗莱明于是尝试将其注射到一些动物体内，以确认其安全性。总而言之，这种物质存在，但因其不稳定性，分离和培养它却非常困难。弗莱明将物质命名为"青霉素"。

　　经过了 10 年的等待，到了 1939 年，牛津病理学院的两名研究人员霍华德·沃尔特·弗洛里（Howard Walter Florey）和恩斯特·鲍里斯·钱恩（Ernst Boris Chain）成功制造出更大剂量的青霉素，并进行一项实验，以证实其治疗效果和无毒性。

　　从那以后，对青霉素的实验扩展到了英国和美国，自从英国和欧洲卷入战争以来，一切变得更加困难，弗洛里便去了美国，以提高研究的效率。

　　而弗莱明呢？他发现青霉素得到肯定，还要归功于他的导师，著名的细菌学家阿尔姆罗斯·爱德华·莱特（Almroth Edward Wright），他曾写信给《泰晤士报》，讲述了弗莱明在这一发现中所起的作用。这一举动足以让他因其功绩而获得认可，包括 1945 年与弗洛里和钱恩一起获得的诺贝尔医学和生理学奖。

5 年前，1940 年，一位俄罗斯裔微生物学家塞尔曼·瓦克斯曼（Selman A. Waksman）在链霉菌家族的真菌中发现了一种杀菌化合物，因此他将其称为"链霉素"。链霉素这种物质对青霉素无法攻击的细菌尤其有效，但是它对身体的毒性也更大。"抗生素"（antibiotic）这个名字也是瓦克斯曼的功劳，它来自希腊语，意思是"对抗生命"。

弗莱明，天才与运气

弗莱明是一个农民的儿子，有三个兄弟和一个妹妹，家里的经济条件比较困难。他随后在伦敦学习，接着在一家船运公司找到了工作。1901 年，弗莱明突然走运，多亏了一小笔遗产的继承，他得以进入大学学医。在学校里，他显然是最优等生，赢得了所有课程的奖项。伦敦圣玛丽医院研究实验室的负责人、著名细菌学家阿尔姆罗斯·爱德华·莱特立即把弗莱明唤到身边。他在那里度过了一生，始终致力于传染病的研究，没有让自己受到导师激进主义的影响，相反，除了研究之外，他还关注哲学、文学和音乐。获得诺贝尔奖后，医院专门为他成立了一个微生物学研究所，并任命其为主管。巴斯德和李斯特是弗莱明的榜样，但他的研究成功既是天才也是运气。正如他指出的那样，两者都是必要的。多亏了天才和运气，成就了他偶然的发现。弗莱明作为一名研究人员始终坚守岗位，直到 1955 年 3 月在伦敦去世的那一天。

银河系的逃逸、太阳和冥王星的发现

1929 年是天文学的关键一年。天文学家埃德温·鲍威尔·哈勃
（Edwin Powell Hubble）用威尔逊山望远镜进行了一项星系普查，这台仪
器让他能够看到这些星系，他随后将它们分为椭圆星系、不规则星系和
螺旋星系。多亏了这双新的"眼睛"和它赋予的能力，人们终于能确定
这些大星系们的性质：它们不是充满气体的星云，而是处于不同演化阶
段的巨大恒星团。1923 年，哈勃提供了依据佐证，当时他在仙女座星系
中发现了造父变星。

哈勃还指出，星系在宇宙中的分布并不规则：它们以几十个星系甚
至是数千个星系为一组。但是，哈勃的另一项发现将再次拓宽宇宙的边
界，即星系逃离的规律。几年前的研究看来，宇宙的边界似乎已经是无
限的了。星系远离的速度已经在研究之中，但哈勃意识到这不是随机的，
而是遵循一条精确的定律，他在 1929 年描述了这条定律，为宇宙膨胀理
论提供了第一条线索。

宇宙的图像就此发生了根本性的变化。哈勃定律包含一个数字，膨
胀发生的精确解释就取决于这个常数，它还决定了宇宙年龄的计算。然
而，要等到 70 多年后，美国宇航局以"哈勃"命名的太空望远镜的到
来，才能开始对这一著名常数进行精确评估。

在天文学中的发现既有赖于伟大天文学家的直觉，也取决于当前仪
器的力量，没有这些仪器，科学家就如同失去双眼。威尔逊山望远镜就
是最好的证明，它推动美国天文界建设了一个更为庞大的构造，于 1928
年初步形成。传奇的帕罗玛山天文台（Palomar Observatory）就此落成，

望远镜拥有 508 厘米的口径，它将再一次标志着望远镜史的飞跃。但因为第二次世界大战的爆发，帕罗玛山望远镜的实现困难重重，其建造工作持续了 20 多年。

与此同时，美国天文学家亨利·诺里斯·罗素已经以描述恒星的生命周期而声名远播，他证明太阳是由氢和氦以三比一的比例形成的，但也有较少比例的氧、氮、碳和氖成分。

俄罗斯裔美国物理学家乔治·伽莫夫（George Gamow）做出假设，称太阳持续释放的能量是 4 个氢原子核通过聚变转变为氦原子核的结果。这种转换被称为"核聚变"，但此时对其过程进行详细描述仍为时过早。

其他发现来自太阳系的边界，美国天文学家克莱德·威廉·汤博（Clyde William Tombaugh）在 1930 年重新定义太阳系，他的研究带来一些惊喜，也留下一个尚未解决的谜团。对天王星不规则行为的观察有利了海王星的发现，人们开始探寻著名的"X 行星"的踪迹，根据天文学家的说法，它质量必定十分庞大，因为海王星的存在不足以佐证天王星的异常活动。美国人珀西瓦尔·罗威尔对此相关研究颇有热情，罗威尔曾因观察火星水渠而闻名，这些水渠被他认作是智慧生物的产物，即"运河"。然而，直到罗威尔去世，他都没能如愿找到这颗新行星。但是在他创立的亚利桑那州天文台，他的助手克莱德·汤博仍在继续调查。他收集了星空的照片，不断对照比较，以了解是否有恒星显示出由行星运动造成的位移。1930 年 2 月 18 日晚上，汤博的一贯努力终于有了回报，他观察到了只能以一种方式解读的现象。他看到了那颗人们一直在寻找的行星。一个月后的 3 月 13 日，即罗威尔诞生 75

周年纪念日当天，为了致敬罗威尔，行星的存在终被宣布。行星被命名为"冥王星"（Pluto）有两个原因，其一是它代表了地狱之神，这样的参照正好适用于远离太阳光、在宇宙幽深黑暗中旋转不止的行星；其二是因为"Pluto"的前两个字母"Pl"代表珀西瓦尔·罗威尔的姓名首字母。可见冥王星的命名也是对这位天文学家一生所体现的奉献精神的公平认可。但令人惊讶的是，这颗新行星后来被算出的质量实际结果非常小。根据之前预期，行星质量应该更大，才能解释以前行星的异常行为。因此，冥王星（2006年降级为矮行星）轨道之外存在一个巨大行星体的假设仍然存在，到目前为止，还没有人能够证明这个假设。

哈勃，拳击手、律师和天空

哈勃有两次都差点走上和天文学截然不同的方向。在大学里，他非常擅长拳击，甚至有人给他发出职业合同，遭到了他的拒绝。获得理学学士学位后，他拿着奖学金前往牛津大学攻读英语及罗马法。回到美国后，哈勃从事了一年的律师工作。但在这里，他被天生对星空的热情所拯救，哈勃早在12岁时写了一篇关于火星的短文。他因此进入芝加哥大学钻研完善这门学科。但幸运之神或许没有与他做伴，在完成课程后，尽管哈勃受到了乔治·埃勒里·海耳（George Ellery Hale）前往威尔逊山天文台的邀请，但他不得不拒绝，转而奔赴前线参战。在法国作战时，哈勃不幸被手榴弹击伤。他不喜欢战争，但军事生活又给他带来了某种吸引力。1918年返回家乡后，他重拾了天文学研究。"二战"期间，他被迫参与弹道学研究，以支援阿伯丁炮区的火箭研究。为此他还获得一枚奖章。

哈勃是一位魅力非凡的演说家，也是一位哲学爱好者。然而，1949年，哈勃的心脏开始出现问题。但他总是渡过难关，之后甚至前往英国，受邀发表演讲。1953年9月28日，他突发脑血栓离世。银河从此又失去了一位仰望星空的人。

汤博，杰出的外行人

1906年2月，克莱德·威廉·汤博出生在伊利诺伊州的斯特里特（Streator），因为家里太穷，都没法送他去上学。但是克莱德心系天空，觉得自己既然不可能成为一名天文学家，他便寻找了另一种方法，无论如何都要追逐星星。汤博自己建造了一台望远镜，成功地完成了一些有意思的观测发现。当他将这些观测结果呈现给亚利桑那州弗拉格斯塔夫天文台（Flagstaff Observatory），希望谋求一份工作时，罗威尔十分受打动，遂而聘请他为助理。

罗威尔的决定很明智，因为汤博将通过自己的一丝不苟，证明老师罗威尔的信念和工作并非无用功。汤博由此在双子座发现了冰冷的冥王星。他始终抱有自己年轻时的愿望，念想成为一名真正的天文学家。于是汤博入学堪萨斯大学，于1939年毕业。他的名字已经被写入了天文学历史的殿堂。1945年，汤博搬去了新墨西哥州，当地报纸的报道让人们又记起了这位著名的天文学门外汉，1997年1月17日，汤博在拉斯克鲁斯塞城的一幢小屋去世，享年90岁。

反物质和中微子

撇开 1929 年美国经济大危机不谈，20 世纪 30 年代仍以原子物理学占据统治地位。1930 年见证了两个产生重大影响的结果：一个是理论成果，另一个是技术成果。第一个成果由英国物理学家保罗·阿德里安·莫里斯·狄拉克获得，他研究了当时已知的两种粒子——电子和质子，推断出它们可以在不同的条件下存在，甚至有那么一刻他还想象了这两个粒子实际上是单种粒子的不同状态。但显然这个想法说不过去，狄拉克深入研究后的结论是，在任何情况下，都必须存在具有相反的电荷、与已知粒子相对的粒子。简而言之，就是反粒子的存在：一个带负电荷的质子（反质子）和一个带正电荷的电子（反电子）。

从理论上证明新一代粒子的公式引导得出了一个不寻常的结论：反电子和反质子不可能是孤立的，其他对立的粒子必须存在以丰富微观世界。这也就意味着反物质的存在。就这一理论的得出，狄拉克与薛定谔一同于 1933 年被授予诺贝尔物理学奖。与此同时，物理学家卡尔·大卫·安德森（Carl David Anderson）在宇宙辐射中首次发现了反电子（也称正电子）存在的证据。

另外第二个技术成果则与物理学家欧内斯特·奥兰多·劳伦斯（Ernest Orlando Lawrence）正在建造的一台机器有关，它被称作回旋加速器。早在此前一年，科克罗夫特（Cockcroft）和沃尔顿（Walton）就已经设计出了一种直线加速器，在这种加速器中，他们将能量累积到粒子上，由于电磁场的作用，粒子的运动速度会越来越快。通过这种方式，粒子可以不断攻击原子核，直到攻破后探究原子核里的含有成分。这绝对是研究物质内部关系的绝妙且独特的方法。

但是为了使直线加速器工作更有效，它的设计变得越来越长，这导致了不同性质的问题。而劳伦斯设计的是一个圆形加速器，粒子在加速器内部不断旋转，并从旋转中获得速度，同时获得能量，在每一个旋转中又施加以额外的电磁推力。最后电磁力被释放，指向所需目标。就这样获得了以前从未企及过的能量，因其产生类似粒子循环的运动，这台机器（最早包含质子的机器）被称为回旋加速器。劳伦斯因此获得了 1939 年的诺贝尔物理学奖。从那时起，加速器将变得更大、更强，帮助我们不断加深对物质成分的观察。

接下来的 1931 年，另一个在接下来的几十年里几乎成为神话的粒子再次丰富了原子界。然而，这个粒子不是从新的加速器中产生，而是来自奥地利的沃尔夫冈·泡利（Wolfgang Pauli）的理论。在遵守能量守恒定律规则的前提下，当电子在放射性衰变中显示出不同的能量值时，泡利指出存在一个零电荷、中性且没有质量或质量几乎不存在的粒子。在接下来的几个月里，恩里克·费米（Enrico Fermi）在罗马大学完成了这项研究，将这一粒子取名为中微子，两年后，他还阐明了所谓的弱力，即原子核的基本力之一。

中子和原子裂变

第二年，即 1932 年，英国物理学家詹姆斯·查德威克对原子的结构给出了明确的解释，证明了存在质量略大于质子但不带电的中子。第一个假设它们存在的是欧内斯特·卢瑟福（查德威克在 20 年前是他的学生），他解释了第一个原子模型。

后来准确指出中子位置的是沃纳·海森堡，他将它们放置在原子核中，为原子结构提供了一个平衡的构造。另外日本的汤川秀树（Hideki Yukawa）在1935年揭示了将质子和中子结合在一起的力是由于另一个粒子的作用，即介子的交换。正如海森堡和意大利人埃托雷·马约拉纳（Ettore Majorana）所想象的那样，这股神秘的"交换力"得到了定义，它也是维系质子连接的不可或缺的力量，如果没有交换力，带正电荷的质子就会相互排斥。

中子的发现对原子能产生的过程解释至关重要，但当时没有人真正予以重视。与此同时，乔利奥·居里夫妇证明了通过用 α 粒子冲击铝原子核来人为产生放射性的可能。罗马的恩里克·费米和他创建在身边的团队［由爱德华多·阿马尔迪、埃米利奥·塞格雷、布鲁诺·蓬特科沃、弗兰克·拉塞提和奥斯卡·达戈斯蒂诺等组成的著名帕尼斯沛纳路研究团队（Ragazzi di Via Panisperna）］意识到了使用中子轰击原子核的有效性，并立即开始了这方面的研究，企图获得自然界不存在的新元素。因为中子没有电荷，所以未受到排斥，直接落在原子核的目标上。此外，他们还发现，中子速度越慢，有效性越高，穿透能力就越大。以此方法，费米利用罗马物理研究所花园里金鱼喷泉的水减慢了中子的速度，从而证实了他的想法。

在研究过程中，小组认为他们至少发现了两种新元素，并将它们命名为"Hesperium"和"Ausonium"，定义其为超铀元素，即铀以外的元素。然而团队解释的结果混乱且不正确，超铀在后来才被发现。

事实上，费米团队获得了比这更为重要的结果，但由于认知还不够成熟，因此无法对其剖析埋解。在金鱼池的实验里实际产生了铀的第一次核裂变，即所谓的原子裂变，也是基于这一原理才有了后来原子弹的制造和核电站能量的产生。

但德国物理学家奥托·哈恩（Otto Hahn）和弗里茨·斯特拉斯曼（Fritz Strassmann）花了 4 年时间才在 1938 年清楚地表明，通过用中子轰击铀原子核，它们会分裂成两种中等质量元素，以热、伽马辐射和包括中子在内的各种微粒的形式释放出大量能量。

这还不是核裂变的最终发现，几个月后哈恩的同事丽莎·迈特纳（Lise Meitner）将对其作出明确解释。核裂变发现的消息于 1939 年 1 月宣布，首先是在华盛顿的一次会议上，当时费米也出席了会议，然后是在纽约的美国物理学会的会议上，由尼尔斯·玻尔宣布，使得各个实验室立即着手验证。

从那一刻起，实现多核裂变所需的理论和实践研究的竞赛就此展开。居里夫妇还有其他科学家都证明，铀裂变中产生了中子，而中子又以同样的效力轰击其他原子核。这是对进行下一步所必需的著名连锁反应可能性的确认，即以可控的方式，进行第一个核电池以及核弹的制造。

查德威克，公民囚徒

1891 年 10 月查德威克出生在曼彻斯特，后于曼彻斯特大学学习物理。随后，他前往德国，与汉斯·威廉·盖革（Hans Wilhelm Geiger）在德意志帝国夏洛滕堡共事。在第一次世界大战期间，他作为一名民事战俘被扣留。回到英国后，他进入卡文迪许实验室与卢瑟福合作。1935

年，查德威克搬去利物浦，在那里新建立了一所核物理学院，并于1939年冬天开始了对原子弹的首次研究。他也由此加入了位于洛斯阿拉莫斯的曼哈顿项目，在项目中被任命为英国科学家小组的负责人。1974年7月，查德威克在剑桥去世。

从射电天文学到雷达

物理学家一边揭示原子的微观世界，另一边贝尔电话公司的一名工程师却意外地打开了一扇通向天空的窗户。天文学家为了探索宇宙的奥秘，一直使用光学望远镜并收集来自太空的宇宙射线。1932年，卡尔·古特·央斯基（Karl Guthe Jansky）正在潜心事业，调查各种来源（从风暴到飞机）对无线电通信产生干扰的原因，而这些干扰也正在日益加剧扩散。有一次，央斯基的天线收到了一个激发了他好奇心的信号。由于未能找到与地表来源相关的传统解释（这是他调查的目标），他转而假设那是太阳发出的信号。但经过准确的定位，加上对太阳那几天运动的评估，他最终确定信号的起源是太阳系之外的人马座，也就是我们的银河系的中心。

这些信号因此是从银河系中心发射的无线电波，这一现象的发现代表了射电天文学的开端。除了光学望远镜看到的光波之外，现在又添加了射电望远镜收集的无线电，这些无线电能够"讲述"和"显示"天体们的其他维度和其他特征。1937年，美国无线电技术员格罗特·雷伯（Grote Reber）在自家后院建造了第一台射电望远镜。望远镜装有一个直径约10米的卫星天线接收器，雷伯用它编制了第一张天空的无线电地图。当然，这张地图大概不算准确，但至此，天文学的新窗口已经打开。

1935 年，在无线电波应用领域诞生了一种非常重要的仪器。苏格兰物理学家罗伯特·亚历山大·沃森－瓦特（Robert Alexander Watson-Watt）早在 1919 年就获得了一项通过极短无线电波进行无线电定位的装置专利。瓦特为英国国防部工作，并于 1935 年测试了一种称为"雷达"（Radar，无线电探测和测距）的系统，该系统能够向飞机发射并收集其表面反射的波。即便波以光速（每秒 30 万千米）发射时，检测也是实时的。瓦特一直在秘密进行实验，到了 1938 年秋天，终于得以安装用来监测德国突袭的雷达站。1940 年，该仪器的使用令人们能够在任何天气条件下，无论白天还是黑夜，从远处发现参与英国战役的德意志飞机。这为英国在战争中提供了巨大的优势，以至于有说法是德国人输掉了战役是雷达的功劳。

战后，雷达的使用引发了军备革命，并扩展到了科学领域，它在大气研究和行星研究方面都十分具有价值。

央斯基与天空的干扰

卡尔·古特·央斯基是威斯康星大学的工程师，他的父亲也在那里教书。他于 1905 年 10 月出生于俄克拉何马州的诺曼。进入贝尔实验室后，央斯基就全身心地投入到无线电干扰的研究中，企图找到解决办法。对他来说，这是证明自己优秀的唯一途径。尽管干扰奇怪至极，看起来甚至超出了他的能力范围，他仍然坚持，凭着直觉，终于得偿所愿。确定了原因后，他抛开了天文问题，转身拾起了对工程学的兴趣。另外，虽然央斯基的发现已经广为人知，但天文学家们多年来都没有予以考虑。1950 年 2 月，央斯基因心脏病英年早逝。但他还是赶上了见证射电望远镜成为重要的天文仪器的时刻。为纪念他，测量无线电波发射力的单位被命名为"央斯基"。

沃森－瓦特和希特勒的错误

希特勒和戈林（Hermann Goring）的一个错误成了罗伯特·沃森－瓦特的运气。在第二次世界大战期间，德国也在研究雷达，当时两人决定，雷达仅被用作一种防御工具。由于德国从来都不看重防守而只管进攻，雷达因而被搁置在了一边。等到他们缓过神来意识到这个错误时，已为时太晚。

1941 年，沃森－瓦特前往美国协助这一课题的研究。当时流传一个笑话：同年在珍珠港安装了一个实验雷达，可以检测日本飞机的抵港。但很不幸，这一警报被忽视了。

1973 年 12 月，沃森－瓦特在苏格兰因弗尼斯去世。

行为学的诞生

1935 年，一门称作行为学的新科学诞生了。其创始人是奥地利的康拉德·劳伦兹（Konrad Lorenz）。这门新学科研究动物在自然环境中的行为，特别关注栖息地如何影响其行为。在这方面，"印随"（imprinting）发挥了关键作用，劳伦兹以鸟类为参考描述了印随行为。这位动物行为学家解释说，鸟出生后立即学会跟随母亲身后。但是，如果取代母亲的是其他动物，甚至是人，那么幼崽们也将一直跟随。有一张出了名的照片就展示了印随行为的重要性：在照片中，你可以看到科学家在乡间小路上行走，后面跟着三只鹅排成一列。这些鹅在出生后就把他视为第一个"移动的物体"，接着便会一直尾随。最初被同化的行为不可避免地会影响随后的成长。劳伦兹是一位训练有素的医生，获得了动物学、古生物学和心理学博士学位。实际上，他的科学研究时常受到其他学科和知识领域的影响，如达尔文的进化论。劳伦兹还涉及人类研究，特别是分析其攻击性行为，并在某些案例中稍许扩展至其他人类行为学观察。他后来与荷兰裔英国动物学家尼古拉斯·廷伯根（Nikolaas Tinbergen）合作，两人同卡尔·冯·弗里希（Karl von Frisch）一起于 1973 年获得诺贝尔医学奖，这也是奖项第一次被授予新型科学候选人。

劳伦兹，与鹅同行

他一生的大部分时间都是在阿尔滕堡（Altenberg）度过的，他的家位于维也纳附近"美丽的蓝色多瑙河"岸边，是一座豪华而宏伟的宫殿建筑，在那里劳伦兹还收留了大量半野生动物，包括鹅、鹦鹉、狗和鱼等。1903 年 11 月，康拉德·扎哈里亚斯·劳伦兹出生于维也纳，他的父亲是一名骨科医生。1927 年，在纽约哥伦比亚大学学习后，他在离毕业还有一年的时候发表了第一部作品。劳伦兹的成就中也有妻子玛格丽特（据劳伦兹说她是他的青梅竹马）的"责任"，她主动向鸟类学家奥斯卡·海因罗斯发送了一份由她丈夫编写的关于乌鸦同伴行为的报告。

后来两位科学家也因此建立了长久的友谊。

1941 年时，劳伦兹已经因其研究而闻名，这时他被招进军队，3 年后被派往俄罗斯前线，成为一名"神经学家和精神病医生"。在这里，他被关押了 4 年。1948 年回国后，他回到了阿尔滕堡避难。

在指导了众多研究、获得了无数荣誉后，1973 年，也就是劳伦兹获颁诺贝尔奖的这年，70 岁的他回到了陪伴了自己一生的动物朋友们的身边。劳伦兹继续保持与一些合作者的研究，直到 1989 年去世。

直升机和喷气机飞行，打破音障

飞行的梦想始于伊卡洛，由蒙哥尔费兄弟的气球、冯·齐柏林的飞艇和莱特兄弟的双翼飞机实现，1939 年，随着一种看似反自然的机器——直升机的发明，飞行的梦想不断延续。意大利人恩里克·福拉尼尼（Enrico Forlanini）可以被称作直升机发明的先驱，早在 1877 年，在飞机出现之前他就已经升起了一架蒸汽直升机的原型，而这种奇怪飞行器的真正发明者则是俄罗斯裔美国航空工程师伊戈尔·伊万诺维奇·西科斯基（Igor Ivanovich Sikorsky）。

自从在基辅学习以来的 30 年里，他一直在设计并试验新型的旋转翼机。事实上，那些年里，他买了一台 25 马力的安扎尼（Anzani）发动机，安装在了一台样机上，但机器无法飞行。直到 1939 年，在成功地设计、生产和销售了一些普通甚至大型飞机之后，他才制造出一种足够牢靠的直升机模型，保证模型可以在飞行时不至于落进尘土。9 月 14 日，西科斯基自己坐在执飞仓，完成首次飞行。当时的试飞是在康涅狄格州的斯特拉特福德，西科斯基和他的 VS-300 直升机，升起了离地几米的高度。后来，在对不同类型的旋翼进行实验后，他选择了在未来几乎变得通用的型号，驾驶室上方有一个主旋翼，飞机尾部有一个较小的旋翼，以保持机器的直立，避免机器自旋。1943 年，西科斯基的 R-4 直升机成为世界上第一架大规模生产的直升机，并被运用于武装部队。至此，人类又获取了更多一种飞行方式。

两年后，也就是 1941 年，普通飞机从原始机型进化向前。螺旋桨消失，取而代之的是喷气发动机的安装。因此，从技术角度来看，与其说飞机是被螺旋桨拖拽到空中，更像是被排出的热气推到天上的。

1930 年，英国工程师弗兰克·惠特尔（Frank Whittle）发明并制造了第一台喷气发动机。然而，他既没能说服航空业，也没能让军用飞机组装哪怕是一架采用喷气引擎的飞机。惠特尔等到 1941 年 5 月，才看到第一架带着他的发动机飞行的飞机——英国皇家空军格罗斯特（Gloster）E-28/39 型飞机。

结果，第一架征服天空的喷气式飞机还是由德国人恩斯特·海因里希·海因克尔（Ernst Heinrich Heinkel）建造的。1939 年 8 月 27 日，他的飞机原型 He-178 首飞。两年后，当英国竞争对手的格罗斯特起飞时，海因克尔甚至测试了双引擎飞机 He-280。喷气机角逐战就此开始，并一直持续到今时今日。

但需注意，火箭飞机也是喷气式飞机，因为它们同样利用的是推力作用。其中一些飞机甚至在正常喷气机之前就已经上天飞行。但是使用喷气发动机的飞机靠空气中氧气混合的燃料来运行，而在火箭发动机的飞机中，这两种元素都是由飞机自带的。所以在没有带氧空气的太空中，火箭飞机也能飞行。

然而在一些试验飞机上同样安装了火箭发动机。1947年10月14日，查克·耶阁（Chuck Yaeger）机长驾驶着一架编号Bell X-1的飞机飞过加利福尼亚州的莫哈韦沙漠上空，第一次以12800米的高度超过音障（1078千米每小时）。查克在飞机的侧身部分用橙色字体写下了"迷人的格雷妮丝"（Glamorous Glennis）字样，以此献给他的妻子。

西科斯基，受莱昂纳多的启发

1908年，西科斯基在法国与莱特兄弟会面，第二年便开始制造他的第一架直升机，但他应该立即打消这个念头，因为那时候他既没有合适的材料，甚至连适配的发动机都没有。十月革命意味着西科斯基没法继续在俄罗斯生活，他失去了所有个人的庞大财产，移民到了法国，在那里他受托得到为盟国建造一架新的轰炸机的任务。

就这样，在等待把直升机送上天空的过程中，他还制造了固定翼飞机。西科斯基的职业生涯布满了成就，1968年，在白宫举行的仪式上，他是获得林登·约翰逊总统颁发的国家科学奖章的12位科学家之一。

西科斯基实现了一个对其他人来说看似不可能的想法，当然，除了启发了他的莱昂纳多·达·芬奇。

芝加哥堆和原子弹

1939年宣布发现核裂变的同时，又发生了另一件预示着世界的未来的不幸事件：希特勒于 3 月 15 日占领捷克斯洛伐克，引发了第二次世界大战。

得知海森堡等人在德国成功进行了原子物理学研究后，美国对柏林方面将参与原子弹制造的担忧与日俱增。美国对原子弹研究的兴趣是有的，并且也正在为此开展工作。长期供职普林斯顿大学的爱因斯坦在给美国总统富兰克林·德拉诺·罗斯福的一封信中辩称：美国必须采取措施，防止柏林独裁者抢先一步应用这一可怕的发明装置。

因此，1941 年 12 月 6 日，罗斯福签署了一项启动曼哈顿计划的密令，该计划的目的是制造核裂变炸弹。签署总统令的第二天，日本人一举袭击了珍珠港，摧毁了停泊在港的美国舰队。美国由此向日本宣战，而希特勒也同时向美国宣战。这时，原子弹制造已经成为一项战略优先事项。但首先研究团队必须证明，在实践中是可以触发连锁反应的。

与此同时，恩里克·费米已经在美国落脚扎根。1938 年，在他获得的诺贝尔物理学奖被撤回之际，他逃离了意大利，在斯德哥尔摩做短暂停留后，终于穿越大西洋，此举也是为了拯救犹太妻子于法西斯反犹太法律的水火之中。

费米是一位娴熟的理论家，同时也是一位优秀的实验物理学家，他在哥伦比亚大学开始了一项研究，以验证创建一个可产生致命连锁反应的反应堆的可能性。这些研究后来转去芝加哥大学成了他的主要课题，由亚瑟·康普顿督导。费米带着他的团队也搬来了芝加哥，开始建造比在哥伦比亚时更大的反应堆。费米团队使用铀作为燃料，将它与石墨块混合在一起，减缓中子的速度，使它们在铀上反弹，增加同样的原子核之间的碰撞次数。此外，用镉片覆盖的木条还可以吸收中子并控制反应。

这一切都发生在芝加哥大学体育场的台阶之下，因为用于反应堆实验的实验室建设当时尚未完成，团队更是没有时间可以浪费。

1942年12月2日下午3时45分，原子反应堆（之所以如此称呼，是因为混合石墨和铀的堆块类似于伏打电堆）开始运行，产生了第一个可控核链式反应。核时代就此开始，以基安蒂葡萄酒（保存在华盛顿美国历史博物馆）来庆祝实验的成功，为第一颗原子弹的制造开拓了道路。

出于安全原因，曼哈顿计划的启动选址在新墨西哥州的洛斯阿拉莫斯，一个偏远且难以企及的地方。在这些临时搭建的建筑里，世界物理学百花齐放。在这里的大多数世界上最优秀的科学家来自欧洲，他们逃离了希特勒和墨索里尼的独裁统治及其迫害。负责领导这个雄伟项目的是尤利乌斯·罗伯特·奥本海默，他是一位才华横溢、颇有争议的物理学家，在完成了曼哈顿计划的宏大项目后，他甚至被一些人指控叛国罪，其中包括之后的"氢弹之父"爱德华·泰勒。

1945年7月16日的黎明前，在距离新墨西哥州阿拉莫戈多市一百来千米的沙漠地带，第一枚实验性核裂变炸弹被引爆，天空中升起了致命的蘑菇云。炸弹以钚为燃料，其引爆力相当于18600吨三硝基甲苯（烈性炸药）。炸弹引爆时，费米在远处跟踪实验，他撕下了一张纸，让碎片掉下，观察纸片的动向时，他用肉眼计算出了爆炸引发的冲击波。

在不到一个月后的8月6日，第一颗真正的原子弹被艾诺拉·盖号（Enola Gay）投到了日本广岛市上空：这颗由铀组成的原子弹的威力为15000吨。3天后，8月9日，美国在长崎又引爆了一枚威力达到2万吨的钚弹。一时间，这两座城市都沦为了灰烬漫天的沙漠，日本就此宣布投降。1949 年 8 月，苏联还引爆了其第一颗（钚）原子弹，从此便开始了世界争夺核武器的竞赛，在此基础上，美国和苏联之间的"冷战"将持续至 20 世纪 90 年代初。

费米，大自然的狂热者

费米的合作伙伴及朋友爱德华多·阿马尔迪曾描述他说：费米在年轻时就已经是个数学天才了。才 15 岁多一点的时候，费米在罗马鲜花广场买了一本用拉丁文写的数学物理论文，尽管论文含有各种复杂公式，他还是能毫不费力地阅读和吸收了其中知识。后来费米 21 岁就从比萨大学毕业自然也显得毫不违和。毕业后他去了哥廷根深造学习，在那里遇到了海森堡和泡利。1925 年，25 岁的他，又在罗马大学获得了在意大利设立的第一个理论物理学学院的主席一职。也正是在罗马大学，费米组织的研究团队开始形成，其中还包括后来离奇失踪的埃托雷·马约拉纳。1930 年，费米开始往返美国，并多次被邀留下来。1938 年，随着意大利形势的恶化，他接受并搬到了纽约，执教于哥伦比亚大学。在洛斯阿拉莫斯研究完原子弹的工作后，他搬到了芝加哥。1949 年，在逃亡了 11 年后，费米回到了故乡意大利，在科莫参加了一场大会，然后在 1954 年再次前往瓦伦纳参加一个课程。

回到美国后，费米经历了一场手术，并发现吞噬他很长时间的病恶已经无从医治。1954 年 11 月 29 日，他在芝加哥的家中去世。正如阿马尔迪所写，一名老师的高素质、对自然研究的热情、近乎超人的能量和强烈的责任感是费米的突出性格。

德国的 V2，第一枚导弹

当费米在芝加哥体育场引发他的第一次核链反应时，另一边，1942 年 10 月 3 日，希特勒的首个 V2 导弹——"第二个报复武器"在北海的佩讷明德（Penemünde）镇附近升空。从而标志着历史上第一枚导弹的成功飞行，导弹机身上有弗里茨·朗的电影《月球上的女人》的标记。如果说戈达德在 1926 年已经在美国发射了第一枚基础的液体推进剂火箭，证明了液体火箭原理的运作，那么德国 V2 则是类似系统中第一枚能够引导其弹道到达既定位置的完整导弹。

这枚导弹由物理学家沃纳·冯·布劳恩带头研发建造，布劳恩年纪轻轻，已经是 20 世纪 30 年代在德国一个先锋小组的成员，该小组围绕航天学三大创始人之一赫尔曼·奥伯思（Hermann Oberth）而成立。小组其他成员还包括俄罗斯人乔尔科夫斯基（Ciolkovskij）和美国人戈达德。德国军队作出的参与建造火箭的决定，逃离了第一次世界大战战败后强加给德国的传统军备禁令。因为火箭还没有被列入计划内，也就没有相应的禁止条例。

尽管德意志为 V2（其技术序号为 A–4）的建造匹配了不少资源，但这项任务既不简单、进度也不快。他们最终的目的是在火箭里封满一吨炸药带往伦敦。

与此同时，纳粹德国空军也制造了小型无人驾驶飞机，飞机在机尾上方安装了一个小型喷气发动机。这些飞机被称为 V1，它们同样携带大量炸药，但没有人驾驶，只是在精确定向的弹射器发射后，朝既定方向飞行。当然，其中的目的地之一就是伦敦。但英国的战斗机很快就发现了如何控制它们：事实上，只要用翼展触碰 V1 的机翼就足以使其失去平衡、失去航向。

而 V2 因为使用了新的火箭技术，处理起来就要复杂得多。V2 的起飞是垂直向上的，它的引导系统位于飞机的头部，在空中完成一个弧形轨迹的飞行，其间最大高度可达 80 千米。当发动机停止运行时，大约 60 秒后，导弹的速度可达到每秒 1500 米，然后导弹会继续沿着一条弹道飞行，直到到达离起点 300 千米的降落点。

为了涵盖所有系统以完成任务，V2 导弹个子不小，它机身高 14 米、直径 165 厘米。

在几次用小规模模型试验和多次失败的尝试之后，V2 最终于在 1942 年 10 月 3 日成功进行了第一次飞行，在行驶轨迹终端沉没于距佩讷明德 190 千米的北海水域。

V2 终究被部署在伦敦作战，但并没有像希特勒希望的那样大规模执行任务。幸运的是，他在战争结束时才开始相信导弹的威力，从而推迟了它的建造时间。沃纳·冯·布劳恩甚至被判入狱了几天，因为他被指控抵制该导弹项目，潜心月球火箭的研究。战争结束后，冯·布劳恩躲逃了这边寻找他的党卫军和另一边追捕他的俄罗斯人，与大约 300 名合作研究人员一起投奔了美国军队。他相信只有这个庞大的西边国家才能创造条件支持他继续工作。在 20 世纪 60 年代，他将领导实现美国登陆月球的火箭建造。

冯·布劳恩，月球征服者

当冯·布劳恩的母亲送给他一个小望远镜作为坚信礼（宗教礼仪）

时，这个望远镜瞬时点燃了他对宇宙的渴望。1912 年 3 月，冯·布劳恩出生在维尔西茨。他的父亲是男爵，曾担任魏玛共和国最后两届政府冯·帕潘和施莱歇尔的农业部长。1929 年，沃纳在为电影《月球上的女人》建造火箭时，第一次见到了德国伟大的宇航先驱赫尔曼·奥伯思。接着，他便和其他德国的火箭迷在柏林的一个营地进行了他的第一次实验。德意志军队决定要研制火箭时，先去往了现在已经成名的"营地"侦察，后邀请了冯·布劳恩参加军事研究，彼时的冯·布劳恩刚完成大学学业，撰写了一篇关于火箭推进的论文，论文也因此立即被宣布成为国家机密。1945 年 5 月 12 日，在佩讷明德工作并建造了 V2 导弹后，他投奔了美国人，而美国亦立即将他调到国内。100 名合作研究员将加入他的行列，而其他人则留在欧洲。20 世纪 60 年代，在建造用于登陆月球的大型"土星号"火箭的过程中，来自佩讷明德的 70 名德国人仍与冯·布劳恩在美国宇航局的马歇尔中心共事。登上月球后，他被任命为美国宇航局副局长，负责未来的规划工作。但冯·布劳恩担任这一职务的时间很短。自 1969 年起，他与美国宇航局首席行政官乔治·洛（George Low）就一直意见不合，迫使他后来离职，并于 1972年起担任飞兆公司（Fairchild）副总裁。1977 年 6 月，冯·布劳恩死于肝癌。

DNA 及其"双螺旋"结构的发现

1944 年，一位医生决定开始做研究，DNA 的存在才得以发现。这位医生便是奥斯瓦尔德·西奥多·艾弗里（Oswald Theodore Avery），他的一生几乎完全是在洛克菲勒研究所从事研究员的工作。艾弗里对英国病理学家弗雷德里克·格里菲斯（Frederik Griffith）在 1928 年获得的研究结果十分感兴趣，研究中格里菲斯将活的和死的肺炎球菌注射到小鼠体内，其后小鼠死亡。研究表明，部分注射细菌的毒性会传播给其他几代细菌。这一现象无法用当时的认知来解释，因此众多科学家开始了一系列的研究，一直持续到 1944 年，其间不断取得小而重要的成果。正是在那一年，艾弗里与同样从事漫长研究的科林·麦克劳德（Colin M. MacLeod）和麦克林·麦卡蒂（Maclyn McCarty）撰写了一篇文章，解答了 1928 年的谜团。

这三人证明了微生物中化学成分的存在，并且成分与脱氧核糖核酸（DNA）是相同的。正是 DNA 这种化学成分，引起了生物体的遗传变化。

这一发现彻底改变了基因遗传学研究。从 20 世纪初开始，人们就已经知道染色体被赋予了基因物质，其中包含蛋白质和其他脱氧核糖核酸分子。但在此之前，这些物质一直被认为是生物惰性物质。结果，研究表明，DNA 存在于所有生物体中，并影响遗传。

之后的研究确认了 DNA 的结构，但其最终的身份还是由两位科学家确定：英国物理学家弗朗西斯·克里克（Francis Crick）和美国生物化学家詹姆斯·沃森（James Watson），二人在英国剑桥大学的卡文迪许实验室共事。然而，关于 DNA 的发现并非毫无争议。事实上，1952 年，英国生物化学家罗莎琳德·埃尔西·富兰克林（Rosalind Elsie Franklin）试图阐明 DNA 结构中的成分（核苷酸）分布，她对其进行了类似 X 光（专家称之为"X 射线衍射"）的检测，据她所说，这一方法可以使她穿透看到要找的东西。实际上，从衍射的光片上可以观察到一个螺旋结构，由周围分布的元素（磷酸基团）连接在一起形成。富兰克林工作耐心，会反复验证获得的结果，总的来说就是她一般不急于下结论。此外，她工作的环境对她并不太友好，作为一位女科学家，还是个优秀的女科学家，在她的周围自然少不了嫉妒。

沃森和克里克设法拿到了富兰克林拍摄的衍射照片。而照片又是在富兰克林的上司在没有通知她的情况下获得的。有了这一文件，这两位科学家立马在研究上实现了飞跃，并在 1953 年的英国《自然》杂志上发表了他们的发现。DNA 是一种双螺旋结构，其中由不同核苷酸组成的两条链通过氢键连接在一起。这一解释非常有说服力，并有可能确认另一个要点，即它们的可复制性。但在此之前，必须验证科学界能否接受这些看似合理的想法。1953 年夏天，在冷泉港实验室举行的定期专题讨论会上，便有了这样一次验证的契机，该实验室后来因在此宣布了发现而闻名。

科学界对这一理论的接受度较高，后续的研究也进一步证明了他们直觉的准确性，从而帮助了基因研究的加速发展。

沃森和克里克即使经历了 X 射线衍射照片的争议，后来还是变得相当受欢迎。为了缓和相关讨论，沃森还写了一本书，介绍了他对整件事情的看法，并讲述了发现相关的故事。这本书取得了巨大成功，并被翻译成了不同语言。

艾弗里，有条不紊的基因猎手

1877 年 10 月，奥斯瓦尔德·西奥多·艾弗里生于加拿大哈利法克斯。他的父母后来搬到纽约，在那里他获得了哥伦比亚大学医学博士学位。学成后艾弗里在曼哈顿的一家医疗机构担任助理，怀着忐忑，就这样开始了自己的职业生涯。工作只干了几个月，艾弗里便明确了他想成为一名研究人员的目标。他由此开始研究传染病的起源，从一个实验室到另一个实验室，直到 1913 年，他以细菌学家的身份进入洛克菲勒研究所的医院，在那里他几乎奉献了人生的大半时间。

1944 年，在发表了 DNA 方面的发现后，艾弗里被选为伦敦皇家学会和美国国家科学院等著名机构的成员。其后他又作为研究人员勤恳工作了 3 年，然后在 70 岁时决定放弃研究工作，在田纳西州的纳什维尔退休，1955 年 2 月在这里离世。令人不解的是，诺贝尔奖一直都没有眷顾他。

沃森和克里克，基因学界的猫和狐狸

沃森和克里克有点像猫和狐狸。在照片和会议上，他们俩呈现出与研究人员的严肃形象完全相反的样子。他们总是面带微笑，就像是两个随性的年轻人，更关心发明新笑话，而不是破译大自然的奥秘。沃森说：“如果你想做一些有意义的事情，你必须让自己稍微放松一点。”他写的书《双螺旋》，以一种完美的大众化风格，更多讲述了他作为主人公的故事，而不是对科学的细究，最终提高了这对不同寻常的合作伙伴的欢迎程度。

1928 年，詹姆斯·杜威·沃森出生于芝加哥，在研究了病毒后，他被分子生物学所吸引。来到了英国卡文迪许实验室后，他与弗朗西斯·哈里·克里克的伙伴关系也就此展开。克里克于 1916 年出生在北安普敦，在伦敦大学学院主修物理。战争期间，克里克参与了雷达发展的研究，然后在剑桥从事分子生物学工作。1951 年，两人开始在卡文迪许实验室合作，他们有着不同但相互补充融合的经验。沃森和克里克两人一起发现了 DNA 双螺旋结构，并在 1962 年共同获得诺贝尔医学奖（与莫里斯·威尔金斯一起）。

首批计算机的诞生，贝茜（Bessie）和埃尼阿克（ENIAC）

到了 20 世纪 30 年代末，机电技术已经进化得无比精细，以至于人们相信计算机这一古老梦想的实现并不是天方夜谭。1936 年，26 岁的康拉德·楚泽（Konrad Zuse）在德国的家中建造了第一个样本模型。这位年轻的柏林工程师当时还不知道，在主要科学机构的支持下，英国和美国也正在进行同样的研究。第一个伟大的成果就在那里诞生。1944 年，在哈佛大学经历了 7 年的学习和尝试之后，霍华德·艾肯（Howard H. Aiken）教授与一群 IBM 技术人员合作开发了第一台通用算术计算器。这台机器被命名为"马克一号"（Mark-1），它的真名就显得更技术性、没那么有意思了——自动序列控制计算器（Automatic Sequence Controlled Calculator，ASCC）。但实际上，大家最后都很快称呼她为"贝茜"，让这个强大的机电怪兽显得更加人性化。这台机器由 78 个计算器组成，通过 800 千米长的电线相互连接。机器有 3300 个继电器控制轮式蓄能器、计数器和其他机械部件。"贝茜"总共由 76 万个组件构成，整个庞然大物装在一个长 16 米、高 2.5 米的柜子里。曾经出现在巴贝奇的构思中的遥远梦想，此时通过"马克一号"成为现实。

"马克一号"借由打卡纸读取、转录成执行指令。通过读取，"贝茜"在没有人工介入的情况下快速完成计算，最终将结果打印在卡片上或在电动打字机上打印。在十分之三秒内，机器可以把两个 23 位数的数字相加，同样的数字在 6 秒钟内相乘。"马克一号"最初的主要用户是美国海军（US Navy）用于弹道计算和船舰设计，以及原子能委员会。在同一时期，第一颗原子弹正在洛斯阿拉莫斯被研发制造。但是，"马克一号"的诞生也伴随着对机器发明所属的争议。IBM 的赞助人托马斯·沃森就归属权问题对哈佛大学并不满意，于是他让工程师们建造了一台功能更强大的计算机，称为"顺序电子计算机"（Selective Sequence Electronic Calculator，SSEC）。这也是计算机第一次将操作信息存储在内存中。

后来，还接连诞生了其他的马克型号，计算机的发展不断进化。总之，"贝茜"和她的继任者们凭借其机电超能力，结束了算术计算，开启了一个崭新的时代。而创新也正在酝酿之中。在工程师的语言里，电子学这个词已经变得尤为重要。美国高校里，由于战争汇集了不少欧洲人才，他们在物理和技术领域创新想法、开拓项目，改变随之而来。尤其是在计算领域。这时"贝茜的心脏"似乎已经过时，被称为"空管"的"心脏"所替代。

在那些年间，约翰·冯·诺依曼（John von Neumann）在普林斯顿高等研究院（阿尔伯特·爱因斯坦曾在此工作）从事理论研究以及真空管技术相关工作，促成了第一代真正的电子计算机的诞生。新机器的出现始于宾夕法尼亚大学，在那里，一群科学家向美国陆军建议了一项提案。提案拟建造一台高速计算机，可以解决火炮的弹道问题。该提案最终被予以接受，并由约翰·埃克特（J.Presper Eckert）、约翰·莫奇利（John W. Mauchly）和赫尔曼·戈德斯坦（Herman H. Goldstine）组成设计师团队，设计了历史上第一台电子计算机，计算机被称为"埃尼阿克"（ENIAC），来自"电子数字积分计算机"（Electronic Numerical Integrator and Computer）的缩写。1946 年 2 月，计算机算出第一个数字。当时意大利报纸争相报道了这个"令人难以置信的跨大西洋怪物"，好似还对新电子设备的使用和传播所造成的后果提出了一些担忧。"取代 2000 名会计师的机器"，是 1946 年 7 月《周日邮报》报道计算机的标题。20 世纪 50 年代早期的《晚邮报》标题似乎剔除了"怪物"这个词，计算机越来越被视为是人类的竞争对手。当时出现了一些主要观点如："电子大脑再完美也是机器""电子大脑的智能是由人赋予的""不要自欺欺人，认为机器可以模仿思维"。但时间飞逝，发展向前。

"埃尼阿克"没有了移动的机械部件，真空管已经代替了齿轮和继电器。但这台新机器的体积仍然很大，其部件占地 180 平方米，相当于 11 个中等大小的房间。机器配备 18000 个真空管，总重量达到 30 吨。当机电计算机每秒只能进行一次乘法运算时，"埃尼阿克"每秒可以进行 300 次乘法运算（或 5000 次加法运算）。一切都取决于相应时间，包括打开或关闭电路，在继电器中，反应时间为几百分之一秒，而在阀门中，反应时间降至几百万分之一秒。

不出所料，"埃尼阿克"在军队的先进弹道计算中充分显示其价值。在科学方面也一样，从原子物理研究到宇宙射线研究，再到气象学，都有其身影。

那些年里，人们还制造了与"埃尼阿克"类似的其他机器。"旋风计算机"（Whirlwind）就是其中之一，它是 1945 年由麻省理工学院（MIT）为美国海军开发，耗资 500 万美元建造的真空管电子计算机。"旋风计算机"成为首批用于训练飞行员的飞行模拟器的核心，因此在某种程度上来说可被视为虚拟现实的先驱。

如果说"埃尼阿克"是电子计算机的鼻祖，那么与后来制造的计算机在概念上相同的计算机家族的真正创始机器，应该是"离散变量自动电子计算机"（Electronic Discrete Variable Automatic Computer，EDVAC）。在"EDVAC"的内存中，有史以来第一次可以收集能够管理其操作的整个程序。也就是说，如果需要改变要解决的问题，不必再通过修改几十个连接口或移动无数个开关来干预操作。机器包含的说明已经预见了机器行为的调整。匈牙利裔科学家、物理学家及杰出的数学家约翰·冯·诺依曼迈出了决定性的一步。由他的发明的"EDVAC"，于 1952 年投入使用，后来被普遍称为冯·诺依曼的机器。

冯·诺依曼和计算机代数

1903 年冯·诺依曼出生于匈牙利布达佩斯，曾在德国和瑞士学习。他最终于 1930 年移民美国，第二年成为普林斯顿大学的教授。冯·诺依曼首先是一位伟大的数学家。另外，他还对博弈论有所涉猎，博弈论适用于如经济学和社会学研究等各种领域。冯·诺依曼还合作建造了美国氢弹，由他匈牙利裔的朋友爱德华·泰勒（Edward Teller）指导项目，其研究重点是缩小氢弹尺寸，使其能够在导弹上装载。冯·诺依曼留下的最显著的功绩都与计算机科学研究有关。在这些研究中，除了撰写被称为"冯·诺依曼代数"（解释运算的理论方面）的作品外，他还在普林斯顿高级研究所领导实现了被认为是当代计算机先驱的机器。1957 年 2 月，冯·诺依曼逝于华盛顿。

晶体管革命和集成电路

1947 年 12 月 23 日，这时计算机已经开始在实验室里普及，电视在每家每户出现，来自新泽西州默里山贝尔电话实验室的三名科学家宣布了 20 世纪最重要的发现之一。三位物理学家——威廉·肖克利（William Shockley），约翰·巴丁（John Bardeen）和沃尔特·布拉顿（Walter Brattain）一同发明了晶体管，他们发现硅晶体和锗可以被用作电流导体，而作为绝缘体也同样适用。这也就是后来合作发明者、电气工程师约翰·皮尔斯（John Pierce）所称的"半导体"。如果晶体被适当的物质"污染"，如碰上砷元素，则它就有可能根据需要改变其性能。

总之，真空管的后续产品就此问世。与之相比，晶体管具有很大的优势，首先，其制造成本要低得多。晶体管的工作速度，也就是从开路状态到闭合状态的过程，大约为百万分之几秒。其整体尺寸也只有几毫米大小，而真空管则笨重得多。此外，晶体管很结实，且耗能少。从操作安全的角度来看，晶体管也具有显著优点，它在"冷"状态下工作，即不产生热量，与会导致频繁故障的真空管不同。晶体管的平均寿命为 9 万个小时，相当于可以运行 10 年。

从 20 世纪 50 年代初开始，晶体管的开始在收音机中普遍应用，随后进入了包括计算机在内的所有电子设备。首批商用的晶体管电子计算机是"Philco"和"Univac"。

晶体管的诞生激发了一位来自得克萨斯仪器公司工程师的想象力，在此之前，他还没有过什么闪光点。1958年初，杰克·圣克莱尔·基尔比（Jack St. Claire Kilby）加入得克萨斯仪器公司时，距他从学校毕业已经11年之久了，他此前在密尔沃基的一家小型工厂积累了些工作经验。在仪器公司工作之前，他一直享受着晶体管带来的快节奏，在新公司里，硅的应用带来的效应也相当可观。这项研究令他着迷不已，经过几个月的深入研究，他构建了第一个"集成电路"，在几毫米的硅晶体里融合了众多电子元件如晶体管、电容器、电阻器等。1958年9月12日，在基尔比的办公室，公司的经理们聚集在一起观摩试验。该电路建立在单个芯片上，由示波器屏幕显示波形。基尔比连上电线，按下按钮，波形如预期显现在了屏幕上。

但很显然，这个被称作"集成"的想法并不是基尔比的独创。1959年1月底，在另一家美国公司——加利福尼亚州山景城的飞兆半导体公司就曾对同一类型的单片电路进行了首个研究。研究人是该公司的研究经理、当时31岁的物理学家罗伯特·诺伊斯（Robert Noyce），早几年前，他创办了该公司，在工业方面开发电子领域的新发现。诺伊斯善于将科学和管理职能结合起来，他意识到了自己想法的重要性后，便立即申请了专利。使用集成电路后，操作所需的时间被缩得更短，测量单位变成了十亿分之一秒（纳秒）。因此，20世纪50年代的真空管计算机在一小时内完成的计算工作，就此被减少到了几秒钟。

在接下来的几个月里，两家公司发布了第一批集成电路，淘汰了晶体管，这也要归功于移民到美国的意大利物理学家费德里科·法金（Federico Faggin）。但是，我们究竟该把这项伟大发明归属给谁呢？基尔比还是诺伊斯？除了这两位研究人员自身的荣誉之外，考虑到个中的经济利益，争议和辩论都变得徒然。然而，科学界很快就承认了两者都是集成电路的创造人，而后集成电路的首字母缩写也成了"IC"。几年后，故事的走向似乎更偏向于基尔比一些，1982年，他被选入"国家发明家名人堂"，在此之前，爱迪生、福特、肖克利、莱特兄弟和其他一些发明家也都入选。该荣誉好比是技术界的诺贝尔奖，基尔比的获奖自然终结了各种流言蜚语。2000年，他还将与俄罗斯的若列斯·阿尔费罗夫（Zhores Alferov）和德国的赫伯特·克勒默（Herbert Kroemer）一起获得真正的诺贝尔物理学奖。

随着集成电路的出现，微型电子元件和电路的赛道正式打开，这些年来，其发展竞争更加变得白热化，创建系统的能力也随之提高。

肖克利，硅晶体和智力

1910年2月，肖克利出生在伦敦，父母都是美国人。肖克利在波士顿的麻省理工学院学习，毕业一年后，于1937年进入贝尔电话实验室后在那里他发明了晶体管。威廉·肖克利、约翰·巴丁和沃尔特·布拉顿三人于1956年共同获得诺贝尔物理学奖。他后来为国防部工作，主要致力于评估新武器，肖克利于1963年成为斯坦福大学的教授。

1970年，他因表达并支持遗传因素在智力中的重要性相关理论而获得了一定知名度。以此为出发点，他得出了结论，抨击关于有色人种是劣势人种的错误、假想种族主义思想，肖克利因此招致了如潮的批评讨伐。1980 年，肖克利还透露，他曾将自己的精子样本送到一家专门创建的精子库，该库行会将其与其他精子一起冷冻，以便用于可能和高智商女性进行的授精实验。

基尔比和诺伊斯，电路之战

1923 年 11 月，杰克·基尔比出生于密苏里州杰斐逊市。大学他本想在位于剑桥的科学殿堂——麻省理工学院学习，但是无奈他在入学考试中没有达到合格的分数。之后，他不得不去了父母曾就读的伊利诺伊大学。成为一名工程师以后，他开始找工作，但基尔比真正感兴趣的还是做研究。起初，他在两边都没有进展。在获取一些经验之后，他仍坚持寻找一个符合他期望的地方，最终，基尔比进入了得克萨斯仪器公司，并在那里发明了集成电路。彼时的罗伯特·诺伊斯同样也在研究这个课题，来自美国另一头加利福尼亚州的诺伊斯，和基尔比得出了相同的结论。诺伊斯比基尔比小 4 岁，出生于 1927 年 12 月。但是诺伊斯除了集成电路的发现之外，他作为实业家的身份更为成功。在与其他同事创建了飞兆半导体公司后，诺伊斯于 1968 年创建了英特尔，该公司如今已成为芯片巨头。他去世时曾担任一个政府支持的工业研究联盟（Sematech，半导体制造联盟）的主席，在 20 世纪 80 年代创立之初，该联盟以重夺芯片技术领域失利阵地为目标，旨在对抗日本的威胁。但基尔比和诺伊斯生前彼此都不待见，他们的关系也主要基于发明专利权的争战。而实际上，历史最终把认可交给了基尔比。

费曼、苏联的原子弹和美国的氢弹

20 世纪 40 年代末，多亏了一位后来因其著作而闻名的美国物理学家，量子力学得到了进一步的丰富和强化，并配备以行动工具。科学家理查德·菲利普斯·费曼（Richard Phillips Feynman）于 1948 年设计出能够描述电子行为和与电磁相互作用有关表现的方程式，其甚至可以对现象的演化进行高精度的预测。费曼的理论——"量子电动力学"，显示出了巨大的价值，在 1965 年，理论发现 17 年后被授予诺贝尔物理学奖。

同时，由于对其他粒子的识别增加，原子的内部结构全景变得越来越精确，例如安德森发现的 μ 子（渺子，Muon）和日本的汤川秀树理论预测的、塞西尔·鲍威尔（Cecil Powell）揭示的 π 介子（Pion）。美国和苏联大多数核物理学家的焦点都集中在原子战争上。1949 年 8 月 29 日，莫斯科政府在塞米巴拉金斯克（Semipalatinsk，现在的哈萨克斯坦）基地引爆其第一颗原子弹。这颗钚原子弹能量达到 20000 吨，略高于广岛的 15000 吨，由物理学家朱利·卡里顿领头制造。

在原子弹爆炸前后，相关谍战故事也传播开来，将矛头指向一些著名的科学家，指控其向苏联传递信息。在这些种种操作中出圈的，唯一对指控供认不讳的是来自英国的德裔科学家克劳斯·福赫斯（Klaus Fuchs），他曾与英国科学家小组在洛斯阿拉莫斯基地工作。20 世纪 50 年代初当福赫斯在英国接受审判时，他陈述自己早在 1945 年已经传送了美国原子弹的图纸，那一年，首个实验原子弹在阿拉莫戈多引爆。福赫斯的故事似乎按照经典间谍剧本结尾，他后来搬到了当时的东德，据一些人说，他被错认成是其他间谍。

这时候，本认为自己仍占有绝对优势的美国发现自己的势力被削弱，而恢复霸权的唯一途径就是制造一种更强大的炸弹——即热核弹（也称氢弹）。就此问题爱德华·泰勒已经在洛斯阿拉莫斯找到解决方法，但仅限于理论上。泰勒使用"干燥"的氢化锂作为原料，但要触发它，必须引爆一颗含有铀–238 的小型原子弹，其释放的高压和高温会进而点燃氢化锂。

1952 年在马绍尔群岛进行了部分测试后，第一个核试验装置于 1954 年 3 月 1 日在太平洋比基尼环礁上引爆。自那时起，该环礁就不再有人居住。这枚新型氢弹释放的威力震慑了世界，相当于 1500 万吨的三硝基甲苯。

大爆炸和彗星云

20 世纪 20 年代末，比利时人乔治·勒马图（Georges Lemaître）提出了宇宙起源于大爆炸的观点，并建立了一个他称之为"宇宙蛋"的图像，宇宙最初的一切都汇聚其中。接着，俄裔美国物理学家乔治·伽莫夫研究了爆炸的后果，并对宇宙的身份拼图进行了追溯。

伽莫夫首先计算了物质的温度，以及温度在原始爆炸后下降的速度，并概述了能量如何转化为亚原子粒子，然后变为更复杂的原子，再赋予星云、恒星和星系以生命的过程。因此膨胀的关系，宇宙会冷却下来，使其温度在绝对零度几度以上（正如我们之前提到的，绝对零度为 –273℃）。从中产生的微波辐射我们今时今日仍然可以感知，随后也得到了测量。由此产生的理论被称作"大爆炸"（Big Bang），它至今仍然是定义我们的起源的理论。

1950 年，荷兰天文学家扬·亨德里克·奥尔特（Jan Hendrik Oort）解释了彗星的起源。在此前一年，美国的弗雷德·惠普尔（Fred Whipple）推测这一带尾巴的星体是由冰、岩石和硅酸盐粉末混合凝聚而成的。其模型就像脏雪球一样，天文界后来甚至也接受了这个"脏雪球"的称呼。正是因为如此，当它们接近太阳时，会周期性地稍许融化、碎片化，并逐渐消耗殆尽。有些甚至留在天体上。尽管存在这种循序的毁灭，彗星仍继续出现在天空中，而且似乎从未消失过。奥尔特随后解释了"彗星云"的形成原因，它由围绕太阳系的球形云团在距离太阳一到两个光年的地方形成。奥尔特还假设，彗星云可能是 45 亿年前造成太阳系起源的行星星云的残余物。

由于附近恒星产生的碰撞或引力扰动，一些冰块天体中会改变轨道，落入靠近太阳的轨道上。根据奥尔特的说法，在那之前，只有百分之二十的彗星云被消耗掉了，这给这些原始天体留下了可观的未来储备。

板块构成的大地

20 世纪 50 年代初，两位美国物理学家——莫里斯·尤因（Maurice Ewing）和布鲁斯·查尔斯·希曾（Bruce Charles Heezen）为地球的认知带来了革命性的贡献。他们两人研究了几十年来一直为人所知的大西洋底部的山脉，并意识到沿着整个海底山脉分布着一条沟渠。他们还注意到，这种情况在地球的其他地方亦有延续存在。通过仔细观察，两人认识到这些裂缝将地壳分割成了块体，理论由此被称为"板块构造"。

这一理论导致地质学发生了根本性变化，促使人类重新对地壳的性质进行考量。六大地块，也称为"板块"，它们之间有所区分，而在板块周围又有其他较小的板块。沿着板块的边缘分布着高密度的火山，地震在这些地区也更加频发。火山和地震这两种现象正是板块之间发生强烈冲击的结果及证明。

尤因和希曾，成块的地壳

莫里斯·尤因（1906—1974）自1944年起在纽约拉蒙特-多尔蒂地质天文台（Lamont-Doherty Geological Observatory）工作。他发现海洋中的地壳要比大陆上的薄（5到8千米）得多，大陆上地壳的厚度大约有40千米。

布鲁斯·查尔斯·希曾（1924—1977）在哥伦比亚大学学习后于1948年进入同一个天文台，当时的尤因已经在那里开始他的研究，且一直待到生命尽头。希曾以证明海洋浊积流的存在而闻名，浊积流携带着大量泥沙，以每小时85千米的速度流动。经过共同研究，尤因和希曾提出了从此改变地球面貌的"板块构造学说"。

神经纤维及战胜小儿麻痹症

在对鸡胚进行了长时间的研究后，丽塔·列维-蒙塔尔奇尼（Rita Levi-Montalcini）发现植入某些肿瘤可以加速神经生长。这项发现公布于 1952 年，而研究早在 1947 年就开始，当时这位意大利科学家接受了维克托·汉伯格教授的邀请，离开都灵前往美国，在圣路易斯一同进行神经生长方面的研究。

列维－蒙塔尔奇尼成功识别并分离出一种后来被命名为"神经生长因子"（Nerve Growth Factor，简称为 NGF）的蛋白质，该蛋白质控制神经炎的伸展和方向，而神经炎又是神经元的延伸。神经生长因子不仅在神经系统形成的胚胎阶段起作用，而且在神经回路的重组和修复过程中也很重要。神经生长因子由一些腺体和神经细胞生成，从而诱导其他细胞与其连接。研究表明，个体的组织形成不仅取决于细胞之间的差异，还取决于细胞之间表现出的特定关系以及它们所处的位置。丽塔·列维－蒙塔尔奇尼的发现引发了一场"革命"，从此以后，神经系统不再被视为是一个刚性的预设结构，而成为以复杂重组为标志的可塑系统。

20 世纪 50 年代的前半程还有另一个重要发现，数以万计的人得以逃过一种可致死的可怕疾病——脊髓灰质炎。该病的受害者主要是儿童，而如果患者能够幸存，其余生也往往遭到瘫痪的折磨。到了 20 世纪 40 年代末，脊髓灰质炎病毒已在鸡胚中培养，从而可以开始部分实验。美国微生物学家乔纳斯·索尔克（Jonas Salk）成功从一些病患的脊髓中提取病毒进行体外培养，然后用甲醛将其灭活。

索尔克的想法，是在不存在发病的危险情况下，将灭活病毒注射到患者体内以刺激抗体的形成。患者由此对活性病毒的攻击将具有免疫力。1952 年，他成功研制出一种疫苗，先是在猴子身上实验，然后在自己孩子身上进行实验，看看是否会产生抗体。结果实验成功了。1955 年，脊髓灰质炎疫苗问世。

但是人们很快就发现，索尔克疫苗中使用的灭活病毒随着时间的推移能产生的效果有限。当时，一位波兰裔美国微生物学家阿尔伯特·萨宾（Albert Sabin）从事不同种类脊髓灰质炎病毒的研究时发现，这些病毒的弱性不会引发疾病，而是能够更好地激活抗体。萨宾确信抗体的存在，一旦活性抗体被身体吸收，就会使有机体永久免疫。事实证明，萨宾是对的。他首先通过动物试验发现了这些病毒，然后在自己和一些志愿者囚犯身上进行了口服试验。结果成功了，1957 年开始，疫苗在全球范围内普及。从此，人们真正地克服了小儿麻痹症这一疾病。

列维 – 蒙塔尔奇尼和"生长因子"

1909 年，丽塔·列维 – 蒙塔尔奇尼出生于都灵，她没有姐姐那样的艺术天赋，也没有成为妻子和母亲的天职召唤，正如她所写的那样，她"面对未来，手无寸铁，深感不快"。后来进入医学院，她与萨尔瓦多·爱德华·卢里亚（Salvador Edward Luria）和雷纳托·杜尔贝科（Renato Dulbecco）成为同学。三人之后均获得了诺贝尔奖。

然而，1938 年的种族宣言阻断了她的未来。列维 – 蒙塔尔奇尼暂时搬到布鲁塞尔，并于 1940 年从那里返回家乡。由于在意大利无法在大学工作，她私下开始了之后会将其引向重大发现的研究。蒙塔尔奇尼在国外杂志上发表的第一个成果（因为在意大利被拒绝发布）引起了汉伯格教授的注意，他于 1947 年邀请她前往美国。与此同时，战争期间，她先是在北部的阿斯蒂避难，然后在 1943 年南下佛罗伦萨，一直隐藏身份以逃避纳粹对犹太人的追捕和驱逐。这场漫长的噩梦随着美国人的到来而结束，她曾作为意大利难民的医生为美军工作。1945 年蒙塔尔奇尼回到都灵大学，1947 年去往美国，从 1961 年开始，她的生活大多都是在美国与在罗马成立的国家研究委员会的一个研究中心之间往返。1986 年，蒙塔尔奇尼因其发现获颁诺贝尔医学奖。一直到她生命的最后一天（2012 年 12 月 30 日），她都一如既往地支持年轻人、写书，尤其希望更多女性走入科学领域。

索尔克和萨宾，病毒的问题

对于那些问他为什么从未获得疫苗专利的人，索尔克以另一个问题回答："能给太阳也申请专利吗？" 1914 年乔纳斯·索尔克出生于纽约，在这里学习成长。1940 年，他开始研究病毒感染，随后将精力全投注于脊髓灰质炎的研究上。人们总是对他在自己孩子身上试验疫苗表示惊讶不已。当他被问及从哪里来的这样做的勇气时，他回答说 "勇气是基于信任，而不是冒险"，而信任又来自经验。科学家的回答显然没有打消人们的好奇心。他于 1995 年在拉荷亚去世，此前他一直领导加州圣地亚哥索尔克生物研究所（Salk Institute for Biological Studies），该研究所以他的名义成立于 1963 年。1906 年，阿尔伯特·萨宾出生于俄罗斯比亚斯托克（现为波兰领土）。1921 年，他随父母移居美国，在纽约大学学习。20 世纪 30 年代中期，在洛克菲勒研究所工作期间，他对脊髓灰质炎产生了兴趣，开始从事相关疫苗研究。然而，虽然他在 1957 年实现了目标，但因为索尔克的疫苗导致了一些死亡案例，因此在美国无法再进行实验，疫苗接种已经中断。因此，当萨宾自己和一些囚犯检测呈阳性后，他转而求助俄罗斯方面，并与莫斯科卫生当局建立了联系，使其接受大规模的实验接种。因此，该疫苗首先是在俄罗斯和东欧传播，直到 1960 年才在美国普及。萨宾于 1993 年在华盛顿去世。

征服太空及月球的另一面

1957 年 10 月 4 日，苏联将史上第一颗人造卫星 "斯普特尼克一号"（Sputnik 1）送入轨道时，全世界，尤其是美国都大吃一惊。卫星是一个直径只有 58 厘米的小金属球，为了反射太阳的辐射，金属球表面被很好地抛光，而且过多的热量可能会损坏无线电和它所包含的两个科学仪器，它们被用来研究宇宙射线和微陨石的影响。这颗人造卫星由谢尔盖·科罗廖夫（Sergej Korolëv）领导的莫斯科科学家小组从哈萨克斯坦的巴伊科努尔（Bajkonur）秘密发射。由于军事原因，卫星的名字当时同样被严格保密。另外，科罗廖夫还指导建造了火箭，将卫星带入太空，但火箭本身也是一种战略武器，同时这也是第一枚射程能够远达美国的洲际火箭。1957 年 8 月，苏联首次成功进行了火箭武器试验的两个月后便将人造卫星 "斯普特尼克一号"送入轨道。它的无线电广播只有微弱的信号，能够确认到达地球周围 230 千米至 950 千米的高度。卫星在轨道上停留了 92 天，并于 1958 年 1 月 4 日解体进入大气层。事实上，发射 3 周后，由于电池耗尽，它的声音就再也听不到了。

美国方面显得惊讶也是因为，在美国，对发射人造卫星问题的讨论已经有一段时间了。发射卫星本可以作为 "国际地球物理年"的一部分进行，成为涉及各大洲科学家的大型项目，以给地球做个前所未有的全面检查。在各种提议举措中，让卫星从太空对地球完成勘测本是最好的。也肯定会成为全球极为重要的行动，尽管可能性有限，因为这毕竟是人类第一次建造卫星。然而，苏联人也想到了类似的契机，只不过他们是铁打不透风的神秘主义者。

美国对莫斯科在第二次世界大战后开发火箭技术并不知情，苏联这样做正是为了最终哪天可以击中对手美国。这大概就是 20 世纪 50 年代莫斯科和华盛顿之间"冷战"的气氛。因此，"斯普特尼克一号"的升空让美国感到惧怕，因为正如苏联引爆原子弹那次一样，美国又自顾自地以为在技术上走在了前面。然而，尽管他们拥有最好的火箭技术人员（由沃纳·冯·布劳恩领导的德国科学家小组），军事上他们还是被超越了。华盛顿立马迎头赶上，1958 年 1 月 31 日，冯·布劳恩为美国军队制造了改装火箭（Jupiter-C），在史上第一颗人造卫星发射后不到 4 个月，美国也将自己的第一颗卫星"探索者一号"（Explorer 1）送上了轨道，卫星继而获得重大发现。在地球周围，它探测到了被地磁场俘获的辐射带的存在，辐射带能够保护我们的星球免受来自太阳的辐射和粒子的持续轰击，从而使得地球上的生命得以存续。辐射带以建立"探索者一号"卫星仪器的科学家的名字命名，被称作"范艾伦辐射带"。

但另一边的苏联人也向前走得很快。1957 年 11 月 3 日，第二颗更大、更重的人造卫星搭载了一只小狗莱卡，因为太空舱无法回收，它最终在轨道上死去。然而，莫斯科仍然想证明他们可以到达离地球更远的地方，甚至是月球。经过了 1959 年 1 月和 9 月向我们的天然卫星发射了两个探测器之后，"月球三号"（Lunik-3）卫星在 10 月成功发回了 29 张月球隐藏面的照片，这是以前从未见过的。对于天文学家来说，这显然是个卓越的成就。

苏联最后一次太空探索是在 1961 年 4 月 12 日，尤里·加加林（Jurij Gagrin）被关在一个名为"东方一号"（Vostok 1）的球形航天器内，成了进入太空第一人。加加林于莫斯科时间 9 点 07 分离开，并于 10 点 55 分降落在萨拉托夫地区斯梅洛夫卡（Smelovka，Saratov）附近的乡村。他乘坐的卫星与"斯普特尼克一号"用的是同一枚火箭，因为太空舱由将近 5 吨重的运载工具组成，火箭非凡的威力显而易见。

加加林以 301 千米的最大高度绕整个轨道环绕了地球一周。返回时，他坐在一个可弹射的座椅上，在太空舱触地之前，在不远处独自带着降落伞降落。

大约一年后，1962 年 2 月 20 日，美国做出了回应。宇航员约翰·格伦（John Glenn）乘坐"水星友谊七号"太空舱在最大高度 260 千米处绕地球三圈，然后在距离百慕大 1300 千米的地方着陆。

太空探索比赛就此全面开始，各国将继续通过新型宇宙飞船展示其各自的优越性。这两个"冷战"竞争者在政治、技术、军事等领域的对抗也将在全球范围内上演。

科罗廖夫，俄罗斯的"太空之父"

世人只有在科罗廖夫死后才知道他的存在。克里姆林宫从一开始就决定，关于谢尔盖·科罗廖夫的一切必须严格保密。从来没有人直呼他的名字，大家都称他为"首席建筑师"。1906 年 12 月，科罗廖夫出生于乌克兰伊托米尔。1929 年，毕业于莫斯科理工学院航空工程专业。他先是研究飞机，然后很快又涉足火箭，深受俄罗斯太空先驱乔尔科夫斯基研究的影响。1938 年 6 月，他被秘密警察逮捕，并被判处 10 年监禁。两年后，他回到莫斯科，以囚犯的身份，再次回归火箭领域工作。1944 年，他的刑期被减为 6 年，减刑后被释放。尽管遭受了各种境遇，科罗廖夫对党仍旧表现出了难以置信的忠诚态度，后来成功获得了允许其执行太空计划的职位。他就像是"苏联的冯·布劳恩"，两人的角色遥相呼应。而且，如同冯·布劳恩一样，科罗廖夫领跑了苏联的登月探索，而莫斯科自己的宇航员最终未能登陆月球，大概也是因为没有了科罗廖夫，他于 1966 年 1 月 14 日死于结肠手术。

塑料和激光

20 世纪 50 年代塑料世界的繁荣还要归功于一个德国人和一个意大利人。米尔海姆的"威廉皇家煤炭研究所"所长、化学家卡尔·齐格勒（Karl Ziegler）于 1933 年整理出了在此之前用于制造聚乙烯的分子链（聚合物），将其与乙烯气体分子混合在一起。二者以某种方式改进了分子组合过程，而没有让聚合物链中出现一些随机的、不可控的衍生物，这些衍生物将限制所生产材料的质量。因此，有可能制造一种新型聚乙烯，它的机械性能和耐热性都要好很多。

米兰理工大学工业化学研究所所长朱利奥·纳塔（Giulio Natta）延续这项工作，并发现了能够以同样方式定向聚合物结构的催化剂（即有利于化学反应的物质），给了聚合物结构以前没有的规整性。这就产生了纳塔所称的新型立构规整性，它们将是我们现在在家中随处可见的各种塑料材料的基础。齐格勒和纳塔于 1963 年获得诺贝尔化学奖。

在这两位化学家获得结果的同一年，美国物理学家查尔斯·哈德·汤斯（Charles Hard Townes），另外还有苏联物理学家亚历山大·普罗乔洛夫（Aleksandr Prochorov）和尼古拉·巴索夫（Nikolaj Basov）分别通过一束光波适当刺激分子，产生另一束强度更高的电磁波，即激微波（Maser，受激放大微波辐射）。这一原理可以应用于所有波长。接着在 1960 年，美国物理学家西奥多·哈罗德·梅曼（Theodore Harold Maiman）开发了一种配备了合成红宝石的系统。通过将一束红光以特定波长穿过系统，以产生相同波长的红光，但强度要大得多，并且能够在某一点达到极高的温度。因为涉及的是光学频率领域，因此这一辐射波又被称为"光学激微波"，但名字并不顺口，很快就被改为"激光"（Laser，通过受激辐射进行光放大），从此声名远扬。

但激光的流行也不是马上实现的。当它被发明时，其创造者便说仍然在寻求激光的应用方向。不久后，激光在各个多样化的领域得到应用，从眼科手术到切割材料，从测量仪器到通信设备。

夸克、统一力和鲁比亚

1961 年，美国物理学家默里·盖尔曼（Murray Gell-Mann）证明，无限小的世界并不局限于当时已知并包括在三个粒子家族中的光子（光由其形成，且只有一种类型），轻子（包括中微子、电子和渺子在内的大约十几个），还有强子（三个家族中最大，有数百个粒子，包括质子和中子）。比起它们，还有一些更小更基本的物质存在。如强子就由其他三个小得多的粒子组合形成，盖尔曼用"夸克"（Quark）将其命名，这个词借用自詹姆斯·乔伊斯的小说《芬尼根的守灵夜》。

这种物质的新构成有 6 种不同类型：上夸克、下夸克、奇夸克、粲夸克、底夸克和顶夸克。盖尔曼的解释并没有立即得到接受，也不乏批评。然而，时间会佐证这位美国物理学家的观点，这也是因为多年来收集到了夸克存在的间接证据。正是因为不可能直接观察到它们，所以夸克的发现并不容易，我们甚至花了 20 年的时间才发现所有。最后一个，顶夸克，是在 1994 年发现的。从意大利理论家卢西亚诺·马亚尼（Luciano Maiani）到美籍华裔实验性物理学家丁肇中，这些"夸克猎人"中不乏杰出的物理学人物。

但即使是物理界大师阿尔伯特·爱因斯坦，他长期以来寻求的自然规律统一理论的愿望也难以成真，尽管在有限范围内实现。当下已经有四种已知的力量。"引力"和"电磁力"，它们在很大程度上作用于空间的大部分；"弱"和"强"力则作用于原子的微观世界。第一种力涉及轻子家族，而"强"力涉及强子家族。长期以来科学家们一直致力于想象一个更简单的世界，求证这种力量不过是一种基本力量的 4 种不同表现形式。例如，爱因斯坦致力于统一引力和电磁力，但事实结果却不尽如人意。

而美国物理学家史蒂芬·温伯格（Steven Weinberg）和谢尔登·李·格拉肖（Sheldon Lee Glashow）以及巴基斯坦的阿卜杜斯·萨拉姆（Abdus Salam）则单独设计了可以将两种"弱"力和"电磁"力合并在一起的数学方法。最终从理论上研究足够高的能量证实了这一点，这两种力以同一种形式呈现出来。只有通过降低能量水平，两个力才分别显现出来。因此，原子由一种被称为弱电相互作用的力控制。这一成果在 1979 年获得诺贝尔物理学奖，造成了显著影响，让人类离古时的梦想更近一步。

但为了证实这一理论的最终确切度，收集相关证据很有必要。理论家们之前解释说，弱力需要三个保持一致的粒子（W+、W−、Z0）与其各自的正电荷、负电荷和中性电荷交换。此外，每一个粒子都必须比质子大 80 倍。在日内瓦欧洲核子研究中心（CERN），意大利物理学家卡尔洛·鲁比亚（Carlo Rubbia）和荷兰物理学家西蒙·范德梅尔（Simon van der Meer）利用研究中心强大的加速器开始了他们的征程。1983 年，两人终于找到了粒子，也证实了其预期的质量大小。至此，弱电统一不再是空谈，它确实存在，并且证据确凿。第二年，鲁比亚和范德梅尔来到斯德哥尔摩，领取了两人应得的诺贝尔物理学奖。

盖尔曼，从费米到乔伊斯

1929 年 9 月出生于纽约的默里·盖尔曼，早在 20 世纪 50 年代，就被认为是 20 世纪最杰出的科学家之一。他曾就读于耶鲁大学和波士顿的麻省理工学院，并于 23 岁时就获得了博士学位。之后他便踏入研究领域，首先在普林斯顿高等研究院，后在芝加哥大学，成为恩里克·费米团队的一员。盖尔曼最终成为加州理工学院的教授。正是在这里，他开始了在亚原子粒子中的探险，使人类的视线不断深入其中，直到宣布夸克，即（目前为止）新的基本粒子的存在，其名称来自詹姆斯·乔伊斯发明的术语。20 世纪物理学的许多观点都是盖尔曼直觉指引的果实，或者某种程度上说，来自他的研究的影响。盖尔曼逝世于 2019 年，享年 90 岁。

鲁比亚和范德梅尔

卡尔洛·鲁比亚 1934 年出生于戈里齐亚（Gorizia），他曾在比萨、罗马和美国哥伦比亚大学学习物理学。从 1960 年起，他在日内瓦的欧洲核子研究所工作，直到发现了证实弱电力存在的著名粒子，这一发现将在 1984 年让鲁比亚站上诺贝尔物理学奖的领奖台。鲁比亚与意大利的关系一直很复杂，1972 年他开始在哈佛大学教物理时，在意大利却怎么都争取不到一份教职。直到 20 世纪 90 年代，帕维亚大学才向他伸出橄榄枝。获得诺贝尔奖后，鲁比亚于 1989 年被任命为日内瓦欧洲核子研究所总干事，任期 5 年。此后，他提出了能量放大器的概念，它是一种更安全的新一代核反应堆，产生的放射性废物量非常低。另外，它还可以"杀死"寿命很长的核废料。1998 年，他研究了一种用于星际旅行的空间推进器，在该推进器中，涂有镅的燃烧室内的中子运动加热氢气流，加速氢气流从排气喷嘴排出，从而产生推力。

西蒙·范德梅尔 1925 年出生于荷兰海牙，后在代尔夫特理工学院学习工程学。1956 年，范德梅尔就加入了日内瓦欧洲核子研究所。他在与鲁比亚共同的发现中的贡献主要是随机冷却过程的概念形成，该过程用于产生研究所需的足够强的反质子束。有条不紊的工程师和思维活跃的物理学家之间的合作最终证明了原子两种基本力的统一。2011 年，范德梅尔逝于日内瓦。

类星体、脉冲星、背景辐射和 X 射线天空

20 世纪 60 年代初见证了更多的星空发现，天文边界不断被拓宽。在波多黎各岛的阿雷西博，世界上最大的射电望远镜在山上盆地的地面上开始运行，它直径 305 米，显然把握其方向定位不太可能。1963 年，美国天文学家艾伦·桑达奇（Alan Sandage），西里尔·哈扎德（Cyril Hazard）和马丁·施密特（Maartem Schmidt）阐明了宇宙中最遥远天体的本质。早在 20 世纪 50 年代人们就已经确定了无线电波来源。桑达奇和哈扎德随后将它们与非常微弱的恒星联系在一起，但也想象它们与传统恒星的不同。这就是为什么他们称之为射电准恒星源，或简称其为"类星体"（Quasar）。1963 年，施密特的光谱研究表明，眼前所见实际上是非常遥远的物体，或者说是星系，能看到的只有它异常活跃的原子核的亮度，由于距离的原因，原子核还曾被误认为是恒星。后来，科学家又发现类星体远在难以置信的 120 亿光年以外，它们也是人类见过的距离最远的物体。1967 年，在这些新星中，天文学家乔瑟琳·贝尔（Jocelyn Bell）又添加一新发现的脉冲星（Pulsar）。贝尔当年刚刚毕业，这一发现还要得益于安东尼·休伊特（Anthony Hewish）设计的一系列接收器，用于捕捉微波强度的短暂变化。事实上，在织女星和牛郎星之间的某处，就记录到了一个极具规律性的信号脉冲：每 1.3 秒一次。一颗脉冲星，即史上第一颗脉冲星就此被发现。

同时，通过对超高空飞行火箭的研究，人们获得了能够发射 X 射线的天体存在的证据。1963 年，两位意大利科学家布鲁诺·鲁西（Bruno Russi）和里卡多·贾科尼（Riccardo Giacconi）移民到美国，在蟹状星

云和天蝎座中收集了两个波源的确认信息。其后，贾科尼继续利用乌呼鲁卫星（Uhuru）进行研究，爱因斯坦则绘制了一张星空的 X 射线图，其中因为辐射被大气吸收，有一些恒星在之前并未得到探索。2002 年，贾科尼因这一发现获得了诺贝尔物理学奖。2018 年 12 月，他非凡的一生画上了句点。

1964 年，一个重要的数据出现在了天体知识的图景中，并帮助我们确认宇宙形成早期的情况。乔治·伽莫夫曾预测，从初始的宇宙膨胀开始，背景辐射就已经存在，即物质保持在接近绝对零度的温度。1964 年5 月，美国物理学家阿诺·彭齐亚斯（Arno Penzias）和射电天文学家罗伯特·威尔逊（Robert Wilson）在研究银河系的无线电波时发现，过程中无法解释的辐射过多现象。通过勘测，他们意识到无论天线指向哪里，这一过剩现象都恒定不变，因为它来自各个方向。正是伽莫夫所预测的宇宙微波背景辐射理论，解释了宇宙在初始大爆炸后的冷却过程。其后，彭齐亚斯和威尔逊于 1978 年获得诺贝尔物理学奖。

在 20 世纪末的重大天文发现中，还有一个是关于揭秘"伽马射线"的发现。20 世纪 60 年代初，维拉号（Vela）军事卫星偶然探测到了其射线源。这些射线大约持续几秒，出现在天空的各个角落，并在极短时间内发出，在这段时间内，相当于太阳整个生命周期所提供的能量被释放。因此，"伽马射线暴"被认为是宇宙中最具活力的现象。1997 年，根据意大利航天局的意大利 – 荷兰天文卫星 Sax 的观测，成功识别出辐射源，随后由地球上最强大的天文台以及哈勃太空望远镜进行了验证。研究显示，其中一个射线起源位于我们的星系之外——有可能来自两个黑洞或两个中子星的聚变。

心脏移植，以及卢里亚和杜尔贝科的研究

20 世纪 60 年代，人类在医学领域同样取得了重要成果。其中，南非外科医生克里斯蒂安·巴纳德（Christian Barnard）于 1967 年 12 月 3 日在约翰内斯堡医院进行了第一次心脏移植手术。手术中病人接受了另一个人的心脏，手术后得以存活 18 个月。1969 年，心脏外科医生丹顿·库利（Denton Cooley）在美国试验了多明戈·利奥塔（Domingo Liotta）设计的第一个人工心脏。这颗塑料制心脏被植入一名等待心脏移植的患者体内，让他在等待手术的三天时间里活了下来。

两位意大利裔科学家萨尔瓦多·爱德华·卢里亚和雷纳托·杜尔贝科（两人都是丽塔·列维－蒙塔尔奇尼在都灵大学的同学）因其对癌症起源研究的贡献分别于 1969 年和 1975 年获得诺贝尔医学奖。卢里亚是细菌遗传学和细菌病毒研究的先驱，从统计学上证明了细菌突变的自发性质。而杜尔贝科则特别深化了对致癌病毒（Oncogenic virus，即能引发肿瘤的病毒）的研究。他尤其专注脊髓灰质炎病毒和猿猴病毒 40（sv40）的研究，并揭示了这些病毒与其他病毒之间的巨大差异。他还成功阐明了病毒 DNA 的组成和其基因所起的作用。后来，杜尔贝科还发起了一项名为"人类基因组计划"的宏大研究计划，以编制人体构成的基因图谱，这一计划被视为人类处理和根除遗传性疾病的第一步。

杜尔贝科与人类基因组计划

1914 年杜尔贝科出生于意大利卡坦扎罗，1936 年毕业于都灵大学医

学专业。那时候，正如他在自传《科学、生活和冒险》中所述，他必须在医学和研究之间做出抉择。在诸多不确定因素面前，他选择了后者。但距离成功还有很长的路要走。战争促使他以官方医生的身份来到俄罗斯，在回国时，又成了意大利游击战的主角之一。最后，这种情况迫使他暂时在皮埃蒙特的一个村庄索马里瓦佩尔诺（Sommariva Perno）当医生和牙医。1947 年，当杜尔贝科启程前往美国时，他的科学冒险正式开始，引领他后来与美国人霍华德·马丁·泰明（Howard Martin Temin）和大卫·巴尔的摩（David Baltimore）共获 1975 年的诺贝尔医学奖。

近年来，在伦敦的帝国癌症研究基金实验室（Imperial Cancer Research Fund Laboratory）工作后，他又被任命为加利福尼亚州拉荷亚的索尔克研究所所长。再后来，杜尔贝科终于恢复与意大利研究界的关系来往，特别是在协调与人类基因组项目有关的国家研究方面付出了努力，在国际上他一直是该项目的大力支持者。2012 年，杜尔贝科逝世于拉荷亚。

征服月球和"新"太阳系

有人说，在 20 世纪的重大发现史上，真正留下来的只有一项，即征服月球。这个说法似乎有些夸张，但毫无疑问，这项事迹的确标志了人类历史上最辉煌的时刻之一。"登月"也是迄今为止人类实现的最复杂的技术计划的成果，比在洛斯阿拉莫斯建造原子弹还要复杂得多。

亚拉巴马州亨茨维尔的美国宇航局马歇尔太空飞行中心主任威廉·卢卡斯（William R. Lucas）曾写道："建造伟大的土星 5 号火箭（Saturn V）

让它到达我们的卫星，就像是在莱特兄弟 1903 年首次飞行的 10 年后组装超音速协和飞机一样。"火箭在项目中承担的重任可想而知。

1961 年，肯尼迪总统决定实行登月计划。从那时起，科学界和工业界受到动员，因为项目被列为国家优先事项，因此不受开支限制。计划旨在证明在苏联第一颗人造卫星"斯普特尼克一号"发射升空后，美国有能力重获失去的技术优势，夺回军事和政治上的领先地位。

登月计划的关键正是在于实现强大的火箭，以升起阿波罗太空船（Apollo），然后将其发射到月球，登月舱 LEM（Lunar Exursion Module，月球漫游舱）与之相连。实际操作上来说，被称为"土星 5 号"的新型航空母舰将在地球周围运载 100 吨的货物。该项目委托给德国"V2 导弹"的著名建造人沃纳·冯·布劳恩，布劳恩移民美国，多亏了他，美国得以缩短与苏联在太空竞赛上的差距。冯·布劳恩当时管理着美国宇航局马歇尔中心，与他的同事们（多为德国人）设计了 110 米高的巨型三级火箭，完善了比以往制造都要强大的发动机，并找到了复杂精密工程的技术解决方案。研究人员在几次发射中，对火箭的部件都进行了测试，其间没有意外出现，中断其开发。然而在 1967 年 1 月 27 日，由维吉尔·格里森（Virgil Grissom）、爱德华·怀特（Edward White）和罗杰·查菲（Roger Chaffee）组成的宇航员团队在进行地面训练时，灾难发生了。阿波罗号舱内由纯氧大气供电的短路引发火灾，导致三人的死亡。1969 年 7 月 16 日，载有尼尔·阿姆斯特朗（Neil Armstrong）、迈克·柯林斯（Mike Collins）和巴兹·奥尔德林（Buzz Aldrin）的"阿波罗 11 号"结合在土星 5 号火箭的顶部，准备从佛罗里达州的卡纳维拉尔角航天基地起飞。发射于当地上午 8 时 32 分进行，经过四天的旅行，三名太空探险家抵达他们的目的地，进入绕月轨道。7月20日，阿姆斯特朗成为第一个踏步于地球天然卫星上的人，他还说出了一句举世闻名的话："这是一个人的一小步，却是人类的一大步。"一同乘坐登月舱抵达的奥尔德林紧随其后，三人在月球上总共待了2小时48分钟。宇航员们用这段时间来展开一些科学调查并收集了21公斤的地质样品，他们将把这些样品装在一个闪光的密封金属箱中带回地球。在轨道上的阿波罗号里，柯林斯负责留守，等待两个队友的归来。飞船完成任务后返航地球，并于7月24日在太平洋中降落，此时"大黄蜂号"船舰正在候命接应阿波罗号。就这样，人类的首次探月持续了195小时19分钟的时间。接下来还会有6次的尝试（最后一次是1972年12月，阿波罗17号发射），但其中一次，阿波罗13号执行任务时差点酿成悲剧。1970年4月，阿波罗13号穿越大气层开始后不久，一台能源发电机发生爆炸，三名宇航员吉姆·洛弗尔（Jim Lovell），弗雷德·海斯（Fred Haise）和杰克·斯威格特（Jack Swigert）在休斯敦控制中心的帮助下设法找到了绕月飞行的方法，安全返回地球。

史上总计有12名宇航员在月球上漫步行走，并将共379.5公斤的月球地质样品带回地球。

登月计划耗资250亿美元，重塑了美国在技术、政治和军事上的优势地位。在发射了大量月球探测器后，登月计划还让我们能够首次深入研究我们的天然卫星。另一边的苏联也启动了登月计划，由于无法制造大型火箭，该计划以失败告终。

20世纪六七十年代，苏联和美国的数十艘探测器通过其近距离勘查和着陆，重新设计了整个太阳系的面貌。有了"金星计划"，苏联科学家尤其加深了对金星的认识，他们发送了一些太空舱登陆金星，它们经历了恶劣的环境，将一些金星特征传输回了地球。而美国科学家则更多专注于探索火星和外行星如木星、土星、天王星和海王星。

1977年，美国宇航局派出的两艘维京（Viking）探测器降落在红色星球（火星）上，NASA有一个精密的自动化生化实验室，能够分析土壤并确定它是否隐藏生命痕迹。然而，研究结果却令人失望。

在一项名为"行星之旅"（Grand Tour）的计划中，两个属于美国宇航局的旅行者号（Voyager）探测器完成了一项壮举。这两个精细的宇宙机器人于1977年底离开，在对木星和土星进行了近距离勘测后，旅行者2号继续前行，1986年1月与天王星相遇，1989年8月来到海王星。从此以后，位于太阳系边缘的两颗遥远行星的面貌也得以显现。另外，1977年和1981年，在探测器到达之前，人们还发现天王星和海王星也有光环，并拍下了太空照片。

3D打印，新的工业革命

20世纪80年代，机器人生产开始在各个领域得到广泛应用，尤其是在汽车领域。但另一场制造技术的革命始于1986年。在美国，一项专利的授予促成了3D打印的诞生，也被称为"添材制造"（Additive Manufacturing）。故事的主角是一名出生于科罗拉多州克利夫顿的工程师，查尔斯·赫尔（Charles W. Hull）。他当时在一家生产用于硬化油漆的紫外线灯的小公司工作。赫尔通过他每天应用的知识，构思了在制造真实物体时使用相同光线的想法。实际上，该专利的标题为"通过立体光刻技术生产三维物体的装置"。要做到这一点并不容易，当他向上级提出项目时，不乏质疑，他只能在工作时间以外做一些相关实验。但是赫尔坚信，一台拥有适当软件的计算机一定可以驱动系统构建一个完整的物体。这一切的实现还要归功于赫尔的创新技术，即立体光刻技术。

经过多次尝试，他在 1983 年取得了第一个成果，完善了这项发明，让机器能够通过紫外线固化光敏液体聚合物形成三维形状。所有这些都由计算机化的 CAD/CAM 系统控制，他利用该系统设计并实现了产品。为了立即开始生产，他在申请专利的同时在加利福尼亚州成立了"3D 系统公司"（3D Systems，史上第一家同类型公司），为全球制造商和小型装配实验室（fab lab，即数字制造实验室）运动铺平了道路。这项新技术将导致制造业的深刻变革。然而，在其发展的第一阶段，3D 打印因为只加工塑料，所以主要局限于"快速成型"。

1988 年，得克萨斯州的一名大学生卡尔·德卡德（Carl Deckard）迈出了重要的一步。利用激光技术聚合热塑性粉末，他获得了称作"选择性激光烧结"的 3D 打印系统的专利。在此之后，第三项创新也发生在美国，来自史蒂文·斯科特·克朗普（Steven Scott Crump）的成果。他想找到一种快速为他的小女儿制作玩具的方法，便做了一个一层层包着薄塑料线的热胶枪。就这样，熔融沉积模型诞生了。后来，克朗普和妻子丽莎一起制造了一台机器，可以将塑料长丝熔化并分层分布。获得该系统的专利后，两人共同建立了斯特塔西公司（Stratasys）以生产该系统。公司的成功十分显著，从那时起，一旦新技术奠定基础，其应用便将扩展到各个部门，从原型到最终元件的制造。2000 年，史上第一枚人工肾被生产，但过了 13 年后才在一名患者身上进行测试。由各种不同基本材料制成的各类产品：从假牙到珠宝，从食品到鞋子，琳琅满目。在工业设计中这一现象扩展到建筑、汽车甚至航空航天等领域，包括火箭发动机的零件制造。2004 年，因为 RepRap 项目（Replicating Rapid Prototype，快速复制原型）的出现，3D 打印机甚至可以自我复制。该项目于 2005 年诞生于英国巴斯大学，旨在将 3D 打印的应用扩大到更广泛的领域，甚至让其成为居家应用。

NASA 的航天飞机和苏联劲敌"暴风雪号"

1981 年，美国宇航局驾驶了第一艘可重复使用的航天飞机上天。飞机被称作"哥伦比亚号"（Columbia），于 4 月 12 日从卡纳维拉尔角发射升空，在环绕地球的轨道上停留了两天 6 个小时，然后像普通飞机一样降落在了加州爱德华兹基地的跑道上。哥伦比亚号的大小相当于一架中型客机，机舱长 18 米，宽 4 米，可运载 29 吨货物。飞机上载有 7 名宇航员，执行最长两周的任务。第一次执行飞行任务的是在月球上行走了的宇航员约翰·杨（John Young）和罗伯特·克里平（Robert Crippen）。发明能够在地球和空间站轨道之间穿梭的航天飞机是一个经典的科幻梦想，并且也是 20 世纪 50 年代《科利尔》（Collier's）杂志上沃纳·冯·布劳恩所谈论的观点。冯·布劳恩是德国 V2 火箭之父，后来又是制造伟大的土星 5 号、将美国人带上月球的航天领军人物。其目标是使宇航员往返空间站的旅行变得简单、频繁且不再如此昂贵。两个项目都得到了美国总统理查德·尼克松的评估，但他在 1972 年选择只建造航天飞机（空间站计划被延后）。尽管该计划的开始雄心勃勃，但 NASA 可用的预算越来越少，最终，项目为了节省开支做出了妥协，这将对其未来产生负面影响。

航天飞机是一项航空航天工程项目，NASA 和美国希望通过该项目彻底改变太空轨道运输，从此不再使用传统火箭。所有公有或私人卫星和星际探测器应该都能装入机舱内飞向太空。至少目标是这样。这个非凡的航天器的故事，一开始便证明了有可能将受损的卫星带回地球，对其进行修复，然后再将它们送入轨道。然而，很快航天飞机就显示出其复杂性：管理它们并不简单，其使用更是需要高昂的成本。

1986 年 1 月，"挑战者号"（Challenger）航天飞机在起飞 73 秒后在卡纳维拉尔角上空解体，造成机上 7 名宇航员遇难。这场灾难大大浇灭了人们的雄心壮志，且显示出在航天飞机这样的系统中隐藏着多少不可预测的风险。从那一刻起，发射卫星又回到传统火箭的使用。航天飞机飞行只留作科学任务和国际空间站驻扎模块的运输之用，1998 年到 2011 年间，其大多数飞行将专用于国际空间站搭建。

2003 年，另一场灾难标志着这一段航天飞船历史的终结。哥伦比亚号在距离预定降落点卡纳维拉尔角跑道只有几分钟的路程时，在得克萨斯州的空中爆炸解体。无法预测的致命问题又一次夺走了 7 名宇航员的生命。第一次事故的原因是发射程序中的管理操作不善；而在第二次事故中，航天飞机在起飞过程中，由于从中央油箱热保护装置上分离的碎片的冲击，机翼前缘上形成了一个洞，让飞机在返回过程中与大气摩擦产生的高温热流进入了机内，随后摧毁了飞行器。当时，乔治·布什总统下令航天飞机只能用于国际空间站的搭建，完成任务后退役。航天飞机曾经造了五架，失去了两架。根据最初的规划，每架飞机应该要执行

上百次的任务。然而，当飞机在 2011 年退役时，它们总共只进行了 135
次飞行任务。但其中许多任务还是谱写在了航天史上。多亏了有航天飞
机，宇航员对伟大的哈勃太空望远镜进行了修缮和加强，延长了其使用
寿命，让后来的重大发现成为可能，例如计算宇宙年龄、对宇宙进行更
深入的观察，以及揭示星系诞生时刻等。

此外，航天飞机的确是促进国际合作的工具。美国宇航局与欧洲航
天局（ESA，European Space Agency）就建造可居住太空实验室项目达成
协议。该实验室模块插入舱内后，利用轨道上存在的微重力条件，可以
进行科学和技术实验，从而创造出地球上无法获得的产物，包括半导体
晶体到新型金属合金等。在生物医学领域，它也同样帮助我们对人体
进行极有价值的研究，包括人体衰老相关课题。欧洲太空实验室（其
中一部分诞生于意大利）携宇航员一共执行了 16 项任务，为建造国际
空间站开辟了道路，届时在空间站将得以进行更广泛的研究。苏联解
体后，美国宇航局 NASA 与俄罗斯建立了合作关系，从航天飞机连接
俄罗斯"和平号"（Mir）空间站开始，更多的国际空间站参与计划将循
序进行。

此前苏联自己也建造了一架航天飞机，在某些方面与美国的飞
机类似：除了都利用了空气动力学，两架航天飞机的尺寸也十分
相近。1988 年 11 月，这架苏联命名为"暴风雪号"的航天飞机，在没
有宇航员的情况下绕地球飞行了一圈。随着苏联的解体，"暴风雪号"整
个项目也都被放弃。

为了制成如想象般那样安全、经济并能重复使用的运载工具，还需
要其他技术的发展。

互联网革命及网络在日内瓦 CERN 的诞生

互联网革命中的一个绝对的主角，是日内瓦欧洲核子研究中心（CERN）的一名研究员。1991 年，该研究员蒂姆·伯纳斯 – 李（Tim Bernes-Lee）发布了历史上第一个使用 HTTP 协议（Hypertext Transfer Protocol，超文本传输协议）的网站，网站由他本人自己设计。该协议制定了一组允许不同计算机之间通信的规则，通过"链接"（link）可以从一台计算机跳到另一台来读取文档，也就是所谓的超文本阅读。

"WWW"，即万维网（World Wide Web）就此诞生，这是一个由通过浏览器访问的页面编织成的世界，人们可以在其中浏览文件、文本、图像、声音和影像。1993 年，蒂姆·伯纳斯 – 李的发明由欧洲核子研究中心发布。因为没有所有权归属，日内瓦机构的成果向公众公开，因此所有人都可以获得，也都可以使用这一发明。这个系统其实很简单，也提供了各种可能性，因而在全球范围取得了广泛成功。万维网也将促成互联网的快速发展，因为在 20 世纪七八十年代，互联网所需要的另外两个技术成果也已经变得成熟。第一个是"ARPA"（Advanced Research Project Agency，美国高级研究计划署）网络，诞生于"冷战"中期，是五角大楼背后研究机构施行的一种防御和反间谍工具。"ARPA"后来被改名为今天的"DARPA"（Defense Advanced Research Project Agency，美国国防部高级研究计划局）。开创性的互联网网络在 1969 年启动，4 个节点分别位于加利福尼亚大学圣巴巴拉分校和洛杉矶分校、斯坦福大学的斯坦福研究院和犹他大学。不久，网络跨越大西洋，与欧洲建立了联系。从英国到挪威，从德国到意大利，其中比萨大学在这一新领域的发展中也贡献了一份力。

与此同时，电子技术，特别是集成电路的发展，越来越能够满足导弹制导的国防需求和美国宇航局的登月需要，有利于并支持创建越来越小型、方便使用的计算机的想法。这些倡议需求成倍增长，其中康懋达（Commodore）公司就以做出了一些最初尝试而闻名。施乐（Xerox）公司开发了一种后来被苹果公司所采用的图形系统，苹果在 20 世纪 70 年代的后半段开始推广其首批计算机型号。IBM 很快加入了进来，1981 年，《时代》杂志封面上刊登的"人物"便是一台电脑，正因为那几年内它一直是世界飞快发展的主角，渐渐走进各个家庭和办公室场景。

20 世纪 80 年代中期，五角大楼放弃了对"ARPA"项目的兴趣，而此时项目已经得到了过多传播，甚至创建了名为"MILNET"的内部秘密项目。由"web"（网）和"PC"（个人电脑）组成的原始网络这时已经普及，形成了互联网。互联网自此以指数级的速度增长，并伴随着难以置信的细化现象，在短时间内将彻底改变我们与工作世界的关系，引发持续更新的社会变革。

1991 年颁布的一项法律对美国互联网的发展起到了决定性作用，该法律提倡将互联网的使用向私人领域开放，打开其商业利用的局面。在此之前，互联网的应用尽管国际化，但也主要局限于科学界。其他国家纷纷效仿华盛顿的决策，巩固了这场革命和全新数字业务的发展。

蒂姆·伯纳斯－李，网络的缔造者

在日内瓦欧洲核子研究中心的微观世界博物馆展出了一台"NeXT

Cube"计算机，蒂姆·伯纳斯－李就是用它创建了万维网。的确，用这台计算机代表3个W所造的"众网之网"引发的革命，再具象征意义不过，万维网日益集结的不仅仅是全世界的计算机，更是整个人类。蒂姆·伯纳斯－李，伦敦人，1955年出生，毕业于牛津大学，在获得了一定的行业经验后，于1980年加入日内瓦的欧洲核子研究中心。他在CERN只待了6个月的时间。但对他来说已经足够。这位训练有素、激情满腹的计算机工程师实现了第一个用于连接CERN各个中心的软件。4年后，当他回来时，他详细阐述并提出了一个关于超文本的全球项目，该项目后来就造就了"万维网"。虽然"WWW"也已俨然成为一种商业工具，但CERN并没有从这项发明中获得经济利益，因为在该中心实验室获得的结果均属于公共领域所有，因此也包括网络本身。

2016年，全球最大的计算机科学协会——计算机械协会（Association for Computing Machinery）授予伯纳斯－李计算机科学界的诺贝尔奖——图灵奖，并重述"万维网被认为是迄今为止史上最具影响力的信息技术创新之一，每天被数十亿人用作沟通、了解讯息、交易和许多其他活动的主要工具"。携手合作此项发明的伯纳斯－李和罗伯特·凯利奥（Robert Cailliau）二人本来决心实现一个梦想：建造一个通用图书馆。图书馆应当基于不断发展的互联网，便利研究人员们获取其他同事的科学研究成果，并与全世界分享这些知识。这个梦想的确实现了。万维网承载的是自由的精神，这也是后来身为麻省理工学院教授的伯纳斯－李一直所追求的，他在1994年创建了万维网联盟（W3C），该联盟旨在传播和开发网络的潜力。

"热"超导性、中微子质量和反氢原子

众所周知，在接近绝对零度的温度下，电流通过导电材料时遇到的电阻会大大降低，直到完全消失。正如荷兰物理学家海克·卡默林·昂内斯（Heike Kamerlingh Onnes）所证明的那样，他将水银冷却到 4.2K（即 -269℃）时发生了这种情况。1968 年，一种由三种金属组成的合金让实验又向前迈进了一步，合金在略高的温度（21K，-252℃）下成为超导材料（如其名称可见，能够体现这一特性的材料）。但在 20 世纪 80 年代中期，两位物理学家——德国的约翰内斯·格奥尔格·贝德诺尔茨（J. Georg Bednorz）和瑞士的亚历山大·米勒（Alexander Müller）发现了一种物质（氧化铜、镧元素和陶瓷钡化合物）的组合，这些物质在高达 35K 的温度下一起成为超导体。他们的研究打破了某种壁垒，开拓了一条探索之路，其中催生出了随温度不断升高出现此现象的材料。也就是说出现了一种越来越"热"的超导性。这为材料的实际应用开辟了更多可能性，在不同领域也都具有很大的优势：如损耗大大降低的电力运输，以及容量更大的计算机芯片制造等。1987 年，贝德诺尔茨和米勒两人因超导研究的成就，荣获诺贝尔物理学奖。

在粒子物理领域，1998 年 6 月成了一个重要时间点。来自美国和日本的 23 个机构的百名科学家宣布，他们已经能够测量出中微子的质量，而中微子又是自然界中最活跃、难捕捉的粒子，在质量上它相当于电子的十分之一。经过一段时间的探索研究，这一结果最终通过"超级神冈探测器"（Super Kamiocande）实验获得，该实验在日本一座山的山洞中进行，装载了 22000 吨水的水箱被封闭在一个由 13000 个探测器覆盖的钢制容器中，形成了巨大的实验机器。据研究人员称，实验结果让我们不得不重新看待被称为"标准模型"的理论，该理论解释了物质的结构，并认为中微子不具有质量。

1995 年，意大利物理学家马里奥·马克利（Mario Macrì）在日内瓦 CERN 取得了反物质领域的一项重大发现。他与热那亚大学的一组研究人员一起成功找到了第一个反氢原子。但什么是反物质？最终形成我们这些有机体的每一个构成物质原子的基本粒子，除了电荷外，还有一个在所有方面完全相同的兄弟粒子。例如，每个带负电荷的电子对应一个带正电荷的反电子。这是由物理理论建立的，但在我们的现实中，迄今为止，反物质只在粒子加速器中人工产生，正如 CERN 的物理研究所现有的粒子加速器能够到达非常高的能量那样。而如果物质和反物质相撞，它们就会彼此毁灭。

在这类研究中，意大利的科学家们总是光芒四射。20 世纪 30 年代，物理学家朱塞佩·奥奇亚利尼（Giuseppe Occhialini）发现了反电子；20 世纪 50 年代，埃米利奥·塞格雷（Emilio Segrè）和奥雷斯特·皮奇奥尼（Oreste Piccioni）分别发现了反质子和反中子；1965 年，安东尼诺·齐基基（Antonino Zichichi）获得了第一个反氘核；所有这些结果都与原子成分有关。然而，第一个发现整个反原子的正是马克利，这一发现为物理现实的描述带来了有利证据。有人甚至假设存在一个与我们的普通物质平行的反宇宙，但迄今为止尚未收集到任何相关线索。

在宇宙的起源处，物质和反物质应该都存在，但在最初的进化过程中，反物质消失了，我们观察并居住其中的物质宇宙占据上风。至于反物质是在哪儿消失的，科学仍然无法解释，这也就为最极端的假设敞开了大门。为了寻找它在宇宙中存在的一些线索,诺贝尔物理学奖得主丁肇中构思并指导了在安装了阿尔法磁谱仪(AMS-02,Alpha Magnetic Spectrometer)的国际空间站上进行规模最大的反物质研究实验。实验相当于使用探测器来准确研究太空中宇宙射线的组成和丰富度,并寻找原始反物质和暗物质的痕迹,其能量值可高达以 TeV(太电子伏)计算。实验仪器重 7.5 吨,2011 年由 NASA 的航天飞机在其倒数第二次飞行中携带上天,此举是 16 个国家和 56 个机构合作的结果,其中包括意大利航天局(ASI)和意大利国家核物理研究所(INFN)。项目的目标是找到宇宙射线中的反物质成分,如正电子、反质子,还有重反物质粒子,如反氦核。截至 2020 年,AMS-02 收集了 1700 亿条宇宙线,揭示了宇宙的未知角度和特征,甚至包括还未经证实的反氦原子核物质。2020 年,意大利宇航员卢卡·帕米塔诺(Luca Parmitano)通过 4 次太空行走修复了该探测仪器,使研究得以维续至 2028 年。所有探测相关数据都由日内瓦的 CERN 控制中心收集,然后分发给各个国家的研究中心。

克隆

回到地球上,人类的未来也开始引起科学家和政治家们的讨论。1997 年,苏格兰一个研究中心宣布多莉(Dolly)的诞生,多莉由另一只绵羊的成年细胞中克隆而来。然而,这项实验遭受了几位著名遗传学家的质疑。随后在 1998 年,科学家又进行了另外两次对法国的一头奶牛和夏威夷火奴鲁鲁的一只老鼠的克隆。同时,美国专家理查德·西德(Richard Seed)也参与进来,声称打算直接着手克隆人类。

遗传学和生物学发展出的新知识，伴随着干预仪器的改进，似乎缔造了只有在科幻小说中才可能实现的遥不可及的观点。然而，常规专利允许的生物技术生产的蔬菜，已经出现在了我们的餐桌上。总之，生产供人类食用的克隆动物的想法已经被我们所接受，但人类克隆仍然是被明令禁止的。多莉羊诞生后，美国总统比尔·克林顿就下令阻止在美国公共实验室内进行任何此类实验，并敦促私有实验室也效仿这一规定。但当上述所有发生之时，在缺乏适当的法律来授权对人类进行合法保护、经济利益呈压倒性主旋律的情况下，一切似乎都很难明确。

在我们的星系恒星周围，其他行星的发现

许多科学家早就提出了其他恒星周围存在行星的想法，这超越了过去与所谓的多重世界有关的哲学推测。但是观测的技术和方法仍然不够。一些红外卫星，如20世纪80年代初的红外天文卫星（Infrared Astronomical Satellite，简称IRAS），就检测到了其他恒星附近存在物质。但要到了1995年，日内瓦大学的两名天文学家才发现了第一颗围绕主序星运行的行星，与我们的太阳相似。此主序星便是飞马座51，位于同名的飞马星座，距离地球50光年左右。在700万千米外，一颗大小约为木星一半、表面温度为815℃的气态巨行星，飞马座51b围绕恒星转一整圈的时间是4个地球日，其质量估计是地球的140倍。这两颗恒星和行星分别被国际天文联合会命名为"赫尔维提奥斯"（Helvetios）和"迪米蒂恩"（Dimidium）。作为一颗离水星更近的大行星，它的存在很难被接受，因为这一假设与之前阐述的行星形成理论完全相反。但在1995年10

月，米歇尔·马约（Michel Mayor）和他的学生迪迪埃·奎洛兹（Didier Queloz）于《自然》杂志发表的一篇文章中却证明了不同的观点。随后旧金山州立大学的杰弗里·马西（Geoffrey Marcy）和加州大学伯克利分校的保罗·巴特勒（Paul Butler）的即时观察也对此给予了证实。为了识别行星，他们采用了径向速度的测量方法，通过检测恒星的电磁频谱，对由于周围行星重力影响而产生的恒星位移进行了评估。2019 年，马约和奎洛兹被授予诺贝尔物理学奖。

从那时起，一场寻找地球孪生行星的赛跑正式开始，这也正是寻找系外行星的真正目的。多亏了有为地面望远镜建造的特定设备以及第一批能够穿过大气层发现它们的卫星，探测的结果没有迟来，其规模也越来越大。当行星从恒星前面经过时，恒星的光线会变得越来越暗，因此除了径向速度法外，这也是另一种发现它们的方法，称为过境法。

如果说在 1999 年发现了第一颗行星最多的恒星（天大将军六 A 上有两颗），那么更加吸引人注意的则是在恒星宜居带轨道运行的系外行星的发现，在宜居带内行星能够保证接收适当能量、表面积有一定水分。这颗行星便是 HD 28185 b，它是类似木星的气态天体（其体积几乎是木星的 6 倍），但相比之下，人们似乎对它可能存在的卫星倒是更感兴趣，其性质更为坚硬，且能够提供一定的宜居性。但这还只是发现多个行星体系，也就是其他太阳系的开始。此时，人们还发现了环双星的行星。2015 年至 2017 年间，位于安第斯山脉拉西拉（智利）的欧洲南方天文台（ESO）识别了围绕特拉普斯特 1 号（Trappist 1）恒星的 3 颗行星。其后，美国宇航局的斯皮策（Spitzer）卫星通过红外探测又找到了 4 颗，其中 3 颗位于宜居带。特拉普斯特 1 号是一颗距离地球 39.5

光年的红矮星，其特征各异的行星阵列似乎与我们的太阳系最为相似。

随着美国宇航局开普勒卫星的发射，研究进而取得了飞跃，这也是第一枚为此目的而建造的人造卫星。在其 2009 年至 2018 年的轨道寿命期间，开普勒为我们观察了银河系中近 15 万颗恒星，并识别了 2815 颗经确认的系外行星，另有 3256 颗待验证。2018 年，开普勒的继任卫星、同样来自 NASA 的"苔丝"（TESS，Transiting Exoplanet Survey Satellite，凌日系外行星勘测卫星），又添加了 81 颗经确认，以及 1451 颗待验证的行星。截至 2020 年，从地球和太空中探测到和确认的太阳系外行星总数达到了 4370 颗。另外，欧洲航天局 ESA 于 2019 年也发射了"Cheops"（系外行星特性探测卫星），测试了帕多瓦大学的罗贝尔托·拉戈佐尼（Roberto Ragazzoni）和国家天体物理研究所设计的创新光学技术，该技术将在 2026 年起开始应用于下一颗也是最大的柏拉图（Plato）卫星上。在柏拉图号上，甚至会装有专为系外探索目的而设计的 34 个小型望远镜。

2020 年，美国宇航局艾姆斯研究中心和戈达德中心的一组科学家们，在处理美国开普勒卫星和欧洲 ESA 的盖亚（Gaia）卫星收集的数据时，测量了 10 亿颗恒星的准确位置，得出结论，在我们的星系中至少会有 1000 亿颗恒星，其中 40 亿颗与我们的太阳相似。根据保守估计，他们认为其中至少 7% 的行星应该在宜居带周围。仅在银河系中，就有约为 3 亿个潜在的可居住"地球"。

在宜居带探测到的所有系外行星中，只有十几颗与地球类似，属岩石性质（主要由硅酸盐和金属形成），环境条件温和，能够保证有液态水。其中离太阳最近的行星大约有 20 光年的距离。不同类型的系外行星的发现，根据其性质和大小以及与母星的分布不同，让我们对太阳系形成的理论不得不进行重新认识。另外，系外行星的存在还证明了它们不是例外，而是恒星进化中的一个普遍事实。想想现存的几十亿个星系，这显然增加了其中一些星系中有生命诞生的可能性，也可能是以一种不同于我们蓝色星球上的形式。正因如此，对地球孪生兄弟的搜寻只会愈演愈烈。

导师马约尔、学生奎洛兹以及系外星球

"他们的发现永远地改变了我们的世界观。"——2019 年诺贝尔物理学奖授予米歇尔·马约尔（1942 年生于洛桑）和迪迪埃·奎洛兹（1966年生于日内瓦）时的授奖词如是说，两人在普罗旺斯天文台发现了第一颗太阳系外行星飞马座 51b，绕着一颗类似太阳的恒星旋转。那是 1995年，从那时起，我们的银河系的恒星天体已经变得不计其数，在星空图景中也成了普遍的存在，它们同时彻底改变了我们的视界，让我们在浩瀚宇宙中不断寻找其他可能的生命栖息地。奎洛兹是马约在日内瓦大学的学生，他们共同进行了寻找系外行星的研究。当时正在攻读博士学位的奎洛兹改进了光谱仪艾洛迪（Elodie），并编写了数据读取软件，最终两人成功识别这颗富有决定意义的行星。"我喜欢玩数据。"奎洛兹承认说，"我觉得，认为我们自己在宇宙中是独一无二的想法只是一种错觉……我认为还有许多其他行星像地球一样，宇宙中到处都有生命，我们不可能是个别的。我们相信自己与众不同只是因为我们一无所知。"有两个主题让奎洛兹着迷：传播科学，以及科幻小说。他说："科学成果与

科学所能传达的信息之间存在鸿沟。"他补充道："有人说科幻小说是探索一切可能性的艺术。但有趣的是，有时你所探索的可能性仅限于你自己的理解范围内。当一些以前根本无法想象的东西展示出来的时候，科学便超越了科幻小说。我很高兴有时会有这种情况发生。就行星研究而言，科幻小说远不及现实。"

国际空间站以及俄罗斯、中国、美国的实验室

2000年11月，两名俄罗斯宇航员谢尔盖·克里卡列夫（Sergej Krikalëv）和尤里·吉岑科（Jurij Gidzenko）与美国宇航局宇航员比尔·谢帕德（Bill Shepherd）一起首次进入国际空间站（ISS）。三人皆为宇航老兵。任务中谢帕德是指挥官，他之前有过3次航天飞机的太空任务，而另两名宇航员则分别在俄罗斯和平号上停留过至少6个月。当时，空间站仅由3个模块组成，机组人员将在其中生活137天。空间站第一个客舱由俄罗斯于两年前1998年发射。自此，航天飞机和俄罗斯"质子号"火箭输送来的其他元素让国际空间站不断发展壮大。拼成空间站的最后一件是伟大的国际实验室AMS-02，只见它挂靠在宇宙之家的桁架上，目标是在宇宙中寻找反物质：2011年5月，AMS-02由奋进号（Endeavour）航天飞机在进行倒数第二次飞行时送上太空。机上还载有意大利宇航员罗伯托·维托里（Roberto Vittori）。由于1986年和2003年航天飞机的两次灾难中断了组装，空间站的建设速度放缓。后来，航天飞机只被用于国际空间站的组装运送，随后被撤回退役。

国际空间站开创了两项纪录，它是有史以来建造的最大的太空建

筑，也是人类实现的最大的国际合作项目，项目包括了美国人、欧洲人、俄罗斯人、日本人和加拿大人。空间站就像一个足球场一样延伸，长 109 米，由 4 块长太阳能电池板提供必要的电力。与空间站中央桁架相连的是住房和服务模块，其中最后一块来自意大利制造：莱昂纳多（Leonardo）。由于意大利航天局的倡议以及此项技术在意大利工业的高度专业化，大约一半的空间站模块都由欧洲航空局和美国工业部门委托在意大利制造。

这个庞大的宇宙之家的建造最初只是美国、欧洲、加拿大和日本进行的政治协议的结果。苏联解体后，美国总统比尔·克林顿为了促进俄罗斯科学家在本国的长期停留，并防止他们奔离去有政治冲突的国家，他最终与克里姆林宫达成协议。空间站由此又添加了俄罗斯的贡献部分。事实上，在莫斯科，建造一个新的空间站的计划已经在酝酿当中，该计划将取代之前的和平号。从 1986 年开始，和平号已经促成了俄罗斯和共产主义国家的宇航员进行了长达十年的太空停留。在达成政治协议后，美国宇航局还加派了宇航员乘坐航天飞机抵达和平号。

苏联在绕轨道飞行停留方面积累了大量经验。事实上，从 1971 年开始，他们就第一次实现发射轨道实验室（称为"Saljut"），并利用这些实验室开发了必要的技术。在实验室中，他们研究了长期任务中的人类行为。在和平号抵达之前，他们曾发射了由 6 个模块组成的 7 艘飞船，许多机组人员都轮流居住在和平号中。其中一位是俄罗斯宇航员兼医生瓦莱里·波利亚科夫（Valerij Poljakov），在空间站度过了 437 天 18 小时，是最长任务纪录的保持者。美国人后来用土星 5 号火箭的第三级箭体改造为空间站"天空实验室"（Skylab），在 1973 年至 1974 年间，该实验室接待了每组 3 名宇航员，总共 3 个小组执行为期 171 天的任务。后来空间站被留空 5 年后分解在大气当中。

在美国和俄罗斯的合作史上，1995 年亚特兰蒂斯号航天飞机与和平号的连接，仍然具有历史意义。在此之前，双方的合作还要回溯到 1975 年，美国阿波罗号和苏联联盟号飞船的联合任务。但这只是理查德·尼克松总统和克里姆林宫领导人列昂尼德·勃列日涅夫所期望的政治操作的暂时成果，没有未来可言。取而代之的是，国际空间站终于扫除了共产主义莫斯科和资本主义华盛顿之间的对立障碍，开始了持久的国际合作关系。

结合这两种不同的经验，国际空间站成了人类在地球之外的第一个稳定的据点。而且，除了彼此在轨道实验室的实验之外，宇航员们还有一个安全的共同家园可供他们生活和工作。在空间站运行的前 20 年中，来自 19 个国家的 240 名宇航员曾居住在该基地。第一个踏足国际空间站的欧洲人是意大利的翁贝托·圭多尼（Umberto Guidoni）。随后，罗伯托·维托里、保罗·内斯波利、卢卡·帕米塔诺和第一位欧洲宇航员萨曼莎·克里斯托弗雷蒂纷纷加入这一行列。机组人员一般由 6 到 7 名宇航员组成，他们在空间站停留 5 到 6 个月，专注在生命科学和材料领域进行研究，调查微重力和空间环境对人体的影响。研究对于开发在地球上无法实现的材料和物质很有价值，在冶金、电子和制药领域均卓有成效。在前 20 年中，来自 100 个国家的 4200 名科学家在各个专业领域进行了 3000 项实验。大多数实验（32%）涉及生物学和生物技术，人文科学（24%），物理科学（17%），地球和空间科学（14%）以及技术发展（10%）。

目前，空间站在近地点 400 千米的地方以每小时 27000 千米的速度围绕地球运行，并由俄罗斯进步号、日本 HTV 和美国的天龙号与天鹅座等自动货运飞船定期提供食物、衣物和实验所需。欧洲航天局的 ATV 飞船也曾参与服务。国际空间站的活动预计将持续到 2028 年，与此同时，美国公司毕格罗航空航天公司（Bigelow Aerospace）也在空间站对接了一个可折叠的纤维模块以试验一项新技术。自 2011 年以来，美国国家航空航天局为了使用俄罗斯太空飞船联盟号搭载宇航员，不得不支付价格高昂的机票。到了 2020 年，NASA 开始启用一艘由埃隆·马斯克（Elon Musk）创建的 SpaceX（太空探索技术公司）制造的美国龙飞船（Crew Dragon）。后来又增加了第二架波音星际客机（Starliner）。两架飞船均开通飞往空间站的私人航班，美国宇航局只需为飞行行程买单。国际空间站的伟大工程耗资 1000 亿美元，由各个参与国分摊，其中美国所占份额较大，为 36 次航天飞机飞行任务又追加了 500 亿美元。

中国从 2011 年起，启动了天宫一号和天宫二号空间实验室。两个空间实验室都是使用神舟飞船运送抵达，载有两队，各 3 名宇航员，其中包括中国女性航天员刘洋和王亚平。

宇宙的加速

1998 年，一项发现撼动了人类对宇宙未来的看法。1929 年，美国天文学家埃德温·哈勃观察到星系正在互相远离，证明宇宙正在膨胀，这一现象自宇宙大爆炸（万物起源）以来一直存在。在哈勃的发现后，人类努力试图进一步了解宇宙的命运。天文学家们想，星系的相互引力是

298

否会产生抑制作用，能够减缓膨胀，直到扭转这一趋势。那样的话，宇宙就会自行崩溃。之前的假设是，尽管逐渐放缓，宇宙也会永远膨胀。但在 1998 年，三位天文学家，索尔·珀尔马特（Saul Permutter）、布莱恩·施密特（Brian P. Schmidt）和亚当·里斯（Adam Riess），彻底改变了这一局面，发现宇宙正在加速膨胀。三人因而在 2011 年获得了诺贝尔物理学奖。通过测量一些遥远的超新星即爆炸的恒星，又经过已知亮度计算出它们的距离，他们意识到恒星的亮度其实比预期的要低得多（计算结果在 10% 到 15% 之间）。由此得出的结论是，比起按照原来的解释应该达到的位置，加速度把它们带到了更远的地方。因此，人们想象，宇宙的加速膨胀，是由暗能量引起的，在那一刻之前，暗能量的性质和存在仍然未知。

有趣的是，实际上阿尔伯特·爱因斯坦在 1917 年，应用他 1915 年提出的广义相对论假设了这股能量的存在。但他这样做甚至是出于另一个相悖的原因。那时候，宇宙被描绘成静态的，也就是说，它在重力的影响下没有膨胀或坍塌。为了抑制这种反向运动并使其保持静止，爱因斯坦在他的方程中插入了宇宙常数"λ"（Lambda），代表斥能。当哈勃发现膨胀时，爱因斯坦说，他那宇宙常数的想法是他一生中最大的错误。相反，加速度的发现表明，通过在计算中加入这种排斥力，爱因斯坦的想法再次正确。常数 λ 的能量几乎统治着宇宙的 70%，但其性质仍然未知，因为不知道它是从何产生的。物理学家们寻求量子力学的解释，根据量子力学，空旷的太空实际上会容纳亚核粒子和反粒子的连续活动，这些粒子此消彼长、相互破坏。但这种解释似乎不足以证明这些说法，因此物理学家正在寻找迄今为止从未遇到的奇异粒子。

暗能量的发现重塑了已经得到间接证实的部分暗物质。例如，它的存在可以解释为什么旋转中的星系不会在周围的宇宙中散布组成它们的物质：在星系周围有一种性质未知的暗物质环，会使其保持紧密不散。通过欧洲航天局的普朗克卫星，我们已经能准确估计出宇宙中充满了 68.3% 的暗能量，外加 26.8% 的暗物质。而我们还只观察到了宇宙的 4.9%。

电动汽车

2008 年，埃隆·马斯克领导的特斯拉汽车公司（Tesla Motors）发布了双座跑车 Roadster，其续航里程为 400 千米，时速可达 210 千米。跑车电动机由锂电池供电，售价为 9.8 万美元。从那时起，直到 2020 年，特斯拉已达到 100 万辆电动汽车的产量，成为世界上此类别第一的汽车公司。2018 年，埃隆·马斯克的特斯拉 Roadster 跑车搭载其创立的另一家公司 SpaceX 的"重型猎鹰"（Falcon Heavy）火箭，朝向火星的轨道发射升空。这个场景从太空传来，以地球为蓝色背景，成了一幅非同寻常的广告图像。继 Roadster 跑车后，特斯拉生产了各种不同动力、不同价格、甚至是更便宜的电动汽车，以扩大市场。特斯拉的成功，加上充电桩的必要普遍化，促使其他车辆制造商迎接电动车型的实现，从而应对日益紧迫的生态需求，以减少碳氢化合物发动机产生的温室气体排放到大气中去。然而，电池生产（本应减少）也仍然存在污染，在此之前，电池的使用期限为 8 年至最多 10 年。

历史上电动汽车甚至比配备内燃机的汽车更早出现。第一辆在 1881

年由查尔斯·让托（Charles Jeantaud）在巴黎建造，5年后由卡尔·弗里德里希·本茨用他的电机车专利（Motorwagen）建造。1890年，加法尼亚那城堡生产电力的先驱朱塞佩·卡利（Giuseppe Carli）在意大利率先尝试。1900年，工程师费迪南德·保时捷（Ferdinand Porsche）也开始了他的电动汽车"保时捷一号"（Lohner Eectric Phaeton）的冒险之旅。保时捷一号具有50千米的行驶能力且载有400公斤的电池。同年，美国共生产了4000辆车，其中1600辆为电动汽车。而其产量数字在欧洲，则可忽略不计。因此，汽车的历史实际上是先以电发动机标志开始的。但当福特和奥兹莫比生产的内燃发动机汽车在性能上超越电动发动机汽车时，历史发生了变化，无情地扭转向了碳氢化合物。这种情况一直持续到20世纪70年代，当时第一次能源危机提高了石油价格，推动了对石油替代品的探索。

于是人们又继续研究电动汽车，开发必要的技术，并试图改善铅酸电池提供的可能性。许多汽车制造商试验了不同车型，但都没有生产出适销对路的车款。1997年，日本丰田公司推出了一款混合动力汽车普锐斯（Prius），该车配备了两种类型的发动机，并根据车速投入使用，实现了电汽车的中间阶段。与此同时，美国通用汽车公司在20世纪90年代末试图挑战全电动汽车，生产了EV1，它是经过了1000辆同型号的系列化生产后推出的第一款车，并以每月500美元的租金交付驾驶。

埃隆·马斯克的双座跑车Roadster的腾空出现，还要得益于使用了比铅酸电池轻质的锂离子电池，以及更长的续航里程。从此，历史将呈现不同的新视野，内燃发动机的消亡似乎已经不可避免，而温室气体减排所带来的优势将越发迫使人们转向电动。随着人们流动性的不断增加，电动成了唯一可能减少环境影响的技术。但各种争论仍在继续，因为电池的生产同样涉及环境污染。因此，之后的目标成为开发包括氢气在内的环境中和技术。

人类基因组

在 20 世纪 80 年代中期，尽管批评声不断，但整个人类基因组进行测序的梦想仍旧变成了现实。有些人认为这是一个不可能、无休止的计划；也有其他人认为，不如投资于能够迅速治愈疾病的研究中。另外，再加之以现有研究手段没有条件的复杂性。但在 1985 年左右，由于雷纳托·杜尔贝科等顶尖科学家们的坚守，这些技术难题看来至少是部分克服了。美国的国立卫生研究院（NIH，National Institutes of Health）就此成立国家人类基因组研究中心（National Center for Human Genome Research）。研究中心由诺贝尔奖获得者詹姆斯·沃森领导，正如之前所见，他与弗朗西斯·克里克一起发现了 DNA 的双螺旋结构。随着英国、法国、德国、日本、中国和印度科学家们组成的联盟的成立，该计划很快发挥起了国际作用。1990 年，计划以 30 亿美元的注资正式启动，并预计在 15 年内完成研究。

与此同时，一位杰出的研究人员克雷格·文特（Craig Venter）在美国创立了塞雷拉基因组公司（Celera Genomics），不管众多批评，同样设立目标指向基因测序。只是他的目的偏向商业化，并大量使用专用超级计算机和创新的测序技术，从而加速了数据处理，但数据量巨大本身也是该项目的真正障碍所在。2000 年 6 月，美国总统比尔·克林顿和英国首相托尼·布莱尔宣布，人类基因组的第一份草图已经完成。而另一面，文特也得出了同样的结果。科学杂志《自然》公布了从公共研究中获得的图谱，计划由弗朗西斯·柯林斯牵头，而《科学》杂志则公布了文特的图谱。基因组计划于 2003 年完成工作，比预期提前了两年，并给人类带来了最后的惊喜成果。在项目开始时，研究估计基因约为 10 万个，然而最终计数却停在 21306。这些是蛋白编码的基因，由 32 亿个碱基对组成，其中包含必要的指令。其数量只是果蝇（Drosophila melanogaster）的两倍多一点，少得惊人。此外，还有一个谜团待解：98% 的 DNA 没有编码，因此被称为"垃圾 DNA"（不编码蛋白质的片段），其功能尚不明确。但后来又发现，这些 DNA 有时在转录过程中相互作用。总之，人们已经了解到，这些 DNA 实际发挥着宝贵的遗传物质储备的作用。

然而，在这一发现过后 20 年，能够面对和治愈大多数疾病，仍然是一个遥远的目标。人类基因组图谱是一项伟大的科学成就，但首先要认识到它只是一个起点，而不是终点。事实上，到目前为止，基因图谱只能帮助我们治疗一些罕见疾病和少数形式的癌症。我们要攻克的主要目标，如最常见的阿尔茨海默病、糖尿病或心脏病发作等，仍然无法实现。这些疾病的问题比想象中的还要复杂。

探索巨无霸木星和土星，找寻其卫星上的生命

美国宇航局的旅行者号探测器完成了对远至海王星的太阳系的勘测。而其他美国、俄罗斯和欧洲探测器则进行了对水星、金星甚至火星等内环行星的勘测，收集了相当完整的总体识别信息。在此之后，更多的注

意力被放在行星行列中的巨型行星——木星和土星上，针对性的考察能够使这样的大型天体独特处得到具体深化，尤其是对气态天体的研究。以此为目的，美国宇航局向木星发射了伽利略号探测器，它也是第一个进入木星轨道的航天探测器。在 1995 年至 2003 年间，伽利略号凭借其有利位置，总是能够对木星进行长时间的一手观察。在这次旅行中，伽利略号遇到了小行星 951（Gaspra）和艾女星（Ida），并拍下了照片，它们也是最早被近距离观察到的小行星。此外，伽利略号还第一次放下太空舱直接探测气态覆盖层，从而发现了比地球大得多的风暴带。伽利略号还在木卫二（欧罗巴）的冰层下探测到了液态水的海洋，并且也可能同样存在于木卫三（盖尼米德）和木卫四（卡利斯托）。正是这些在木卫二上被较准确地检测到的条件，加强了人们对冰下生命可能发展的想法，从而引导了新项目的诞生，以进一步调查其可能性。另一方面，探测器在木卫一（伊娥）上测到了比地球要强一百倍的火山活动强度。探测通过对木星大气层进一步分析，显现了元素的贫乏，帮助我们理解该行星的演变。探测器在围绕木星过程中，还详细展现了两个似乎相互连接的薄环的结构特征。最终，在一系列记录之后，探测器还成功追踪到落入了木星大气旋涡中的舒梅克 – 利维 9 号（Shoemaker-Levy 9）彗星碎片的捕获过程。

后来，对太阳系中最大行星的研究将继续由朱诺号（Juno）接棒进行，它将进一步加深对木星及其卫星的了解。朱诺号带着深入探测行星大气层的任务，于 2016 年抵达轨道。探测仪器能够测量地表以下 3000 千米（木星半径为 70000 千米）的风和洋流。这一性能使得我们能够研究各种气体层中的隐藏过程，而外部可见表现又往往依赖于此过程，这也就是平常我们所说的"混沌美"。此外，朱诺号还绘制了一张详细的磁场图，并发现磁场强度远高于预期。其他惊喜发现还包括一个比"大红斑"在尺寸上稍小的"大蓝斑"，二者都是巨大的旋涡，仍然保持着神秘不得其解。在木星的极地地区，探头捕捉到了北极的 8 个大规模气旋和南极的 5 个，同时北极和南极两端都出现了遍天的彩色极光。

另一方面，土星则是卡西尼 – 惠更斯号探测器的宏大目标，探测器诞生于 NASA、ASI（意大利航天局）和 ESA（欧洲航天局）之间的合作，其中 ESA 制造了惠更斯太空舱。土星探测器后着陆于土卫六（泰坦），这也是探测器第一次登陆另一颗行星的卫星。这颗卫星虽然被云层包裹，但十分有意思，因为它的原始条件与地球最初的情况相似。这也是人类在不断寻找地球以外生命的过程中的重要发现。卫星着陆发生在 2005 年 1 月 14 日，这一成就令人兴奋，因为在凌日号和旅行者号探测器进行的第一次远程观测后，卡西尼 – 惠更斯号证实了之前对它们所阐述世界的所有假设。经探测，土卫六上分布有甲烷湖，探测器发送的照片显示了一片玫瑰色、雾蒙蒙的环境。而在土卫二上，卡西尼号确认了地下海洋的存在，并记录了至少 101 个间歇泉喷出液态水。在土星北极地区，仪器还捕捉了令人印象深刻的几何六边形气旋聚集的形成。最后，在对行星环的探测中，探测器量出了物质的连续损耗，这也可能在未来导致其灭绝。2017 年，探测器俯冲进入了五颜六色的土星云层中，结束了它的使命。

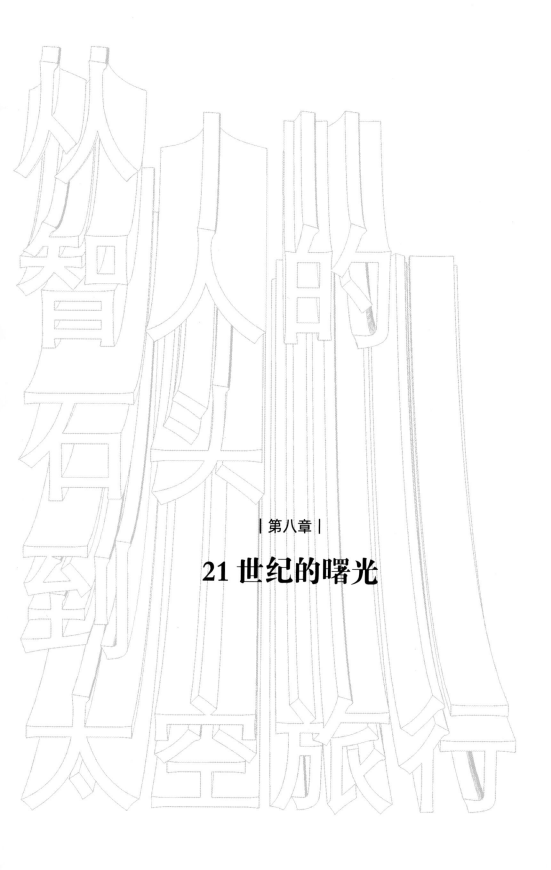

| 第八章 |

21 世纪的曙光

（个人）社交网络革命

随着互联网的成熟，人们之间的联系和交流理念为一个即将形成的新世界创造了先决条件，即社交媒体或社交网络的诞生。最先成形的是于 1997 年出现的 SixDegrees.com 社交网站，由美国企业家安德鲁·韦恩雷希（Andrew Weinreich）发起。韦恩雷希创建了这个网站，目标是在人与人之间建立数字关系。网站包含个人资料、好友列表、消息功能、聊天、状态发布，访问好友和非好友的资料以及浏览网络等。新时代就这样开始了。21 世纪初，当互联网成为金融灾难的重灾区时，维基百科、YouTube、谷歌和脸书等协作服务产品应运而生。产品的进化速度迅猛，其中既有发展，也有失败。2003 年，Friendster（第一个展示用户照片和真实身份的产品）和 Ryze（专注于职业人士）在美国成立。但它们皆成了过度需求和技术限制的牺牲品，也因此产生了向 MySpace 等其他社交网络迁移的现象，MySpace 旨在为年轻人提供一个做他们想做的事情的空间。MySpace 的功能包括游戏和占星，用户还发现他们可以自定义空间，一个自相矛盾的系统漏洞反倒是促成了它的增长。由于成了非常受欢迎的一点，这个系统漏洞也因此得到保留。但 MySpace 在出售给了鲁珀特·默多克（Rupert Murdoch）的新闻集团（News Corporation）之后，衰落便开始了。

同时间，也是在 2003 年，Paypal 和 SocialNet.com 的一些成员推出领英，面向工作领域：领英可以展示简历，并允许建立对职业生涯有用的一些工作联络关系。但社交网络的真正发生还是在 2004 年 2 月，其后变得越发受欢迎。19 岁的马克·扎克伯格（Mark Zuckerberg）在同学们的帮助下发明了一个专属网络（network）：基于真实的个人资料，可以让认识的人互相保持联系。逐渐地，网络创建者不断丰富其功能，越来越全面地反映和映射用户的潜在兴趣和行为。2006 年推特（Twitter）的推出，进一步完整了社交工具的图景，推特的服务提供了更为简洁的交流机会，且信息发布有着短少的限制。同年，谷歌收购了前一年诞生的 YouTube，该产品主要致力于视频交流市场。2010 年，用来拍照并通过互联网分享的 Instagram 进入美国市场，引起了社交互动领域的新波澜。另外，Flickr 和 Snapchat 也提供类似图片功能，但当脸书以 10 亿美元收购 Instagram 并采用谷歌开发的安卓（Android）操作系统时，Instagram 才迅速增长传播。2020 年，41.4 亿人活跃在社交网络上，其中脸书（27 亿用户）创下了使用量最高的纪录，其次是 YouTube（20 亿），以及自 2012 年以来积累了空前人气的消息服务产品 WhatsApp（20 亿），其后同样被脸书收归旗下，是一款集收发短信、图像、视频和音频文件于一体的应用。

对火星的探索和对生命的寻找

1996 年，随着火星全球勘探者号（Mars Global Surveyor）的升空，火星也重新成为美国宇航局的目的地，长达 20 年间，探测器在火星轨道观察并从不同角度绘制了火星表面的图景。自从两个维京探测器在不同区域登陆火星，对土壤进行了分析，且无法达成确定生命存在的目标以来，已经过去了 20 年。莫大的失望打断了火星任务。火星探索的重启需要遵循一个精确的计划：我们还是会试图发现生命存在的可能性，不管是过去的或是现在的，只是分阶段进行。其他探测器纷至沓来，有时也因为大型故障中断任务，但俄罗斯派出的探测器获得了尤其多的有效成果，帮助我们在环境和矿物学角度更精准地认识火星。火星全球勘探者号的傲人成绩还包括发现类似峰状的新地质构造，据估计是不久前的水流形成，而火星奥德赛号则收集了直接在下层土中存在的冰层与水、土壤混合的证据。与此同时，欧洲航天局与火星快车号（Mars Express）也在 21 世纪初入局，该探测器将使用由意大利国家天体物理研究所的维托里奥·福米萨诺（Vittorio Formisano）设计的仪器，发现火星大气中存在微量甲烷。气体可能是地质作用的结果，但也可能是生物体代谢的结果。因此从那时起，寻找甲烷已成为后续勘测的一个重要目标。

然而，为了深化研究，需要使用降落在这颗红色行星的表面、能够在不同区域移动的探测车。这次实现这些探测车制造的是帕萨迪纳 NASA 的喷气推进实验室（Jet Propulsion Laboratory）。探测车的首次征程还成功获得了媒体的关注，因为这也是第一次通过互联网对航空飞行进行现场追踪报道。1997 年 7 月 4 日，火星探路者号探测器带着气囊在火星战神谷（Ares Vallis）着陆，同时释放出了一个桌面打印机大小的小型探测车旅居者号（Sojourner）。这是一项全新的技术测试，探测车可以直接分析土壤，证明河流沉积的残留物的存在。但要等到2004年1月，体型更大的勇气号（Spirit）和机遇号（Opportunity）登陆后，才分别在星球的古塞夫（Gusev）陨击坑和另一侧的子午线平原（Meridiani Planum）附近，通过分析岩石，证实古时候火星上水的存在。机遇号探测车的寿命最长，持续行动了14年，覆盖45千米的路程，直到一场沙尘暴完全覆盖了它的太阳能电池板，机遇号的旅程才宣告结束。

火星计划的第一个目标就此完成，并为第二个目标的实行开辟了道路，即证明火星环境具有利于生命存在的特征。完成这项任务的是好奇号（Curiosity），这次探测车把轮子落在了盖尔陨击坑（Gale Crater）中。好奇号大小如一辆SUV，由核发电机驱动，在任何季节都可以日夜不停工作，可以研究土壤、发现岩石中的有机物质，从而揭示其环境可以维持生命。计划的最后一步，是找到生命在过去存在的痕迹，即生物印迹（Biosignature）。这又是2020年7月发射的下一艘探测车毅力号（Perseverance）的目标，它在结构上类似于好奇号，但在检测系统上更为丰富。2021年2月，它在耶泽罗（Jezero）陨击坑着陆后，收集了一些土壤样本，由NASA和ESA合作进行的后续自动考察后带回地球。除了在2021年4月19日测试了第一架小型无人机巧思号（Ingenuity）的毅力号以外，中国探测器天问一号也将于2021年5月15日抵达火星，并将祝融号探测车带到乌托邦平原地区。

NASA的另一个探测器凤凰号于2008年降落在火星的北极，多亏了探测器在火星表面挖掘的一铲，才发现了藏在表面尘埃里的冰。2022年，

ESA 和俄罗斯国家航天集团（Roscosmos）的第二次 ExoMars 探测也将出发，带上名为"罗萨林·富兰克林"（Rosalind Franklin）的探测车。探测车配备了意大利机器人钻机，将探测深度达两米的底土，在赤道附近的欧克西亚平原（Oxia Planum）地区寻找生命的痕迹。通过这次合作参与，俄罗斯也将在一系列失败后恢复在这颗红色星球上的探险。2016年，ESA 的首次 ExoMars 任务将 TGO 探测器带入了火星轨道，其主要任务是分析火星大气层气体，尤其是可能存在的甲烷。

2018 年，一些意大利科学家通过分析搭载在欧洲火星快车号探测器上的意大利玛西斯雷达（Marsis）收集的数据，获得了一项重要发现，后发表于美国《科学》杂志上。探测扫描显示，北极附近有一个约 1.5 千米深的湖泊。两年后，又发现了三个不同大小的湖。这一发现造就了重要的一步，除了确认理论外，还助力了人类未来的探索之路。与此同时，人们对火星的兴趣也延伸到了其他国家，在 2014 年，印度发射的探测器也抵达火星轨道，2021 年 2 月，又增添了一枚由阿拉伯联合酋长国建造的探测器。

石墨烯发现的一千种应用

2010 年，来自曼彻斯特大学的研究人员，俄裔荷兰人安德烈·康斯坦丁诺维奇·盖姆（Andre Konstantinovich Geim）和俄裔英国人康斯坦丁·诺沃肖洛夫（Konstantin Novosëlov），这两位物理学家共同获得了诺贝尔物理学奖。2004 年，他们共同发现了石墨烯，一种注定要彻底改变许多科学技术领域的新材料。石墨烯由一层分布在六角晶格结构中的碳原子组成，其厚度仅相当于一个原子。如果该组合由 5 个或 7 个原子组成，从而形成五边形或六边形，则该网格就会变形，因此在制造过程中通过管理原子的数量，可以制作出不同的形状。如将 12 个五边形结合便可以获得富勒烯。石墨烯由石墨构成，尽管质地很薄（原子厚度），但这种材料仍显示出非凡的强度（比钢要高出 200 倍）和灵活性。石墨烯具有多方面的优点，首先就有它的半导体属性。此外，它具有显著的光学特性：尽管材质透明，但它吸收太阳辐射的能力又远高于硅，是一种优良的导热体（仅次于钻石）。因此，石墨烯可以有利于制造更强大的晶体管和太阳能电池，从而产生更多的能量。

得益于其结构，石墨烯还可以有效地储存氢气，为反渗透创造过滤器，在海水淡化方面很有价值，制成非常细的导线时还能用作照明。事实上，如果将石墨烯细丝加热到 2500℃的温度，它便会发光，就像过去的钨丝一样。石墨烯的机械特性也使其与其他材料集成的情况下，适应不同类型的用途（从网球拍到各种类型的基础设施建设）。但石墨烯的用处远不止这些。有了它，还可以更新手机和电脑屏幕，更好地将生物传感器植入我们的生物体，以及制造更高性能的电池。利用相对论量子力学的特权，石墨烯也可用于光纤等未来传输材料，因为这种新材料的电子表现行为不同，就像中子一样。而其整体灵活性则能够允许将石墨烯芯片插入衣服面料中，不会轻易被损坏。由于质地极其透明，石墨烯还能让新一代触摸屏的构建得以实现。

为了探索石墨烯在包括医学在内的广泛领域中的显著应用，且考虑到随之而来的研究中实验带来巨大商业利益，欧洲和美国都相继启动了许多相关研究项目。但也同时考量这种材料因其潜在的毒性，可能对人类健康造成的风险。

克雷格·文特的第一个人造细菌，向人造生命迈进的一步

2010 年，以绘制第一幅人类基因组图而闻名的美国科学家兼企业家克雷格·文特宣布，他在通往人造生命的征程上达到了一个重要里程碑。正如文特在美国《科学》杂志上所阐述的，他成功地制造出了第一种人造细菌。在加利福尼亚州拉荷亚的实验室里，他和克莱德·哈奇森设计并合成了一种细菌的最小基因组，其中只有生命所需的 473 个基因。这其实已经是 6 年前成功实验的下一步，此前他们已经制造出第一个能够自我复制的细菌细胞。就像人类基因组图谱一样，这项操作证明了使用超级计算机的有效性：通过适当的代码便能够设计出正确的基因组合。那时候，文特已经复制并合成了蕈状支原体（Mycoplasma mycoides）的基因组。他用化学方法组装基因，将其导入由合成基因组控制的自我复制接收细胞。这一结果获得了褒奖，但也引发了无数的批评。文特如往常一样，忽略观察结果的好坏，进一步继续他的项目：创造一个最小的细胞，只赋予它以必要和足够的基因，维持最简单的生命形式的表达。这项研究的目的还在于确定哪些基因是生命中真正不可或缺的，因此排除掉不必要的基因。在多项实验中，文特发现，一些以前被认为是非必需的基因其实为必需。通过这种方式，文特达到了最终选择 473 个基本基因这一步，形成了以字母缩写"JCVI-syn3.0"命名的人造合成细胞。细胞内部则是已知最小的基因组。其中就不存在修改 DNA 的基因和大多数脂蛋白编码的基因。相反地，存在参与读取和表达基因组中的遗传信息，并在不同代际保存这些信息的基因。

科学家们认为，这种人造细菌是研究生命基本功能的有效基础。但

也不仅仅是如此。这一结果为基因数量相当少的生物体在实验室里合成提供了可能性，并且可以在其中添加其他基因，让这些细胞为特定的目的执行指定的行动。例如，将某些物质转化为其他物质，从石油里净化水、消除污染物、合成特殊塑料或者超耐磨织物等材料等。总之就是，造就一个试管微型工厂。

克雷格·文特，从基因组到商业

1998 年，克雷格·文特创立塞雷拉基因组公司时，他立刻明确表示，其目的是将他正在努力获得的人类基因组测序数据商业化。这位生物学家也因此受到了包括美国在内的国际科学界的批评，因为这种态度可能会造成数据利用不受控的风险。但这位 1946 年出生于犹他州首府盐湖城的科学家兼经理，并没有因此而停下脚步。战争期间，他入伍加入海军，在越南充当护士（这段经历后被他称作"死亡大学"），回国后又获得了生物化学学位。毕业后，文特在美国国立卫生研究院工作，深入研究了对基因测序有效的技术，这也成了他最大的热情所在。文特总是精力充沛，离开著名的研究所后，他便立即想办法为自己的研究申请了专利。人类基因组研究也成为他最关注的挑战。文特也很走运，得以在克林顿总统面前，宣布自己的研究以及通过公共研究获得的成果。但他的商业之路并没有像他希望的那样顺利，文特后来惨被自己一手创造的公司所抛弃。他接着又拾起另一个挑战，即人造生命。但文特始终着眼于金钱利益，再没有办法征服其他高峰。文特是个热爱挑战的人，2006年起，他就一直乘坐自己的巫师二号游艇航海了两年。他因此实现了

"全球海洋采样考察"（Global Ocean Sampling Expedition）计划，其目的在于对海洋生物多样性进行测序，以超越并完成达尔文开始的工作，从而扩大现有微生物的目录，并将其转化为未来的工厂。

希格斯玻色子的发现和 CERN 超级加速器

2012年7月4日，日内瓦的欧洲核子研究中心（CERN）成了世界物理学界的参考点。在一场人满为患的会议上，法比奥拉·贾诺蒂（Fabiola Gianotti）和乔·因坎代拉（Joe Incandela）宣布发现希格斯玻色子。对这一粒子的搜寻工作可回溯到1964年，当时英国物理学家彼得·希格斯（Peter Higgs）提出了玻色子粒子理论，而其他研究人员，如比利时的弗朗索瓦·恩格勒特（François Englert）和美国的罗伯特·布劳特（Robert Brout）则协助证明了粒子的存在。玻色子，也被称为"上帝的粒子"（以诺贝尔奖获得者利昂·莱德曼的一本书命名），其重要性体现在，它代表了解释与基本力相关的自然基础理论中缺失的一部分。理论被称为标准模型，在20世纪70年代定义形成。近几十年的研究逐步证实了理论的各个方面。然而，我们却一直找不到决定命运的玻色子的任何踪迹，这一点十分关键，因为只有证明它的存在，甚至是包括组成我们人类的所有其他物质粒子才具有质量。实现这一结果的阻碍在于技术层面的不够成熟，简单来说，我们需要一个能够用前所未有的能量碰撞质子的强大加速器。强烈的冲击会促进产生新的粒子，包括我们寻觅已久的玻色子。因此，世界上最强大的加速器——大型强子对撞机（LHC，Large Hadron Collider）在欧洲核子研究中心诞生，因为使用了超导磁体，对撞机能够达到 14 太电子伏（TeV）的能量。这台强大的机器在一条周长 27 千米、深 100 米的圆形隧道内运行，沿隧道安置了 4 个实验。其中两个，Atlas 和 CMS，致力于玻色子研究，各自采用不同的技术来确保结果。这两个项目分别牵涉 3000 名物理学家的工作，法比奥拉·贾诺蒂指导 Atlas，而圭多·托内利（Guido Tonelli）负责另一个 CMS。2011 年底，研究人员共同呈现了迄今为止获得的结果，证实玻色子存在的可能性非常高，几乎可以予以肯定。事实上，接下来 6 个月的研究最终证实了这一点。

随后，因坎代拉替换了托内利，而此时研究已经走到了最终发现的前夕，结果在 7 月 4 日，一个炎炎夏日得到正式确认。同时，据有待科学查证的灾难论者传言称，超级加速器可能已经创造了能够摧毁地球的黑洞。给传言添油加醋的，还有英国天体物理学家史蒂芬·霍金，他打赌玻色子不可以被发现。但这项研究终究还是取得了成功，2013 年，彼得·希格斯和弗朗索瓦·恩格勒特（罗伯特·布劳特已经不幸去世）共同获得诺贝尔物理学奖。

此时，人类对物质世界的了解已经达成了一个梦寐以求的目标。另外在美国，尽管得克萨斯州的地下隧道已经挖好用来实验，但美国超导超级对撞机（SSC，Superconducting Super Collider）——类似于欧洲 LHC 的项目仍然被叫停。近年来，芝加哥费米实验室的物理学家们也加入了这场激烈的角逐。芝加哥研发的加速器获得的能量本来也不足以与 CERN 充分竞争。在 CERN 两个 LHC 进行了实验，如 2011 年底测量所示，Atlas 确定了希格斯玻色子的能量为 126.5 吉电子伏（GeV，数十亿电子伏），CMS 的结果为 125.3 吉电子伏。征服之路困难重重，在 2008

年 9 月 10 日 LHC 投入运行几天后，因焊接缺陷引起的爆炸而遭到损坏。CERN 花了整整一年的时间来修复它，到了 2009 年 11 月，LHC 终于重新启动工作，又开始超凡冒险，3 年后功成身退。在 LHC 的设计中虽然标准模型找到了完整性，但理论仍然没有探索其他的基本方面。例如，识别重力方面，寻找名为引力子的粒子，而实验中尚未检测到该粒子。但是，LCH 的惊人能力已经为物理学家们打开了一个"奇迹花园"，正如法比奥拉·贾诺蒂所说，在这个花园里，你可以发现大自然的许多其他仍然未知的方面。正因如此，CERN 的探索还将在其他同样有意思的领域继续进行。

法比奥拉·贾诺蒂，希格斯和神奇的玻色子

2012 年 7 月 4 日，在日内瓦的欧洲核子研究中心礼堂，贾诺蒂宣布发现了希格斯玻色子。她是第一个展示用超级加速器 LHC 收集的数据的人，这些数据证实了这一重要粒子的存在。这位科学家（1960 年出生于罗马）毕业于米兰大学物理学专业，1987 年加入 CERN，众多研究后，贾诺蒂接过了 Atlas 实验的领导权，加入了另外 3000 名物理学家的行列一道寻找神秘玻色子的踪迹。同时，运用不同技术的 CMS 实验也在寻求达到相同的目的，以确保实验的有效性。2016 年 1 月，贾诺蒂被任命为CERN 中心主任，她是第一位领导这一欧洲大型研究中心的女性。不仅如此，2019 年，她被授命继续第二个任期，此届任期将持续到 2025 年。她再次创造历史，这是 CERN 首次留任中心领导人。贾诺蒂热爱物理，并将自己的一生都奉献其中，但她也始终保持着对钢琴和舞蹈的热情，

小时候，贾诺蒂的梦想是成为一名舞蹈演员。受到地质学家父亲的影响，贾诺蒂有着天生的好奇心且被科学深深吸引，这些品质引导她走向了宇宙中物质的起源，最终帮助她在 CERN 的工作中获得了物质的发现。"研究 LHC 引起的质子碰撞结果就像进入一个奇观花园，在那里，大自然向我们揭示的是一个无法想象的现实。"贾诺蒂时常重复强调，世界上最强大的超级加速器能够完成的研究有多么的出色。

贾诺蒂展示玻色子数据时，曾于 1964 年预测了粒子存在的英国理论物理学家彼得·希格斯，就坐在礼堂的前排听着演讲。这一发现的宣布以希格斯和贾诺蒂的一个拥抱而尘埃落定，两人面带着微笑，不乏感慨。1929 年出生于泰因河畔纽卡斯尔的爱丁堡大学教授希格斯曾回忆，这一理论的灵感是他在苏格兰凯恩戈姆山上散步时，第一次浮现在他脑海中的。找到粒子至关重要，但想要成功，必须等 LHC，尤其是意大利科学家们的工作成果才能推动。2013 年，希格斯与弗朗索瓦·恩格勒特两人分别与其他物理学家分享研究、阐述了同一理论，并共同获得诺贝尔物理学奖。

CRISPR，基因编辑的"神奇"缩写

1953 年，弗朗西斯·克里克和詹姆斯·沃森发现了 DNA 的双螺旋结构后，遗传学家都以为从此便可以干预其成分以修改或改变其功能。这样的想法既让人警觉，也让人振奋，因为它开辟了以前只有科幻小说才能想象的可能性。而被称作基因工程的科学之所以成形，主要还是因为限制性内切酶的出现。沃纳·阿尔伯（Werner Arber）、丹尼尔·内森

斯（Daniel Nathans）和汉密尔顿·史密斯（Hamilton Smith）3 位科学家因这一发现，在 1978 年共获诺贝尔医学奖。这些特殊的酶被用作研究 DNA 结构，加上干预将基因片段从一个生物体转移到另一个生物体。比如通过这一方式，让一些植物变得更耐旱。

从 2000 年起，人们便开始讨论新类型的实验，并于 2012 年成功开发了一项被称为 CRISPR（Clustered Regularly Interspaced Short Palindromic Repeats，即带有规则间隔的聚集性短回文重复序列）的新技术，这甚至是让编辑基因组成为可能。也就是说，使用特定蛋白质（最著名的是 Cas9）可以对遗传序列进行精确干预，这些蛋白质类似于分子剪刀，能够在必要的地方切割 DNA。与过去的基因工程技术不同，这项技术所使用的蛋白质配备了一个导向器（RNA，即核糖核酸），该导向器起到定位系统的作用。因此，使用能够执行各种功能的 CRISPR 系统，便可以确定正确的干预点，抓取 DNA 并将在需要的地方进行切割。操作一旦完成，细胞就会通过其自然修复机制调整 DNA。在自然界中，这一体系也存在于许多细菌之中，因其提供的新的可能性而引发了一场革命，它可以修改包括人类细胞在内的任何类型的动植物细胞，甚至是能够对构成基因组的单个基因进行干预。该系统还是"可编程化"的，因此，要作用于新基因，不需要从开始重新设计。这一技术的宝贵还在于，它在降低操作成本的同时，有利于进行更快速的干预。其潜在应用也十分显著，为许多领域的重要治疗铺展了道路。其中包括罕见疾病，如杜氏肌肉营养不良症、地中海贫血或囊性纤维化；还有肿瘤和神经系统疾病，如阿尔茨海默病和帕金森病；传染病，如艾滋病。

沙尔庞捷和道得娜，两位女性携手获诺贝尔奖

史上从未发生过两位女科学家齐享诺贝尔奖的情况。2020 年，瑞典科学院将众人追捧的诺贝尔化学奖授予了法国的艾曼纽尔·沙尔庞捷（Emmanuelle Charpentier）和美国的詹妮弗·道得娜（Jennifer A. Doudna）。两人共同开发了 CRISPR 即基因编辑技术。2011 年，在对一种特定细菌进行研究时，沙尔庞捷发现了一段基因序列，被用作抗击病毒的武器。其后，她与道得娜合作，在试管中重建了细菌武器以对其简化。一年后，她们设法"制造"了能够精确切割 DNA 的分子剪刀，并在美国杂志《科学》上讲述了这项新技术的奥秘。这一突破性的发现即刻被传遍全世界。在她们之前，从 1901 年起的一个多世纪里，只有 5 位科学家获得了诺贝尔化学奖。沙尔庞捷（1968 年生于法国奥尔日河畔瑞维西），生物化学家，曾在巴斯德研究所研习，并在美国、奥地利、瑞典和德国积累了优异的工作和教学经验。沙尔庞捷同时具有创业精神（一些专利以她的名字命名），创立了两家公司后合作传播她开发的技术。同时，她还通过这两家机构鼓励科学教育，是一位关注年轻人发展的科学家。道得娜（1964 年出生于美国华盛顿）完成哈佛大学学业后，在加利福尼亚大学任教，具有专业的化学背景。两位科学家的技能和好奇心的结合，取得了这一非凡的结果，为疾病治疗开辟了新的路径。"女性，"沙尔庞捷在斯德哥尔摩发言说道，"可以在科学领域留下重要的印记，希望从事研究工作的女孩一定要知道这一点。我希望这一奖项认可对愿意走研究道路的女孩们来说是一个积极的信息。代表着'希望，'"她补充道，"这项诺贝尔奖向年轻人展示出，女性是可以通过她们所做的研究产生影响的。"

登陆彗星和小行星

2014 年 11 月 12 日，小型探测器菲莱（Philae）在与罗塞塔（Rosetta）母探测器分离后，抵达丘留莫夫 – 格拉西缅科（Churyumov-Gerasimenko）彗星表面。这是星际探索史上第一次人造物体着陆彗星。可惜的是，探测器的德国地面耦合系统发生故障，反弹回来，使得菲莱号倒置在星体粗糙的地表面。其后定位又花费时间不等。但这并没有妨碍探测仪器对周围环境开始采取行动并进行有价值的调查工作。这项杰出任务始于 2004 年，由 ESA 筹备开展，代表了彗星研究的一次飞跃。此前，1986 年，乔托号（Giotto）探测器曾在接近太阳时首次近距离观测了著名的哈雷彗星。在那一次探测当中，其他探测器亦参与了对这颗神秘彗星的研究，包括两个苏联的维加计划（Vega）探测器、日本的水星号和美国的 ICE 国际彗星探测器。它们组成了一支强大舰队，但也都只是从远处观测，只有乔托号做到了首次趋近，拍摄了其中一颗游荡彗星原子核的第一张图像，同时在太阳加热的影响下，爆发了尘埃和气体喷流并融化了冰体。在 3 月 13 日至 14 日晚间，ESA 的探测器穿过了彗星的彗发，从差不多 596 千米的距离外，传送了哈雷 15 千米长的深色花生状轮廓图像。这些仪器第一次勾勒出了迷人彗星的样子：其土壤的 80% 由一定体积的水组成的，再加上 10% 的一氧化碳，以及其他微量的化合物，如甲烷和氨。经历了沙尘风暴后的探测器状况良好，继续运行，转向格里格 – 斯凯勒鲁普（Grigg-Skjellerup）彗星投射，在距离彗星近 200 千米的地方，因相机（与帕多瓦大学合作建造）与哈雷相遇时受损而收集了图像以外的其他数据。

　　在这个时候，ESA 接受了一个更为困难的挑战，即计划进入彗星轨道，以便对其进行长时间的研究，并尝试着陆。罗塞塔号就在这项计划中诞生了。2014 年 8 月，罗塞塔在经历了十年的旅行后，来到了丘留莫夫 – 格拉西缅科彗星附近，开启了这次一直持续到 2016 年 9 月的观察工作，然后被抛降在彗星表面。在此前几天，从传送的照片中，任务控制员发现了菲莱的定位地点。不巧的是，探测器唯一无法完成其工作的部件是在米兰理工大学的阿玛里亚·芬齐（Amalia Ercoli Finzi）的指导下制作的钻头，该钻头本该获取样本进行分析。尽管钻头还是在运行，从照片上可以看到它按照既定指令行动——因为菲莱号被翻转了过来，所以钻头相应地指向了太空而不是地面。而罗塞塔号则收获了不少研究知识，探测器本身配备众多意大利制仪器，包括照相机的大部分就产于帕多瓦大学。据科学家称，这颗彗星似乎是由两大部分组成，它们最初是处于分离状态，后来又融合到了一起。另外，最引人注目的结果之一是发现了一种不同于地球上常见水的液体，其氘原子与氢的比率不同，这证实了乔托号之前的发现。最重要的是，它表明了地球上的水不是由这些壮丽的带尾巴星体带来的。NASA 也向彗星发送了一些探测器（深空 1 号、星尘号和深度撞击号），它们飞越了彗星上空，用不同的方法进行了观测。例如深度撞击号，就在到达点附近用一颗子弹击中坦普尔 1 号（Tempel 1）彗星，在地面造成了一个深坑。这样，当探测器经过附近时，便可以检查撞击坑底部的特征，坑的大小与罗马斗兽场差不多。

　　在对从水星到海王星，包括小行星在内的大型行星勘测之后，对带尾巴的彗星的探索成为太阳系研究中针对小型天体的新阶段的一部分。

在那之前，对它们进行近距离研究一直存在困难。但技术的发展最终使这一新领域成为可能，尤其重要的是，这些微小的天体构成了未受破坏的太阳系起源的遗迹。除了研究其性质外，也有其他相关原因。一方面，小行星被视为未来探索的资源源泉；另一方面，人们对它们的研究兴趣还在于，一些小行星正在逼近地球，构成威胁。要消除这种威胁，就必须了解它们的特点。到 2020 年止，已知和排查过的小行星就有 100 多万颗（但随着搜索的进行，它们的数量不断增加）。它们大多集中在火星和木星之间，位于一片星体稠密的地带。此外，再加上分布在不同区域的其他小行星群（如木星附近的特洛伊小行星）。

探测器第一次与小行星的相遇发生在 1991 年，当时美国宇航局的伽利略号探测器在前往木星的途中经过小行星 951 附近，传输了数据和图像。但是，第一个专门研究小行星天体的任务还数美国宇航局派出的近地 – 舒梅克号（Near-Shoemaker）。从 1996 年开始，探测器沿着其轨道访问了小行星玛蒂尔德 253 号（253 Mathilde），然后在 2000 年进入了爱神星（Eros）的轨道，爱神星也是第一颗因过度接近地球而被列入威胁名单的小行星（1898 年发现）。它形状不规则（据信它在一个更大天体的撞击中幸存下来），星体长达 34 千米，岩石质地主要由硅酸盐（镍、铁和镁）成分组成。探测器在轨道上运行一年后，试图着陆，尽管其设计之初并没有作此考虑。但这次行动终究取得成功，探测器在没有受到任何损坏的情况下着陆，然后在几天内继续缓慢地传输信息，直到进入相对地球的阴影区域。

2020 年，对这些天体的探索达到了长期以来追求的目标，即采集样本带回到地球上进行实验室分析。日本宇宙航空研究开发机构（JAXA，

Japanese Aerospace Exploration Agency）的隼鸟 2 号（Hayabusa 2）探测器在进入小行星龙宫（Ryugu，直径 900 米）的轨道后，于 2019 年夏天收集了小行星表面的碎片，然后继续旅程，于 2020 年 12 月，龙宫号让一个装有几克珍贵样本材料的太空舱降落在澳大利亚沙漠当中。在此之前，隼鸟 1 号对丝川小行星（Itokawa）的首次任务主要是测试技术，只捕获了少数微观粒子。同时，NASA 的欧西里斯号（Osiris-Rex）探测器发射也完成了卓越任务，该探测器成功进入直径 500 米的贝努小行星（Bennu）的轨道。2020 年，探测器降低高度，抓取了大量小行星地面土壤（超过 60 克）。接着，探测器又继续上路，并计划于 2023 年将携带样本的太空舱带回地球。龙宫和贝努两颗小行星都显示出木炭的性质和独特的钻石形状。两者又都属于近地小行星（NEA，Near Earth Asteroid）家族成员，对我们的星球造成潜在的危险。探测器研究对我们了解太阳系的小行星世界将大有作用。

走近太阳系边缘的冥王星

虽然随着旅行者 2 号抵达海王星，人们对大行星的第一次勘测就算告一段落，但多年来，美国宇航局一直收到自动探索冥王星的提议，直到 2006 年冥王星都被视为太阳系中的最后一颗行星。同年，国际天文学联合会在布拉格举行会议，批准了对行星分类的修订。除冥王星之外，一些具有相似特征且体积更大的新天体的发现，催促着星体分类的变化，以更好地反映新的天文现实。负责"新视野"任务的科学家艾伦·斯特恩（Alan Stern）是这一想法的众多反对者之一，新视野号探测器于 2006

年由美国宇航局发射，目的正是探索处于我们星系边界的冥王星世界。在布拉格大会投票后，冥王星成为继谷神星之后的第二颗矮行星，谷神星是朱塞佩·皮亚齐在1801年从巴勒莫天文台发现的第一颗小行星。而矮行星尤其指在海王星轨道之外发现的天体，因此被称为"跨海王星体"。在太阳系地理中，该地带也被称为"柯伊伯带"（Kuiper）。由于距离太阳如此之远，它们具有与冥王星相似的冰冷性质。2015年7月，当新视野号经历了九年多的旅行，抵达离冥王星地表12500千米、距离其卫星冥卫一（又名卡戎，Charon）27000千米的附近时，与数据一起传输的照片显示了一幅完全冰冻的冥王星全景图。2019年1月，新视野号继续飞行，遇到了小行星486958（Arrokoth），非正式昵称名为"天涯海角"（Ultima Thule，与神话岛屿"图勒"同名），这是哈勃望远镜在为美国宇航局探测器寻找潜在目标时发现的柯伊伯带小行星。这颗小行星的星体本身由两个部分在一个接触点上相连接，直径长45千米。在冥王星上，探测器发现了太阳系中由氮形成的最大的冰川，另外，数据还显示地下可能存在着液态水海洋。过去在卡戎卫星上应该也是如此。此外，由于大气层沉积气体的影响，冥王星的北极被染成了红色。总之，这颗行星的表面看起来比我们过去想象的要复杂得多。

引力波的发现

2016年2月11日，美国国家科学基金会在华盛顿国家新闻俱乐部宣布发现了第一个引力波。这一发现的三位主角分别是麻省理工的雷纳·韦斯（Rainer Weiss）、加州理工学院（Caltech）的巴里·巴里什

（Barry Barish）和基普·索恩（Kip Thorne），次年他们共同获得了诺贝尔物理学奖。早在一个世纪前，即 1916 年，阿尔伯特·爱因斯坦的广义相对论就预言了引力波现象。从那以后，科学家们一直梦想着能够捕捉它，在意大利也是一样；爱德华多·阿马尔迪就建造了一个仪器来进行这项艰巨的研究。

1993 年获得诺贝尔奖的约瑟夫·泰勒（Joseph H. Taylor）和拉塞尔·赫尔斯（Russell A. Hulse）间接证明了引力波的存在。直到 2015 年 9 月，位于华盛顿州汉福德和路易斯安那州利文斯顿的美国激光干涉仪引力波天文台（LIGO）协作站们才成功检测到引力波。多年来，人们一直在努力追寻它的踪迹，位于意大利比萨附近的室女座（Virgo）干涉仪站也是如此，该站由意大利国家核物理研究所与法国国家科学研究中心（CNRS）合作建立。但总之，在技术得到完善、达到必要的灵敏度后，这一结果才得以达成。最终，进行 LIGO-Virgo 合作的物理学家们成功识别干涉仪探测到的结果，即由两个质量分别为太阳 29 倍和 36 倍、距离地球 13 亿光年的黑洞融合产生的波。这一合并产生了一个相当于 62 个太阳质量大小的黑洞：缺失的三个太阳质量转化为一种能量，产生了时空涟漪，形成一股企及地球的波，被美国的干涉仪捕捉。不久之后，意大利 – 法国联合的室女座干涉仪站也进行了升级，投入运行。这样，有了三个可用的探测器，利用三角测量原理，就可以确定引力波波源的位置。2017 年 8 月 17 日，LIGO 和 Virgo 记录了两颗中子星融合产生的引力波，产生了地球和太空观察员也能接收到的伽马、光学和无线电辐射信号。多信使天文学就此正式诞生，它将能够讲述现象的内在本质的引力波知识，与可解释的传统电磁波知识相结合，从伽利略使用望远镜的时候就已经开始被运用。在新的一轮引力波到来之际，来自意大利国家天体物理研究所和格兰萨索科学研究院的玛丽卡·布兰奇（Marica Branchesi）被委任协调国际物理学和天文学界。这样一来，通过使用不同类型的仪器进行干预，科学家们可以展开前所未有的研究调查以破译这种现象。玛丽卡·布兰奇的工作卓有成效，她于 2017 年被英国科学杂志《自然》评为国际十大最重要的科学家之一。次年，美国《时代》杂志将她列为年度 100 位最具影响力人物之一。

基普·索恩，引力波和时间旅行

基普·索恩（1940 年生于洛根）的想象力似乎是无限的。他的能力优势总是与理论物理学联系在一起，索恩在加州理工学院任教，他也是这里毫无争议的大师级人物。这与前一年引力波的发现不无关系，他因此与雷纳·韦斯和巴里·巴里什一起获得了 2017 年的诺贝尔物理学奖。基普留着鲜明的白梢胡子，毕生致力于探索黑洞、中子星、时空隧道、引力子、反重力物理学等课题，并详细阐述了可能存在的时间旅行理论，关于时间穿梭的想象实在是振奋人心。同时，他启动了LIGO 计划，LIGO 的两个探测器后来也成为诺贝尔奖发现的主角。这位有远见的科学家也与史蒂芬·霍金合作进行了一些研究，其人也十分热衷于沟通交流（2016 年，在华盛顿国家新闻俱乐部宣布发现难以捕捉的引力波时，他的沟通技能显而易见）。也是出于此原因，他写了《黑洞与时间弯曲：爱因斯坦的幽灵》这本书，并引起了空前的反响。2014 年，由其改编的克里斯托弗·诺兰导演的电影《星际穿越》（*Interstellar*）上映后，原著的人气更是高涨。电影基于《黑洞与时间弯曲：爱因斯坦的幽灵》一书的主旨思想，导演实现作品时，索恩也一直在左右。这部电影讲述了一群宇航员穿过时空隧道的虫洞，寻找人类的新"家园"。另外，索恩本人和他的妻子艾玛·托马斯还担任了这部电影的制片人。这是一种新的沟通方式，更广泛和细节化，用图像刺激着人们的情绪和想象力。演员阵容中还包括迈克尔·凯恩，让电影夺得奥斯卡奖项的特效，带着观众的心灵穿越时空。

新型火箭的到来和私人太空飞行的诞生

科幻电影给了我们许多火箭垂直起飞、降落在地球、月球或其他地方的画面。著名电动汽车制造商特斯拉以及 SpaceX 的创始人埃隆·马斯克实现了这一梦想，他通过启动太空经济（space economy）开创了一个新的商业世界。马斯克为 2010 年 6 月开始飞行的猎鹰 9 号航空母舰的建造提供了资金支持。猎鹰最先进的版本绕地球飞行，运载能力从 22.6 吨到 64 吨（猎鹰重型）不等。这一型号相当于美国宇航局新火箭的第一个版本：太空发射系统（SLS，Space Lauch System）。同时，在 2015 年，马斯克成功让猎鹰 9 号垂直降落在卡纳维拉尔角的场地上或是太平洋的一个移动平台上后，设法回收了第一级以对其进行重新使用。回收使得发射成本降低，也是扩大火箭利用可能性的目标，而这一目标又始终受到消耗性（Expendable）火箭所要求的高成本的限制，毕竟自太空时代开始以来，火箭从来都是一次性的。

在 21 世纪的第一和第二个十年之间，除了马斯克的猎鹰外，新一代的发射器也开始投入设计使用。它们都采用了新技术，如 3D 打印生产不同组件，且目的都各有不同。亚马逊创始人杰夫·贝佐斯（Jeff Bezos）也被这项新的太空业务所吸引，建造了新的谢泼德（New Shepard）发射器，它可以搭载游客发射太空舱到 100 千米的高度。其后又建造了功能强大的新格伦号（New Glenn），能够绕地球轨道载重 45 吨。另一方面，联合发射联盟（United Launch Alliance）则制造了火神火箭（Vulcan Centaur）取代过时的 Delta 和 Atlas 火箭，运载能力达 27 吨。俄罗斯还生产了安加拉五号（Angara 5，24.5 吨在轨），中国建设了长征五号（25 吨）。总的来说，火箭得到了全面更新。

新型猎鹰九号、安加拉五号和长征五号的航母设计同时被视为发射新型载人航天飞机所需的可靠性保证。马斯克在测试了自动货运龙飞船（Cargo Dragon）之后，致力于为美国国家航空航天局国际空间站提供有偿的货运补给服务，并继而实现了载人龙飞船二号（Crew Dragon），向国际空间站运送了 4 名宇航员。这项运送服务也是收费的，2020 年起，不仅美国宇航局使用 SpaceX，其服务也向其他需要往宇宙空间中运送宇航员的国家开放。

同年，中国国家航天局（CNSA）对新的飞船太空舱进行了测试，该太空舱比之前的神舟号更大，能够容纳多达 7 名宇航员。俄罗斯航天局也在研究一种同样是圆锥形设置的载人飞行器。21 世纪的头些年，美国宇航局开始设计新的大型太空发射系统 SLS 和猎户座（Orion）太空舱，目的是将美国人带回到月球，然后奔赴火星。飞船上可容纳 4 至 6 名宇航员，带有推进和供应系统（能源和氧气）的服务舱由欧洲航天局

建造。这两项任务在 2021 年开展首次测试（阿耳忒弥斯 1 号任务）。在
第一阶段中，SLS 的运载能力为 70 吨，但在随后的阶段中，其运载能
力可达 130 吨，以满足未来登月和火星的大负载任务。SLS 是迄今为止
最强大的火箭系统，其航天飞机使用了经过改进和部分新开发的技术，
包括 4 个液氢和液氧发动机以及两个辅助火箭，即助推器，帮助航天飞
机起飞。

太空旅游的诞生

新世纪头几十年的太空活动在实现方式上发生了深刻的变化。特别
是马斯克和贝佐斯等人，再加上英国亿万富翁理查德·布兰森（Richard
Branson），他着手创建了第一家致力于太空旅游的维珍银河公司（Virgin
Galactic）。布兰森推动制造了太空船二号（SpaceShip Two），这是一架
高空火箭飞行器，火箭挂在母机上，然后通过启动火箭发动机释放，可
飞行到 100 千米的高空。因此在火箭发射后，飞船可以自主返回地面，
降落在出发地新墨西哥州的美国太空港（Spaceport America）。当太空船
二号在惯性作用下攀爬至一定高度时，船上的 6 名乘客在支付 25 万美元
的太空机票后，可以像宇航员一样感受大约 5 分钟的零重力状态。但布
兰森还制造了小型发射器一号火箭（LauncherOne），用于将小型卫星送
入轨道。同样地，在这种情况下，火箭被带入高空，悬挂在波音 747 大
型喷气式飞机的机翼上。火箭第一次成功发射发生在 2021 年 1 月，相应
地由布兰森创建的维珍轨道公司（Virgin Orbit）管理执行。

太空旅游成了新太空经济的一部分，其中以贝佐斯领导的蓝色起

源公司（Blue Origin）为首。其太空体验同样发生在 100 千米的高空，带有几分钟的失重过程。旅行参与者乘坐 6 人飞船舱，由可重复使用的新型谢泼德火箭推动，而太空舱返回则是用降落伞落地。另一方面，马斯克通过组织绕月旅行而提出了一种更具冒险性的太空旅游。但不管是马斯克还是贝佐斯，两边都专注于美国宇航局的月球和火星探索活动所创造的市场，为其提供运输服务（SpaceX）和着陆模块（蓝色起源）。俄罗斯航空局提供了一种不同而且更昂贵的旅游解决方案，即在国际空间站停留。2001 年，意大利裔美国企业家丹尼斯·蒂托第一次飞上太空，他在飞船上待了将近 7 天，为此支付了 2000 万美元的机票。

与此同时，通信和地球观测技术的进步推动了小型卫星的建造，各式各样的公司和组织都可以使用这些卫星在地球周围创建自己真正的星座群。这一现象也同时促成了新一代小型发射器的诞生，从而以较低的成本在轨道上建立一个新的运输市场。第一个成功打开这一市场的是来自新西兰的彼得·贝克，自 2017 年以来，他通过火箭实验室公司（Rocket Lab）从新西兰的一个基地发射了电子号（Electron）火箭。美国紧随其后，可以将 200 至 300 公斤的载重火箭发射至 500 千米高空。

埃隆·马斯克，宇宙企业家

马斯克来自南非（1971 年出生于比勒陀利亚），先后持有加拿大及美国国籍，因其享有盛誉的特斯拉电动汽车而受到广泛关注，2021 年，马斯克被美国杂志《福布斯》评为世界第二富豪。其迈向财富的第一步是通过参与创立 PayPal 电子支付系统来实现的，马斯克从 PayPal 中收集资源、培养了强大的创业精神并投资于其他计划之中。这些资源全部针对高科技领域，某种程度上被看作是未来派的。因此，除了汽车之外，他创建的公司都关注于利用太阳能、神经技术和超回路列车高速运输系统等。

但马斯克也一直在培养着对另一个领域的热情：太空。他还学习过物理学，甚至本来准备在斯坦福大学继续深造这门学科。然而由于被创业计划所吸引，他很快就从斯坦福大学退学。在收获了首拨成功后，马斯克创立了 SpaceX，这个让他企图触及宇宙边界的野心计划。他精明地利用了美国宇航局的激励补贴和投资，成为第一个制造火箭和航天飞机的宇宙企业家。马斯克从火星探索开始，抱着只有在地球之外寻求人类未来的愿景，为其帮助人类社会的贡献佐证。在太空基金会的一项调查中，马斯克被评为第十大最受欢迎的英雄，功绩与沃纳·冯·布劳恩不相上下，冯·布劳恩则是美国登月时搭载的土星 5 号火箭的缔造者。事实上，马斯克还视冯·布劳恩为偶像，用洛杉矶机场旁边的 SpaceX 工厂会议室名字向其致敬。马斯克同样还擅长于宣传自己的壮举，之前将一辆特斯拉汽车送入太空轨道，通过摄像头传送的画面可以看到地球蓝色背景下，一个人体模型在驾驶汽车的图像。由于对人工智能的潜在用途持批评态度，他成立了一家非营利性机构专门从事这一领域的研究，目的是"打击人工智能的滥用"。

美国国防部的轨道无人机，ESA 的民用"太空骑士"航天器

美国军事界一直谋划着建造一艘宇宙飞船，于是乎在预料中建造了

一架 8.8 米长的太空有翼无人机，以代号 X–37B 著称。它是一种自动微型航天飞机，最初由美国宇航局构思建造，后来被转让由美国国防部研究机构 DARPA、美国空军开发。无人机由 Atlas 或猎鹰 9 号运载器送入轨道，能够在太空中长时间停留，货舱门打开时，无人机便将运输的设备投入宇宙空间，至于其目的明细五角大楼方面没有透露。无人机的回程自主，一般在加利福尼亚州范登堡军事太空基地跑道上着陆，或是在发射地卡纳维拉尔角。X–37B 项目由美国空军管理，2017 年到 2021 年期间，两架飞机共执行了六次任务，在轨道上的停留时间总计达到 780 天。据报道，这些飞行任务的目的是试验新的太空技术（从材料、观测系统到导航各方面），同时，在无人机第五次飞行任务中，还从机舱内发射了小型卫星。除了美国之外，中国和其他国家也在这方面做出努力，出于各种不同目的让轨道无人机得到更多运用。

另一边，欧洲航天局 ESA 则实现了太空骑士号（Space Rider）无机翼飞行器，其按计划轨迹返回后通过降落伞着陆地球。太空骑士号由意大利航天局协调制造，并由其为大部分项目提供资金，而意大利行业公司则承包了轨道部分（Thales Alenia Space，泰雷兹阿莱尼亚航空公司）和推进器模块和能源系统（Avio，艾维欧公司）建设。太空骑士飞行器被安置在意大利织女星号运载火箭的尖顶部，将从法属圭亚那的库鲁航天港起飞升空（第一次发射计划将于 2023 年进行）。太空骑士飞行器预期将带来各种用途，比如其舱内可携带留在轨道上的小卫星，或在失重状态下测试工业产品，另外通过使用安装在舱内的机器人系统，还可以考量其他航天器的维护工作等。

人体内第 79 个器官的发现

2017 年，人体的第 79 个器官被发现，并被正式纳入著名的《格雷氏解剖学》（*Gray's Anatomy*）手册。这个器官被命名为肠系膜，它实际上很早就已经为人所知，只是人们一直以为它是肠道组成的一部分。最初，肠系膜被认为是消化系统的一个碎片结构，后来人们才意识到它是一个相连的器官。这一发现是利默里克大学卡尔文·考菲（J. Calvin Coffey）教授研究的结果，在《柳叶刀》杂志上发表。然而，尽管在解剖学和结构上找到了定义，"新"器官的确切功能仍然有些神秘待解。考菲解释道："对肠系膜的更深入了解，将有助于微创手术，减少并发症，加快患者的康复期。"

第一张黑洞照片

随着人们对发现引力波的持续呼声，对未来发展的热情也得到激发。2019 年 4 月，事件视界望远镜（EHT，Event Horizon Telescope）项目的科学家们宣布，他们已经成功获得了首张黑洞照片。项目由八个射电望远镜网络组成，分布在地球的各个角落。这些望远镜观测着距离地球 5500 万光年的室女座 M87 星系的中心，并发现了这个质量相当于太阳 65 亿倍的天体怪物。这张照片是对 2017 年收集数据的成果体现，它准确地显示了周围辐射的影响，而这些辐射又是在吞噬宇宙物质（即恒星）时发出的。在黄红色光晕的中间，嵌入呈现黑色的洞，没有辐射、也没有光线可以从中逃脱。多年来，天文学家们一直在寻求能够捕捉这个宇宙怪物的图像。过程中人们已经能够间接察觉到一些踪迹，但只有在射电望远镜网络多年的工作后，才最终抓拍到被称为"21 世纪最佳照片"的黑洞图片。

早在1916年，德国物理学家卡尔·施瓦施尔德（Karl Schwarzschild）就从爱因斯坦的广义相对论方程中推导出黑洞的存在。"黑洞"这个后来流行起来的名称由美国物理学家约翰·阿奇博尔德·惠勒（John Archibald Wheeler）创造，他同时描述了许多黑洞的性质组成。1970 年初，黑洞作为宇宙物体第一次被发现；这第一个黑洞便是天鹅座 X–1，它在距离我们 6000 光年的天鹅座，质量相当于太阳的十倍。另一个质量更大的黑洞则被发现不直接处于我们的星系中心，在地球的 26000 光年之外，被称为射手座 A*，它的质量是太阳的 41 亿倍。

量子计算机

2019 年 1 月，在美国拉斯维加斯举行的消费电子展上，首次推出了商用量子计算机。计算机被称为"Q System One"，由 IBM 制造。同时，谷歌（Google）也在努力实现这一雄心勃勃的目标。同年 10 月，谷歌在英国科学杂志《自然》上发表文章，宣布能够使用其新开发的量子计算机——Sycamore 处理器，它能进行复杂的数学运算，在 3 分 20 秒内生成随机数字。这是传统计算机大约用 10000 年才能完成的操作。听闻消息后，IBM 还表示不相信。总之，新的超级计算挑战之争已经开始，一切都基于量子力学定律的应用出发，这也是物理学最振奋人心的前沿领域。

量子计算机的基本单元是 qubit（quantum bits，量子比特；谷歌的计算机有 54 个）。同时，它可以通过利用量子态的叠加来执行计算，以重叠的方式表示传统计算机的经典态，其中二进制信息单元是 bit（位），只能赋予两个条件：0 或 1（即开或关）。这意味着信息处理能力得到指数级增长，达到了传统硅计算机无法企及的水平。量子计算机的第二个属性涉及所谓的推断，而第三个属性则与量子比特间相纠缠（entangled）的可能性有关，即相互交织，导致深度关联。然而，每一个量子比特都可能在几微秒内失去有价值的特征，这要求对存储的信息进行特别精确和快速的管理。温度、振动和电磁场的变化都可能会对计算过程产生不利影响。因此，量子计算机需要一个稳定的环境，免受任何可能干扰。为了保持量子一致性，也被称作量子行动的稳定性，操作技术有赖于极低温度和超导材料。最后，它还必须由特定固件（firmware）管理，即永久存储在系统内存中且用户无法修改的一组指令。

第一台实验量子计算机于 21 世纪初在实验室里诞生，处理了几个量子比特（IBM 生产的第一台只有七个量子比特）。商业计算机 Q System One 被 IBM 定义为"集成和通用"兼具，旨在进行科学研究和商业活动。为了拉动宣传，公司在纽约附近的波基普西（Poughkeepsie）创建了第一个 Q 量子计算中心。其应用和优势涵盖了需要超凡计算能力的任何领域，有了量子计算机，数据便可以在几分钟内完成计算，而不是几年。我们很容易想象到，量子计算机在不同领域可能带来的革命性变化，从人工智能到金融建模，从个人化药物生产到天气预报，再到加密工程等。1980 年，美国物理学家保罗·贝尼奥夫（Paul Benioff）和俄罗斯裔德国科学家尤里·马宁（Jurij Mánin）分别在两篇文章中描述了第一个有关量子计算机的想法。

宇宙的年龄和哈勃常数

1929 年，当埃德温·哈勃在根据后来被称为哈勃 – 勒梅特定律（Hubble-Lemaitre）的规律发现星系逃逸时，他开拓了天体物理学中最重要的研究之一的前景，即通过研究以确定宇宙的年龄。这项大工程并不容易，也只有借助哈勃太空望远镜的力量才能真正得到实现。由此在 2001 年，人们确定了宇宙的膨胀速度为 71 千米每秒每兆帕斯卡（约 326 万光年）。这个值被称为"哈勃常数"，尽管与这位伟大的科学家最初估计的数值（相当于 500 千米每秒每兆帕）结果大不相同。

得出新测量值的是美国天文学家艾伦·桑达奇（Alan Sandage），他是哈勃的学生。桑达奇和他的研究小组一起，致力于处理用太空望远镜收集的数据，观测造父变星，并估计宇宙的年龄在 90 亿到 140 亿年之间。这是天文学上重要的一步，但数据并未止步于此。其他的一些卫星也相继更确切地给出了与宇宙年龄计算相关的著名且关键的常数，但通常都会得出不同的值。欧空局 ESA 的普朗克卫星获得了一个更确信的结果，该卫星设定的速度为 67.15 千米每秒每兆帕斯卡，容差为每秒 1.2 千米。然而，其前身美国的 WMAP 则证实了哈勃望远镜得出的 71 千米的数据。显然数据间存在较大的出入。普朗克和 WMAP 这两颗卫星基于对宇宙辐射背景的天体图的观察，完成了不同于哈勃望远镜的测量，当时宇宙只有 38 万年的历史。

2019 年诺贝尔物理学奖得主亚当·里斯一直在观察造父星，他确立了每秒 74.03 千米每秒每兆帕的常数，由此推断宇宙膨胀得更快，比之前年轻约 10 亿年（因此约 125 亿年）。总而言之，并不是所有人都赞同这个结果。2013 年，在智利安第斯山脉的阿塔卡马，阿塔卡马宇宙学望远镜（ACT）开始了为期多年的长期观察。ACT 的研究牵涉了 150 名来自不同国家的天体物理学家，由意大利的西蒙内·艾尤拉（Simone Aiola）领导，并于 2020 年提出了一项新测量方法，此方法被认为更可靠，因为尽管使用了不同的观测技术，它与普朗克得出的测量结果相一致。ACT 最终证实了哈勃常数为 67.6 千米每秒每兆帕斯卡，确定宇宙的年龄为 137.7 亿年。

应对新冠疫情（Covid-19）的 mRNA 疫苗

2020 年，历史上新型冠状病毒广泛传播的一年，这一疾病已经散布各大洲造成了很多死亡。但同样也是这一年，标志了疫苗制造的胜利，为我们的未来创造宝贵价值。在过去，疫苗的生产大约需要 12 年的时间。然而，在新冠疫苗的研发上，人类用了不到 12 个月。这一伟大的成果的得出还要有赖于使用了信使 RNA 技术（信使核糖核酸，即 mRNA），在此前人类也做过相关研究。我们的细胞根据 DNA 中包含的信息不断产生蛋白质。有一种叫作 RNA 聚合酶的酶，可以运用 DNA 作为模板，合成信使 RNA 分子，即 mRNA。利用信使 RNA 带来的信息，细胞内的核糖体便开始产生蛋白质。在普通疫苗中，我们一般使用实验室生产的病毒蛋白，将其纯化后注射到患者体内以激发免疫反应。而新疫苗则使用信使 RNA，让它直接编码冠状病毒的主要蛋白质，借助这些蛋白质，使同样的病毒进入我们的身体细胞。当核糖体接收到病毒时，病毒蛋白质便开始合成，一旦进入体内循环，负责攻击病毒的免疫系统就会将其识别为敌人。随后引发抗体的产生，对抗"坏"的蛋白质，并将其中和。这些抗体通过其活性保护我们的身体，它们被称为中和性抗体。

这种创新的方法让我们在疫情面前获得了巨大的优势，因为所有生产病毒蛋白的工作都是由我们的细胞进行而不是在工业实验室中进行的。这也进而促使了mRNA疫苗更快投入使用，成为第一种用于人类的mRNA疫苗。在公共卫生健康条款的要求下，疫苗授权使用之前，对志愿者的三阶段试验都取得了90%的平均保护效果。这一结果在疫苗生产领域中着实具有革命性意义。

人类发现和发明的漫长旅程

IL LUNGO VIAGGIO DELL'UMANITÀ TRA SCOPERTE E INVENZIONI